面向新工科普通高等教育系列教材

电工电子技术基础

主　编　贾永兴

副主编　黄　颖

参　编　吴元亮　王　渊　马丽梅

机械工业出版社

本书以电子技术基本理论和经典内容为基础，系统阐述了电工电子技术的概念、理论、元器件和电路分析设计方法。全书共 10 章，将电路分析基础、模拟电子技术和数字电子技术三个模块有机融合为一体，内容包括直流电阻电路分析、一阶动态电路分析、正弦稳态电路分析、二极管及其应用、基本放大电路、集成运算放大器、组合逻辑电路、时序逻辑电路、半导体存储器与可编程逻辑器件以及数/模和模/数转换电路。

本书知识点系统连贯，深入浅出，注重基本原理和工程应用相结合，力求体现知识性和实用性，可作为高等院校电子信息、计算机和机械工程类专业的本科或专科学生的教材，也可供相关专业的工程技术人员参考使用。

为配合教学，本书配有教学用 PPT、电子教案、课程教学大纲、试卷（含答案及评分标准）、习题参考答案等教学资源。需要的教师可登录机工教育服务网（www.cmpedu.com），免费注册、审核通过后下载，或联系编辑索取（微信：13146070618/电话：010-88379739）。

图书在版编目（CIP）数据

电工电子技术基础/贾永兴主编 . —北京：机械工业出版社，2023.7
（2025.1 重印）
面向新工科普通高等教育系列教材
ISBN 978-7-111-73364-5

Ⅰ. ①电…　Ⅱ. ①贾…　Ⅲ. ①电工技术-高等学校-教材②电子技术-高等学校-教材　Ⅳ. ①TM②TN

中国国家版本馆 CIP 数据核字（2023）第 107352 号

机械工业出版社（北京市百万庄大街 22 号　邮政编码 100037）
策划编辑：李馨馨　　　　　　　责任编辑：李馨馨
责任校对：张晓蓉　梁　静　　　责任印制：李　昂
北京捷迅佳彩印刷有限公司印刷
2025 年 1 月第 1 版第 4 次印刷
184mm×260mm · 17.25 印张 · 424 千字
标准书号：ISBN 978-7-111-73364-5
定价：69.00 元

电话服务　　　　　　　　　　网络服务
客服电话：010-88361066　　　机　工　官　网：www.cmpbook.com
　　　　　010-88379833　　　机　工　官　博：weibo.com/cmp1952
　　　　　010-68326294　　　金　书　网：www.golden-book.com
封底无防伪标均为盗版　　　机工教育服务网：www.cmpedu.com

前　言

科技兴则民族兴，科技强则国家强。党的二十大报告指出，必须坚持科技是第一生产力、人才是第一资源、创新是第一动力，开辟发展新领域新赛道，不断塑造发展新动能新优势。为了适应电子信息科学技术的迅猛发展，以及新的课程体系和教学内容改革的需要，编者根据教学基本要求，编写了本书。根据多年来教学改革的探索和研究，本书在进行内容和体系的构建时，贯穿了更新教学内容、扩大知识面和加强应用性的想法。书中对基本理论、基本定律、基本概念及基本分析方法都做了详细阐述，并通过例题和习题来说明理论的实际应用，以加深学生对理论知识的掌握和理解。

本书共 10 章，前 3 章主要介绍电路分析的基本原理和一般方法，按照先直流后交流，先电阻电路后动态电路来组织内容，包括直流电阻电路分析、一阶动态电路分析、正弦稳态电路分析。第 4~6 章主要从应用角度介绍模拟电子电路，按照从半导体分立器件到集成运放应用组织内容，包括二极管及其应用、基本放大电路、集成运算放大器。第 7~10 章主要介绍数字电路的基本工作原理与应用，按照从组合逻辑电路到时序逻辑电路再到可编程器件组织内容，包括逻辑门和组合逻辑电路、时序逻辑电路和触发器、半导体存储器与可编程逻辑器件、数/模和模/数转换电路等。

本书在编排上具有以下特点。

1) 由浅入深，循序渐进。本书先对电路分析的基本原理和方法予以介绍，再进行实际电路元器件的讨论，最后介绍具体应用，使得知识易懂、易学，便于理解和掌握。

2) 精选内容，突出基础。教材以基础知识为重点，在核心内容的选择上下功夫，强调知识点之间的联系，力求打牢基础。

3) 概念清晰，例题丰富。书中的每一个知识点后均有典型例题的详细讲解，层层递进，利于学生学习。

本书由贾永兴主编并负责全书的策划、组织和统稿。具体分工为：贾永兴编写第 1 章和第 3 章，王渊编写第 2 章，黄颖编写第 4 章和第 5 章，马丽梅编写第 6 章，吴元亮编写第 7~10 章。本书的编写参考了相关资料，并得到了中国人民解放军陆军工程大学通信工程学院领导和教研室的林莹、朱莹、陈姝、于战科及闵锐等同志的支持和帮助，谨在此表示诚挚的谢意。

由于编者水平所限，书中难免有疏漏和不足之处，望广大读者批评指正。

编　者

目　录

第1章　直流电阻电路分析

电路在日常生活中无处不在，电视、计算机和手机等设备的正常工作都要依赖一定的电路，这些电路的工作遵循一定的规律。电路理论就是研究电路的基本规律和基本分析方法的学科。从欧姆定律和基尔霍夫定律的提出开始，经过近两百年的发展，电路理论已经成为一门体系完整，逻辑严密，具有强大生命力的学科，它也成为当代电气工程与电子科学技术的重要理论基础之一。

本章首先从电路模型入手，讨论电路的基本变量、基尔霍夫定律和电路基本元件，然后以直流电阻电路为例，介绍电路的基本分析方法和基本定理，为后续分析复杂电路打下基础。

1.1　电路与电路模型

1.1.1　实际电路

1. 电路的基本组成

电路是电流的通路。各种类型的实际电路，例如照明电路、音响电路和计算机主板电路等，都是由具有各种结构和功能的实际电路元器件组成的，这些元器件一般可分为电源、负载和中间环节。电源是产生电能或者提供电信号的装置，它把其他形式的能量转换成电能，例如电池是把化学能转换成电能，而发电机就是把机械能转换成电能；负载是消耗电能或取用电信号的装置，它把电能转换成其他形式的能量，例如电灯是将电能转换成光能和热能，电动机是将电能转换成机械能等；中间环节主要用于连接电源和负载，并对电路的工作状态进行控制，包括导线、开关和一些辅助设备等。

2. 电路的基本功能

实际电路的种类和功能繁多，当电路连接的用电器不同时，实现的功能也不同。一般来说电路的基本功能可以概括为两类，一类是对电能的传输、分配和转换，例如电网系统，它们的功能是实现电能的传输和分配，又如图 1-1 所示的简易照明电路，它用于完成电能的转换，将电能转换为光能和热能；另一类是实现信息传递和处理，例如导航系统可完成位置信息的测量和发布，而图 1-2 所示的扩音器电路中，传声器将采集到的声音信号转换成电信号，经过放大器后传送到扬声器，扬声器再把电信号还原为声音信号，实现了声音信号→电信号→声音信号的传递，为实现信号的放大和处理，还需加上电源来提供所需的能量。

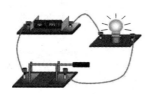

图 1-1　简易照明电路

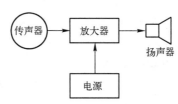

图 1-2　扩音器电路

1.1.2 电路模型

1. 电路模型

实际电路通常包含多种元器件，而每种元器件又都具有多种特性。以电容为例，电容主要用来存储电荷，但在实际工作中也消耗一定的能量，同时电容值会随着加在两端的有效电压升高而降低，并在低频时呈现容性，高频时可能会呈现感性等特性。当这些现象和特性交织在一起，若全部加以考虑，会给分析电路带来许多困难。在电路分析中，为了研究问题方便，常常根据实际电路中元件的主要特性，例如对于电阻主要考虑它消耗电能的特性，对于电容主要考虑它存储电场能量的特性，从而抽象出它们的理想化模型，这些抽象化的元件模型称为理想电路元件，简称理想元件。由理想元件构成的电路，称为实际电路的电路模型。

2. 集总假设与集总元件

实际电路用电路模型表示需要一定条件。当满足集总假设条件，即实际电路元件及实际电路的几何尺寸远远小于其工作频率所对应的电磁波波长时，交织在元器件内部的电磁现象可以分开考虑。所以在满足集总假设条件下，可以定义出几种理想元件，每一种理想元件只反映一种基本电磁现象，作为实际元件的电路模型。例如电阻元件 R 表征消耗电能的特性、电感元件 L 表征储存磁场能的特性、电容元件 C 表征储存电场能的特性、电压源 U_S 表征提供规定电压的特性、电流源 I_S 表征提供规定电流的特性，这些理想元件的电路符号如图 1-3 所示。由于这些元件是在集总假设条件下定义的，所以称为集总参数元件，同时由集总参数元件构成的电路称为集总参数电路，因本书主要讨论集总参数电路，所以图 1-1 所示的实际电路就可以用图 1-4 所示的电路模型来表示，其中点画线框中的电压源 U_S 和内阻 R_0 代表干电池、电阻 R 代表灯泡、S 代表开关。

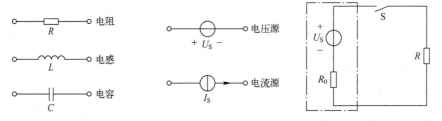

图 1-3 理想元件的符号　　　　图 1-4 简易照明电路的电路模型

注意，用理想电路元件或它们的组合抽象实际电路元件时，需要考虑元件的工作条件，要把主要物理现象及特性反映出来。在不同的条件下，同一实际电路元件可能采用不同的模型，图 1-5 即给出了实际电感元件在不同工作条件下的模型。

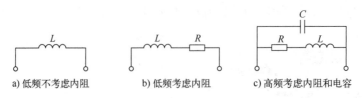

a) 低频不考虑内阻　　　b) 低频考虑内阻　　　c) 高频考虑内阻和电容

图 1-5 实际电感元件的电路模型

1.2　电路的基本变量

要研究和分析电路，首先要确定分析对象。电路分析中最基本的 3 个变量就是电路中的电压、电流和功率，电路中的其他变量一般都可以由这 3 个变量导出。

1.2.1　电流

1. 电流的概念

电荷做有规则的定向移动即形成电流，电流的大小通常用电流强度来衡量。通常把单位时间内通过导体横截面的电荷量定义为电流强度，简称电流。一般用符号 $i(t)$ 表示，即

$$i(t) = \frac{\mathrm{d}q(t)}{\mathrm{d}t} \tag{1.2-1}$$

式中，q 是电荷量，国际单位为库仑（C）；t 是时间，单位为秒（s）。

电流的国际单位为安培（A），简称安。电流的常用单位还有微安（μA）、毫安（mA）和千安（kA）等，它们之间存在以下对应关系。

$$1\,\mathrm{A} = 10^3\,\mathrm{mA} = 10^6\,\mu\mathrm{A} = 10^{-3}\,\mathrm{kA}$$

通常把正电荷定向移动的方向规定为电流的方向。如果电流大小及方向都不随时间变化，即 $\mathrm{d}q(t)/\mathrm{d}t$ 为常数时，称为直流电流，简称直流（Direct Current，DC），常用大写字母 I 来表示；如果电流是随时间 t 变化的函数，称为时变电流，用 $i(t)$ 来表示，有时也简写为 i；当时变电流的大小和方向都随时间做周期性变化时，则称为交变电流（Alternating Current，AC）。

2. 电流的参考方向

电流的实际方向也称为真实方向。对于简单电路，实际方向有时能直接判断出来，例如图 1-6a 所示电路，由于 a 点接电源的正极，b 点接电源的负极，所以电流的方向是由 a 点到 b 点。但对于图 1-6b 所示的较复杂电路，由于方框中的元器件类型和元器件值未知，所以难以判断 a 和 b 两点之间电流的实际方向。

因此为了分析方便，通常可以任意假设一个方向为正电荷的定向运动方向，并把这个方向称为电流的参考方向，通常在电路图上用箭头"→"表示，箭头的方向为电流的参考方向，如图 1-6c 所示。电路参考方向也可以用双下角标表示，例如 I_{ab} 表示电流的参考方向是从 a 点流向 b 点。分析具体电路时，可以先按照设定的参考方向进行计算，若实际计算出来的电流大小为正值，则认为实际电流方向与参考方向一致，否则认为实际电流方向与参考方向相反。

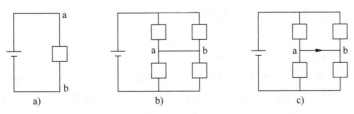

图 1-6　电流的实际方向和参考方向

例 1-1 已知流过某元器件的电流 $i(t)$ 的参考方向如图 1-7 所示。若 $i(t) = \cos\left(100\pi t + \dfrac{\pi}{4}\right)$ A，分别计算 $t = 10$ ms 和 $t = 20$ ms 时的电流，并指出电流的实际方向。

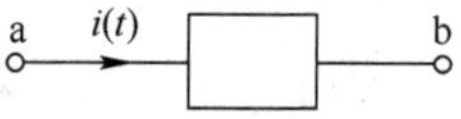

解： 当 $t = 10$ ms 时，$i(t) = \cos\left(100\pi t + \dfrac{\pi}{4}\right) = \cos\left(\pi + \dfrac{\pi}{4}\right)$ A =

图 1-7 例 1-1 图

$-\dfrac{\sqrt{2}}{2}$A<0，说明电流的实际方向与参考方向相反，即电流从 b 点流向 a 点。

当 $t = 20$ ms 时，$i(t) = \cos\left(100\pi t + \dfrac{\pi}{4}\right) = \cos\left(2\pi + \dfrac{\pi}{4}\right)$ A $= \dfrac{\sqrt{2}}{2}$A>0，说明电流的实际方向与参考方向相同，即电流从 a 点流向 b 点。

注意，电流是一个既有大小也有方向的物理量，电流值的正负号是以设定的参考方向为前提的，若没有设定参考方向，那么计算出来的电流的正、负号没有任何意义。

1.2.2 电压

1. 电压的概念

单位正电荷由电场中的一点移到另一点时电场力所做的功称为这两点间的电压，用 $u(t)$ 表示，即

$$u(t) = \frac{\mathrm{d}w(t)}{\mathrm{d}q(t)} \qquad (1.2\text{-}2)$$

式中，$w(t)$ 是电场力所做的功，单位为焦耳（J）；$q(t)$ 是电荷量，单位为库仑（C）。

电压 $u(t)$ 的单位是伏特，简称伏（V）。常用的电压单位还有千伏（kV）、毫伏（mV）和微伏（μV），它们之间存在以下对应关系。

$$1\text{ V} = 10^3\text{ mV} = 10^6\text{ }\mu\text{V} = 10^{-3}\text{ kV}$$

电路分析中，有时还会用到"电位"。电位是电场中某点的电势，通常认为电场无穷远处的电位为零，电路中某点的电位等于将单位正电荷从该点移动到无穷远处所做的功。在实际应用中，通常设电路中的某一点为零电位点，也称为参考点，用符号"⊥"表示，则单位正电荷从某点移动到该点处电场力所做功即为该点的电位，所以电位值与参考点的选择有关。

从电压的定义可以看出，电场中任意两点间的电压可以描述为这两点之间的电位差，它的值与参考点的选择无关。通常，两点间电压的高电位端为正（+）极，低电位端为负（－）极，人们常用"电压降"表示电位下降的方向，用"电压升"表示电位上升的方向。

如果电压大小及方向都不随时间变化，称为直流电压，常用大写字母 U 来表示；如果电压是随时间 t 变化的函数，称为时变电压，用 $u(t)$ 来表示，有时也简写为 u；当时变电压的大小和方向都随时间做周期性变化时，则称为交流电压。

2. 电压的参考方向

通常规定电位降落的方向为电压的实际方向，也称为真实方向。在较复杂的电路中，有时难以直接判断各点电位的高低。所以同电流类似，电压也需要选定参考方向。通常在图中用"+"表示参考方向的高电位端，用"－"表示低电位端，如图 1-8 所示，电压 U 的参考方向是由 a 点指向 b 点。电压参考方向也可以用双下角标表示，例如 U_{ab} 也表示电压参考方

向从 a 点指向 b 点。在设定参考方向后，若计算出来的电压值为正值，说明参考方向与实际方向相同；若电压值为负值，说明参考方向与实际方向相反。

同样，电压值的正负号也是以设定的参考方向为前提的，未设定参考方向的情况下计算出来的电压的正、负号没有任何意义。

3. 关联参考方向

在电路分析中，流过元器件的电流和元器件两端电压的参考方向均可以任意指定。为了分析方便，常采用关联参考方向来表示，如图 1-9a 所示，即将电流的参考方向设定为从电压参考方向的"+"极流入，"-"极流出。若电流参考方向为从电压参考方向的"-"极流入，"+"极流出，则称电压电流为非关联参考方向，如图 1-9b 所示。

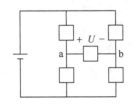

图 1-8　电压的参考方向

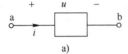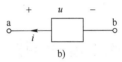

a)　　　　　　　　b)

图 1-9　关联参考方向与非关联参考方向

1.2.3　功率

功率是表示元器件消耗电能快慢的物理量。通常把单位时间内电场力所做的功或电路所吸收的能量称为功率，用 $p(t)$ 表示，即

$$p(t)=\frac{\mathrm{d}w(t)}{\mathrm{d}t} \tag{1.2-3}$$

功率的单位是瓦特，简称瓦，用大写字母 W 表示。功率的常用单位还有毫瓦（mW）、千瓦（kW）和兆瓦（MW），它们之间存在以下对应关系。

$$1\,\mathrm{W}=10^{3}\,\mathrm{mW}=10^{-3}\,\mathrm{kW}=10^{-6}\,\mathrm{MW}$$

根据电压和电流的定义，有

$$u(t)=\frac{\mathrm{d}w(t)}{\mathrm{d}q(t)},\quad i(t)=\frac{\mathrm{d}q(t)}{\mathrm{d}t}$$

可以得出

$$p(t)=\frac{\mathrm{d}w(t)}{\mathrm{d}t}=u(t)i(t) \tag{1.2-4}$$

式（1.2-4）说明，当电压和电流为关联参考方向时，元器件的吸收功率等于该元器件两端电压与流过元器件的电流的乘积。若电压和电流为非关联参考方向时，则吸收功率为

$$p(t)=-u(t)i(t) \tag{1.2-5}$$

若电压电流均为直流时，式（1.2-4）可以写为

$$P=UI \tag{1.2-6}$$

注意，电路元器件可能吸收（消耗）功率，例如电阻；也可能发出（产生）功率，例如独立电源。在关联参考方向下，计算出的功率 $p(t)>0$，说明元器件吸收功率；若 $p(t)<0$，则说明元器件发出功率。

例 1-2　元器件 1 和元器件 2 的电压和电流参考方向如图 1-10a、b 所示，求它们的吸收功率。

图 1-10　例 1-2 图

解：元器件 1 的电压和电流为关联参考方向，故吸收功率为

$$P_1 = UI = 2 \times 3 \text{ W} = 6 \text{ W}$$

元器件 2 的电压和电流为非关联参考方向，故吸收功率为

$$P_2 = -UI = -5 \times 2 \text{ W} = -10 \text{ W}$$

由于 P_2 的计算结果小于零，所以元器件 2 实际是发出功率 10 W。

1.3　基尔霍夫定律

由一些元器件相互连接组成一定结构的电路后，各元器件的电压之间和电流之间会存在一定的约束，称为拓扑约束或结构约束，基尔霍夫定律阐述了这种约束关系。

基尔霍夫定律是电路中电压和电流所遵循的基本规律，该定律在 1845 年由德国物理学家 G. R. 基尔霍夫提出，包括基尔霍夫电流定律（Kirchhoff's Current Law，KCL）和基尔霍夫电压定律（Kirchhoff's Voltage Law，KVL）。基尔霍夫定律与构成电路的元器件无关，仅与电路的连接方式有关，既可以用于直流电路的分析，也可以用于交流电路的分析。基尔霍夫定律是分析一切集总参数电路的根本依据，一些重要的电路定理和分析方法也是以基尔霍夫定律为"源"，推导、证明、归纳和总结得出的。

1.3.1　基本名词

为了分析电路的连接结构，这里以图 1-11 所示电路为例介绍几个名称。

1. 支路

电路中由两个或两个以上的二端元器件首尾依次连接称为串联，单个元器件或若干个元器件串联构成电路的一个分支。电路中的每个分支称作支路，一个支路上流经的是同一个电流。图 1-11 所示电路中有 6 条支路，分别为 ab、ac、ad、bc、bd 和 cd。

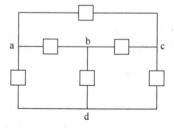

图 1-11　示例电路

2. 节点

通常将电路中 3 条或 3 条以上支路的连接点称为节点。图 1-11 所示电路中共有 4 个节点，即节点 a、节点 b、节点 c 和节点 d。

3. 回路

电路中的任何一个闭合路径称为回路。图 1-11 所示电路中有 7 个回路，分别为 abda、bcdb、cabc、acda、abcda、abdca 和 cbdac。

4. 网孔

内部不含其他支路的回路称为网孔。图 1-11 所示电路中有 3 个网孔，即 abda、bcdb 和 cabc。注意，网孔一定是回路，但回路不一定是网孔。

1.3.2　基尔霍夫电流定律

基尔霍夫电流定律（KCL）描述了电路中任一节点所连接的各支路电流之间的相互约束关系，具体内容为：在集总参数电路中，在任意时刻，流出或流入任一节点的所有支路电流代数和等于零，即

$$\sum_{k=1}^{n} i_k(t) = 0 \qquad (1.3\text{-}1)$$

式（1.3-1）称为基尔霍夫电流方程，简称为 KCL 方程，式中，n 是连接到节点的支路总数；$i_k(t)$ 表示第 k 条支路电流。

图 1-12 给出了一个电路节点，可以看出流入和流出该节点的电流共有 4 个，各电流已设定好了参考方向。根据 KCL 方程，这 4 个电流之间存在一定的约束关系，即流入（或流出）节点的电流代数和为零。若设流入节点的电流符号为 "+"，流出（负的流入）节点的电流符号为 "-"，从图 1-12 中电流的参考方向可以看出，电流 $i_1(t)$ 和 $i_2(t)$ 符号为正，电流 $i_3(t)$ 和 $i_4(t)$ 符号为负。故根据式（1.3-1）所列写的 KCL 方程为

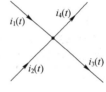

图 1-12　电流流入（流出）节点

$$i_1(t) + i_2(t) - i_3(t) - i_4(t) = 0 \qquad (1.3\text{-}2)$$

类似地，如果设流出节点的电流符号为 "+"，流入节点的电流符号为 "-"，则 4 个电流分别为 $-i_1(t)$、$-i_2(t)$、$i_3(t)$ 和 $i_4(t)$，所列写的 KCL 方程为

$$-i_1(t) - i_2(t) + i_3(t) + i_4(t) = 0 \qquad (1.3\text{-}3)$$

将式（1.3-2）和式（1.3-3）整理后均可得到

$$i_1(t) + i_2(t) = i_3(t) + i_4(t) \qquad (1.3\text{-}4)$$

式（1.3-4）中，$i_1(t)$ 和 $i_2(t)$ 是流入节点的电流，而 $i_3(t)$ 和 $i_4(t)$ 为流出节点的电流，所以可得到 KCL 方程的另一种描述，即

$$\sum i_{流入}(t) = \sum i_{流出}(t) \qquad (1.3\text{-}5)$$

式（1.3-5）说明，在集总参数电路中，任意时刻流出任一节点的电流之和等于流入该节点的电流之和，这也是电荷守恒定律和电流连续性在集总参数电路节点处的具体反映，即对于集总参数电路中的任何一个节点，流入的电荷必须等于流出的电荷。电荷既不能产生，也不能消失。

例 1-3　求图 1-13 所示电路中的电流 I_1 和 I_2。

解：从流出节点 a 的电流等于流入节点 a 的电流出发，列写 KCL 方程，可得

$$I_1 + 5 = 1 + (-2)$$

解得

$$I_1 = -6 \text{ A}$$

类似地，列写节点 b 的 KCL 方程，可得

$$I_2 + 1 = I_1$$

解得

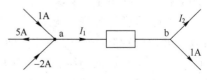

图 1-13　例 1-3 图

$$I_2 = -7\,\text{A}$$

基尔霍夫电流定律不仅适用于电路中的节点，还适用于电路中任意假设的封闭面。如图 1-14a 所示，可以将点画线区域的这个假想的封闭面看作图 1-14b 所示的广义节点 S，根据 KCL 方程，有

$$i_1(t) + i_2(t) + i_3(t) = 0$$

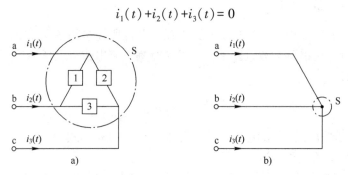

图 1-14　KCL 方程用于广义节点 S

针对图 1-13 所示的电路，当求解电流 I_2 时，也可以不需要先求出 I_1，这时将图 1-15 所示电路的点画线部分看作一个假设的封闭面，则电流 I_2 可由广义节点的 KCL 方程来计算，即

$$I_2 + 1 + 5 = 1 + (-2)$$

解得 $I_2 = -7\,\text{A}$

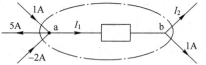

图 1-15　利用广义节点的 KCL 方程求电流

注意，基尔霍夫电流定律是对节点上各支路电流之间的一种约束关系，这种约束关系仅由元器件相互间的连接方式所决定的，与连接什么元器件无关。

1.3.3　基尔霍夫电压定律

基尔霍夫电压定律（KVL）描述了电路中组成任一回路的各支路（或元器件）电压之间的约束关系，具体内容为：在集总参数电路中，在任意时刻，沿任一回路绕行一周的所有支路（或元器件）电压的代数和等于零，即

$$\sum_{k=1}^{m} u_k(t) = 0 \tag{1.3-6}$$

式（1.3-6）称为基尔霍夫回路电压方程，简称为 KVL 方程，式中，m 是回路中电压总个数，$u_k(t)$ 表示第 k 个电压。

图 1-16 给出了一个电路回路，可以看出该回路包含 4 条支路和 5 个元器件（用方框表示），各元器件电压的参考方向已设定。根据 KVL 方程，这些元器件的电压之间存在一定的约束关系，即沿回路绕行一周的所有支路电压的代数和等于零。

设回路的绕行方向为顺时针方向，根据已给出的参考方向，可以看出 $u_1(t)$ 和 $u_2(t)$ 的参考方向与绕行方向一致，而 $u_3(t)$、$u_4(t)$ 和 $u_5(t)$ 的方向与绕行方向相反。这里规定顺时针绕行方向的电压降取正号，电压升取负号（负的电压降），则回路的 KVL

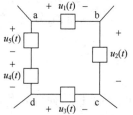

图 1-16　KVL 应用示例

方程为

$$u_1(t) + u_2(t) - u_3(t) - u_4(t) - u_5(t) = 0 \qquad (1.3\text{-}7)$$

式（1.3-7）说明，沿顺时针方向，回路的电压降代数和为零。若设回路的绕行方向为逆时针方向，根据已给出的参考方向，回路的 KVL 方程为

$$u_3(t) + u_4(t) + u_5(t) - u_1(t) - u_2(t) = 0 \qquad (1.3\text{-}8)$$

式（1.3-7）和式（1.3-8）均可以改写为

$$u_1(t) + u_2(t) = u_3(t) + u_4(t) + u_5(t) \qquad (1.3\text{-}9)$$

可以看出，KVL 方程与绕行方向的选择无关。式（1.3-9）也可以看作 KVL 方程的另一种描述，即

$$\sum u_{降} = \sum u_{升} \qquad (1.3\text{-}10)$$

式（1.3-10）说明，在集总参数电路中，沿任一回路绕行一周的电压降的和等于电压升的和。

基尔霍夫电压定律也可推广到电路中任意假想的回路（广义回路）。在图 1-16 中，a、c 两点之间并无真实支路存在，但仍可把 acba 和 acda 分别看成假想回路。设 a、c 两点之间的电压为 $u_{ac}(t)$，分别列写假想回路 acba 和 acda 的 KVL 方程，则有

$$u_{ac}(t) - u_2(t) - u_1(t) = 0$$

$$u_{ac}(t) - u_3(t) - u_4(t) - u_5(t) = 0$$

整理可得

$$u_{ac}(t) = u_1(t) + u_2(t) = u_3(t) + u_4(t) + u_5(t) \qquad (1.3\text{-}11)$$

式（1.3-11）表明，a、c 两点间的电压，等于自 a 点出发沿任何一条路径绕行至 c 点的所有电压降的代数和。不论沿哪条路径绕行，两点之间的电压都相等。这也是集总参数电路遵循能量守恒定律的体现，它反映了保守场中做功与路径无关的物理本质。

例 1-4　图 1-17 所示电路中，已知 $I_1 = 2\,\text{A}$，$I_2 = 1\,\text{A}$，$U_1 = 2\,\text{V}$，$U_3 = 3\,\text{V}$，$U_4 = 2\,\text{V}$，$U_6 = 4\,\text{V}$，求元器件 2 和元器件 5 的功率，并说明它们是在吸收功率还是发出功率。

解：要计算元器件 2 和元器件 5 的功率，首先应获得这两个元器件的电压和电流。

列节点 a 的 KCL 方程为

$$I_1 + I_3 = I_2$$

即

$$I_3 = (1-2)\,\text{A} = -1\,\text{A}$$

按照逆时针绕行列写左边网孔的 KVL 方程，有

$$-U_1 + U_2 + U_3 + U_4 = 0$$

代入 U_1、U_3 和 U_4 值，可得

$$U_2 = -3\,\text{V}$$

按照顺时针绕行列写右边网孔的 KVL 方程，有

$$U_6 - U_5 + U_4 = 0$$

代入 U_6 和 U_4 值，可得

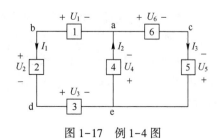

图 1-17　例 1-4 图

$$U_5 = 6\text{ V}$$

由于元器件 2 的电压和电流为关联参考方向，故吸收功率为

$$P_2 = U_2 I_1 = (-3) \times 2\text{ W} = -6\text{ W}$$

计算结果小于零，说明元器件 2 实际发出功率为 6 W。

由于元器件 5 的电压和电流为非关联参考方向，故吸收功率为

$$P_5 = -U_5 I_3 = -6 \times (-1)\text{ W} = 6\text{ W}$$

计算结果大于零，说明元器件 5 实际吸收功率为 6 W。

基尔霍夫电压定律规定了电路中任一回路内各元器件的电压的约束关系，与基尔霍夫电流定律类似，这种约束关系仅与元器件间的连接方式有关，与元器件本身无关。

1.4　电路基本元件

电路元件是构成电路的最小单元。电路元件类型很多，本节介绍直流电阻电路中常用的几种基本元件，即电阻元件、理想电源和受控源。对这些元件的特性分析，主要从其外部特性入手，重点讨论其端口的电压和电流的关系，简称伏安关系，记作 VAR 或 VCR。伏安关系可用数学关系式表示，也可用 u–i 平面的曲线（伏安特性曲线）来描述。元件的伏安关系是元件本身的电压与电流的约束关系，也称为元件约束。

1.4.1　电阻元件

电阻是一种常用的电路元件，其类型和封装形式多种多样，如图 1-18 所示。理想电阻元件是从实际电阻中抽象出来的理想模型，它表征了消耗电能的特性，一般用符号 R 表示，单位是欧姆（Ω）。常用的电阻单位还有千欧（kΩ）和兆欧（MΩ），换算关系为 $1\text{ MΩ} = 10^3\text{ kΩ} = 10^6\text{ Ω}$。除了实际电阻，白炽灯灯泡和电炉的电阻丝等器件在一定条件下可以用理想电阻元件作为其模型。

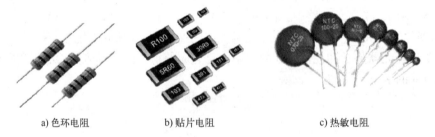

a) 色环电阻　　　　　　　b) 贴片电阻　　　　　　　c) 热敏电阻

图 1-18　多种类型和封装形式的电阻

电阻可分为线性电阻、非线性电阻、时变电阻和非时变电阻。当电阻的伏安关系可用如图 1-19 所示的伏安特性曲线表示时，称该电阻为线性时不变电阻，电阻元件的电路符号如图 1-20 所示。本书主要讨论线性时不变电阻。

从图 1-19 可以看出，对于线性时不变电阻，其电压和电流成正比，比例系数为电阻值 R，即

$$u(t) = Ri(t) \tag{1.4-1}$$

式（1.4-1）称为欧姆定律，适合于电压和电流选取关联参考方向的情况。若电压和电

流选取非关联参考方向，则电压和电流的关系为

$$u(t) = -Ri(t) \tag{1.4-2}$$

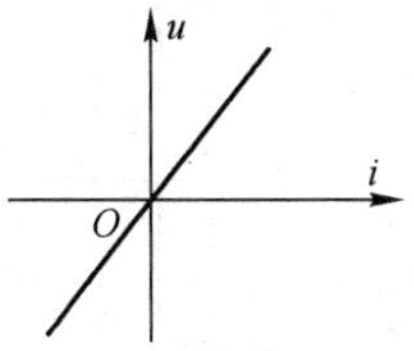

图 1-19 线性时不变电阻的伏安特性曲线 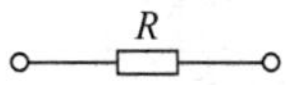   图 1-20 电阻元件的电路符号

电阻是反映物体对电流阻碍作用的一个物理量，电阻值越大，对电流的阻碍越大。为了体现物体对电流的导通能力，还存在一个对偶的物理量，称为电导，用符号 G 表示，定义为

$$G = \frac{1}{R} \tag{1.4-3}$$

可以看出电导是电阻的倒数，电阻越小，电导越大。电导的国际单位为西门子（S），简称西。

当元器件的电阻值为无穷大或电导值为零时，流过它的电流为零，则此元件可以视为开路或断路；当元器件的电阻值为零或电导值为无穷大时，它的端电压为零，则此元件可以视为短路。

在关联参考方向下，电阻的吸收功率为

$$p(t) = u(t)i(t) = i^2(t)R = \frac{u^2(t)}{R} \tag{1.4-4}$$

在非关联参考方向下，电阻的吸收功率为

$$p(t) = -u(t)i(t) = i^2(t)R = \frac{u^2(t)}{R} \tag{1.4-5}$$

从式（1.4-4）和式（1.4-5）中可以看出，电阻的吸收功率永远是非负值，所以电阻是耗能元器件。

例 1-5 已知电阻的电压和电流的参考方向如图 1-21 所示，若电阻两端的电压 $U = 4\,\text{V}$，试求电流 I 和电阻的吸收功率 P。

解：从图 1-21 中可以看出，电阻的电压和电流为非关联方向，故有

$$I = -\frac{U}{R} = -2\,\text{A}$$

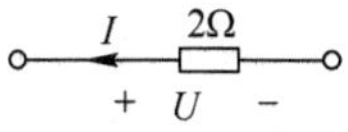

电阻的吸收功率为

$$P = -UI = 8\,\text{W}$$

图 1-21 例 1-5 图

1.4.2 理想电源

电路工作时需要一定的能量，而电源就是可以提供电能的元件。理想电源是一种从实际电源抽象出的理想化电源模型，通常分为理想电压源和理想电流源。

1. 理想电压源

理想电压源是一种二端元件，当它接入任一电路时，其两端电压始终保持规定的值，而

与流过它的电流无关，其电路模型如图 1-22 所示。如果理想电压源的电压是一个恒定的值，则称为直流电压源，其电路模型和伏安特性曲线如图 1-23 所示。

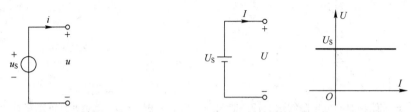

图 1-22　理想电压源的电路模型　　　　图 1-23　直流电压源的电路模型和伏安特性曲线

理想电压源的电压保持规定的值，而流过它的电流是由它与相连的外电路共同决定的，所以当理想电压源连接不同的外电路时，电流的大小和方向不同。当理想电压源的电压为零时，可以视为短路。

例 1-6　求图 1-24 所示电路中的电流 I，并计算 2 V 理想电压源和 8 V 理想电压源的吸收功率。

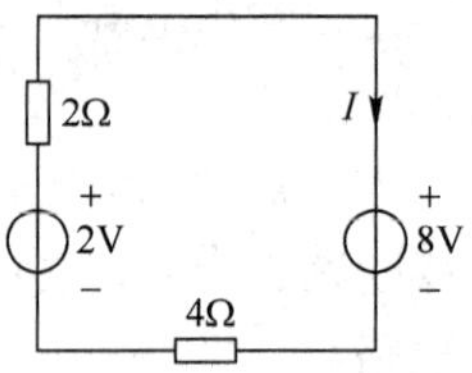

解：列写电路的 KVL 方程，可得

$$8+4I-2+2I=0$$

解得

$$I=-1\ \text{A}$$

由于 2 V 理想电压源与电流 I 的参考方向相反，所以吸收功率为

图 1-24　例 1-6 图

$$P_{2v}=-2I=2\ \text{W}$$

由于 8 V 理想电压源与电流 I 的参考方向相同，所以吸收功率为

$$P_{8v}=8I=-8\ \text{W}$$

可以看出，由于理想电压源的电流方向可为任意值，因此理想电压源的功率可正可负，即理想电压源可以发出功率，也可以吸收功率。若理想电压源发出功率，在电路中作为电源；若理想电压源吸收功率，则在电路中作为负载。

2. 理想电流源

理想电流源是一种二端元件，当它接入任一电路时，其两端电流始终保持规定的值，而与其端电压无关，其电路模型如图 1-25 所示。如果理想电流源的电流是一个恒定的值，则称为直流电流源，其电路模型和伏安特性曲线如图 1-26 所示。

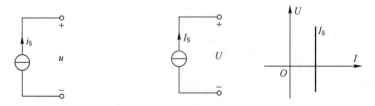

图 1-25　理想电流源的电路模型　图 1-26　直流电流源的电路模型和伏安特性曲线

理想电流源的电流保持规定的值，而它两端的电压由它与相连的外电路共同决定，所以当理想电流源连接不同的外电路时，电压的大小和方向不同。当理想电流源的电流为零时，

可以视为开路。同样，理想电流源的功率可正可负，即理想电流源可以发出功率，也可以吸收功率。

例 1-7   求图 1-27 所示电路中的电压 U 和电流 I，并计算 1 A 理想电流源的吸收功率。

解：列写回路 KVL 方程，可得

$$2\times(-1)+U=10$$

解得

$$U=12\text{ V}$$

对节点 a 列写 KCL 方程，可得

$$I+1=\frac{10}{5}$$

解得

$$I=1\text{ A}$$

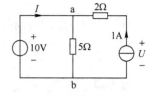

图 1-27   例 1-7 图

1 A 理想电流源的吸收功率为

$$P=U\times(-1)=12\times(-1)\text{ W}=-12\text{ W}$$

由于理想电压源的电压和理想电流源的电流均不受到电路中其他因素的影响，因此称为独立源。

1.4.3   受控源

受控源不是独立存在的电源，而是由实际半导体器件抽象而来的理想化模型，用于描述受到电路中某支路电压或电流控制而产生的电压或电流。受控源包括受控电压源和受控电流源。

受控源的控制量可以是电压或电流，而受控量也可以是电压或电流，所以可把受控源分为 4 种类型，即电压控制电压源（VCVS）、电压控制电流源（VCCS）、电流控制电压源（CCVS）和电流控制电流源（CCCS），它们的电路模型如图 1-28 所示，其中正菱形表示受控源符号，μ、g、γ 和 β 称为控制系数，其中 μ 和 β 是比例系数，无量纲，g 和 γ 分别具有电导和电阻的量纲。当这些系数为常数时，受控源数值与控制量成正比，称为线性受控源。

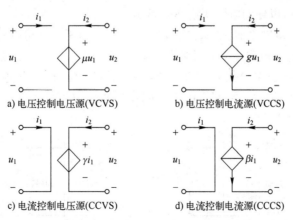

a) 电压控制电压源(VCVS)   b) 电压控制电流源(VCCS)

c) 电流控制电压源(CCVS)   d) 电流控制电流源(CCCS)

图 1-28   受控源的电路模型

例 1-8　如图 1-29 所示电路，求电流 I 和电压 U。

解：这是一个含受控电压源的电路，受控电压大小为 $2I$，控制量是电流 I。

列写回路 KVL 方程有

$$1I + 2I + U = 10$$

列写节点 KCL 方程有

$$I + 2 = \frac{U}{2}$$

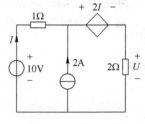

联立两个方程，解得

$$I = 1.2\,\text{A}, \quad U = 6.4\,\text{V}$$

图 1-29　例 1-8 图

独立源与受控源的区别在于，独立源在电路中对外提供能量，直接起激励作用，在电路中产生电流和电压；受控源反映电路某处的电压或电流对另一支路电压或电流的控制作用，本身不起激励作用。当受控源的控制量变化，则受控源也变化，当受控源的控制量为零，则受控源也为零。

1.5　电路的等效变换

对电路进行分析和计算时，有时可以把电路中某一部分简化，用一个较为简单的电路来替代原电路，这种方法称为电路的等效变换。本节主要讨论电路等效的概念和常用方法。

1.5.1　电路等效的概念

在电路分析中，若把一组相互连接的元器件作为一个整体来看待，当这个整体只有两个端口可与外部电路相连接，且进出这两个端口的电流是同一个电流时，则称这个整体为二端网络。一个二端网络 N 通常可用图 1-30 所示的方式来表示。

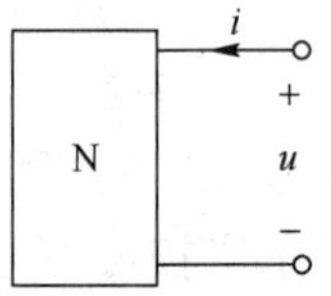

两个二端网络 N_1 和 N_2，当端口连接任意相同的外电路时，如果它们的端口伏安关系完全相同，则称这两个二端网络是等效的，它们互为等效电路。等效意味着这两个二端网络在电路中可以互相替换，且互相替换以后，端口以外的电路变量不受影响。

图 1-31 为两个二端网络 N_1 和 N_2，当它们外接 $1\,\Omega$ 电阻时，可以看出端口电压 $U_1 = U_2 = 1\,\text{V}$，$I_1 = I_2 = 1\,\text{A}$。当外接电阻由 $1\,\Omega$ 调整为 $2\,\Omega$ 时，$U_1 \neq U_2$，$I_1 \neq I_2$，也就是说接不同的外电路时，这两个二端网络的端口伏安关系不同，所以这里 N_1 和 N_2 不能称为等效。等效是指"对外等效"，即两个等效的二端网络内部结构和参数可以不同，但对外要具有相同的伏安关系。

图 1-30　二端网络

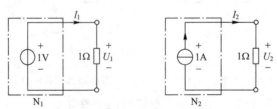

图 1-31　两个不等效的二端网络

利用等效的概念，若需要求解某一支路的响应（电压或电流）时，可先把该支路以外的电路进行化简等效，再用简单的二端网络去代替原来复杂的网络，这样可以简化求解。

1.5.2　电阻的等效变换

在电路分析过程中，可能会遇到包含多个电阻的电路，此时可根据电阻的连接关系，采用等效的方法对电路进行化简。

1. 电阻的串联

n 个电阻 R_1、R_2、$\cdots$、R_n 依次首尾相连，称为电阻的串联，如图 1-32a 所示，串联电阻的电流是同一电流。

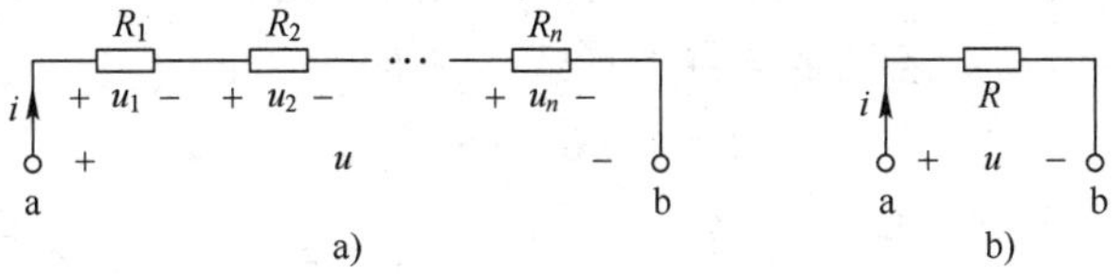

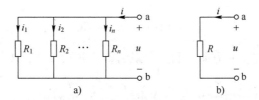

图 1-32　电阻的串联

对图 1-32a 所示电路的 a、b 端口列写 KVL 方程，可得

$$u = R_1 i + R_2 i + \cdots + R_n i = (R_1 + R_2 + \cdots + R_n) i \tag{1.5-1}$$

对图 1-32b 所示电路的 a、b 端口列写 KVL 方程，则有

$$u = Ri \tag{1.5-2}$$

结合等效的概念，若电阻 $R = R_1 + R_2 + \cdots + R_n$，则图 1-32 中的两个电路对外具有相同的伏安关系，所以可称这两个电路等效。也就是说，电阻的串联可以等效为一个电阻，等效电阻等于每一个串联电阻的阻值之和，即

$$R = R_1 + R_2 + \cdots + R_n \tag{1.5-3}$$

式（1.5-3）为串联电阻等效公式。此时任一电阻 R_k 上的电压为

$$u_k = R_k i = \frac{R_k}{R_1 + R_2 + \cdots + R_n} u \tag{1.5-4}$$

式（1.5-4）称为分压公式。可以看出在串联电阻电路中，电阻值越大，分得的电压越多。每个电阻分得的电压与其电阻值在串联总电阻值中所占比例成正比。

2. 电阻的并联

n 个电阻 R_1、R_2、$\cdots$、R_n 首尾分别接在一起，称为电阻的并联，如图 1-33a 所示，各并联电阻两端的电压是相同的。

图 1-33　电阻的并联

对图 1-33a 所示电路的 a、b 端口列写 KCL 方程，可得

$$i = i_1 + i_2 + \cdots + i_n = \frac{u}{R_1} + \frac{u}{R_2} + \cdots + \frac{u}{R_n} = \left(\frac{1}{R_1} + \frac{1}{R_2} + \cdots + \frac{1}{R_n} \right) u \qquad (1.5\text{-}5)$$

对图 1-33b 所示电路的 a、b 端口列写 KVL 方程，则有

$$i = \frac{u}{R} \qquad (1.5\text{-}6)$$

对比式（1.5-5）和式（1.5-6），可以看出，若

$$\frac{1}{R} = \frac{1}{R_1} + \frac{1}{R_2} + \cdots + \frac{1}{R_n} \qquad (1.5\text{-}7)$$

则图 1-33 中的两个电路对外具有相同的伏安关系，所以可称这两个电路等效。

式（1.5-7）为并联电阻等效公式，电阻的并联通常用符号 "//" 表示，故式（1.5-7）可记为 $R = R_1 // R_2 // \cdots // R_n$。若写成电导的形式，则有

$$G = G_1 + G_2 + \cdots + G_n \qquad (1.5\text{-}8)$$

当两个电阻并联等效时，有

$$\frac{1}{R} = \frac{1}{R_1} + \frac{1}{R_2} \qquad (1.5\text{-}9)$$

可得等效电阻为

$$R = \frac{R_1 R_2}{R_1 + R_2} \qquad (1.5\text{-}10)$$

此时流过每个电阻的电流为

$$i_1 = \frac{u}{R_1} = \frac{R_2}{R_1 + R_2} i , \quad i_2 = \frac{u}{R_2} = \frac{R_1}{R_1 + R_2} i \qquad (1.5\text{-}11)$$

式（1.5-11）称为分流公式，即并联支路的电阻越大，流过它的电流越小。

3. 电阻的混联

在电路中，若既有电阻串联又有电阻并联时，称为电阻的混联。在电阻混联的情况下，一般可根据电路内部电阻的串、并联方式，从局部到端口逐级化简。

例 1-9 求图 1-34a 所示电路中 a、b 端口的等效电阻。

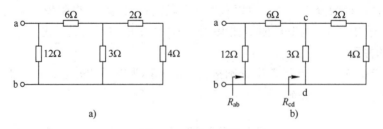

图 1-34 例 1-9 图

解：从电路的右侧往左侧方向，利用电阻的串、并联性质，按从局部到端口逐级化简的顺序等效。

如图 1-34b 所示，等效电阻 R_{cd} 是 2 Ω 电阻与 4 Ω 电阻串联之后，再与 3 Ω 电阻的并联的结果，故有

$$R_{cd} = 3 //(2+4)\ \Omega = 3//6\ \Omega = 2\ \Omega$$

等效电阻 R_{ab} 是 6 Ω 电阻与 R_{cd} 串联之后，再与 12 Ω 电阻并联的结果，故有

$$R_{ab} = 12//(6+R_{cd}) = 12//8\,\Omega = 4.8\,\Omega$$

例 1-10 求图 1-35a 所示电路 a、b 端口的等效电阻，其中 $R_1 = 6\,\Omega$，$R_2 = 12\,\Omega$，$R_3 = 4\,\Omega$。

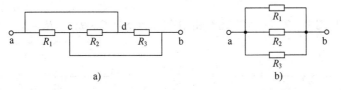

图 1-35 例 1-10 图

解： 从图 1-35a 可以看出，节点 a 和 d 是同一节点，节点 b 和 c 是同一节点。按照"缩节点，画等效电路"的方法，处理后的电路如图 1-35b 所示，故等效电阻为

$$R_{ab} = R_1//R_2//R_3 = 6//12//4\,\Omega = 2\,\Omega$$

4. 电阻的星形和三角形联结

在电路中有时还会出现一些电阻既不是串联也不是并联的情况，如图 1-36 所示。通常将图 1-36a 所示的电阻连接方式称为星形联结，也称为丫联结，将图 1-36b 所示的电阻连接方式称为三角形（△）联结。

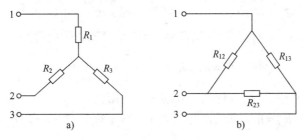

图 1-36 丫联结和△联结

根据电路等效的概念，可以证明，丫联结可以等效为△联结，等效条件是

$$\begin{cases} R_{12} = \dfrac{R_1R_2 + R_2R_3 + R_3R_1}{R_3} \\[2mm] R_{23} = \dfrac{R_1R_2 + R_2R_3 + R_3R_1}{R_1} \\[2mm] R_{13} = \dfrac{R_1R_2 + R_2R_3 + R_3R_1}{R_2} \end{cases} \qquad (1.5\text{-}12)$$

同样，△联结也可以等效为丫联结，等效条件是

$$\begin{cases} R_1 = \dfrac{R_{12}R_{13}}{R_{12} + R_{23} + R_{13}} \\[2mm] R_2 = \dfrac{R_{12}R_{23}}{R_{12} + R_{23} + R_{13}} \\[2mm] R_3 = \dfrac{R_{13}R_{23}}{R_{12} + R_{23} + R_{13}} \end{cases} \qquad (1.5\text{-}13)$$

若丫（或△）联结的 3 个电阻相等，即 $R_1 = R_2 = R_3 = R_Y$（或 $R_{12} = R_{13} = R_{23} = R_\triangle$），则等效变换后的 3 个电阻也相等，且有

$$R_\triangle = 3R_Y, \quad R_Y = \frac{1}{3}R_\triangle \tag{1.5-14}$$

例 1-11 已知图 1-37a 所示桥式电路中有 $R_1 = R_2 = R_3 = 9\,\Omega$，$R_4 = R_5 = 5\,\Omega$，求 a、b 端口的等效电阻 R_{ab}。

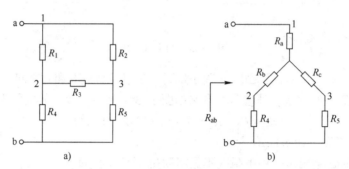

图 1-37 例 1-11 图

解：可以看出图 1-37a 中节点 1、2、3 之间的电阻为△联结，因此等效为图 1-37b 所示的丫联结电路。

由于 $R_1 = R_2 = R_3 = R_\triangle = 9\,\Omega$，利用△联结-丫联结等效条件，可知

$$R_a = R_b = R_c = R_Y = \frac{1}{3}R_\triangle = 3\,\Omega$$

利用电阻的串、并联等效，可得 a、b 端等效电阻为

$$R_{ab} = R_a + (R_b + R_4) /\!/ (R_c + R_5) = (3 + 8 /\!/ 8)\,\Omega = 7\,\Omega$$

1.5.3 电源的等效变换

电路中有时会包含多个电源，在一定连接方式下，这些电源也可以相互等效。本节根据理想电压源和理想电流源的伏安关系，结合等效的概念，分析含理想电源电路的等效电路。

1. 理想电压源的串联

理想电压源在电路中可以串联使用，正如日常使用手电筒时可以将几节电池串联一样。当 n 个理想电压源按照图 1-38a 所示串联时，根据 KVL 方程，可知

$$u = u_{S1} + u_{S2} + \cdots + u_{Sn} = \sum_{k=1}^{n} u_{Sk} \tag{1.5-15}$$

故图 1-38a 所示电路可以等效为图 1-38b 所示电路，只要满足

$$u_S = u_{S1} + u_{S2} + \cdots + u_{Sn} = \sum_{k=1}^{n} u_{Sk} \tag{1.5-16}$$

即若干个理想电压源串联后的电压等于该串联支路所有理想电压源电压的代数和。

2. 理想电压源与其他元件的并联

如图 1-39a 所示，当理想电压源与其他元件（如图中的元件 N）并联时，根据 KVL 方程，元件 N 为一个多余元件，等效时可断开该元件，等效电路如图 1-39b 所示。

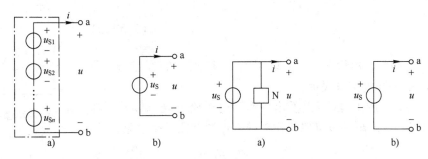

图 1-38　理想电压源的串联　　　图 1-39　理想电压源与其他元件的并联

注意，这里的元件 N 若为电压源，则必须和 u_S 的电压大小相同、极性一致，否则不可以并联。

3. 理想电流源的并联

理想电流源在电路中可以并联。当如图 1-40a 所示的 n 个理想电流源并联时，可以等效为图 1-40b 所示的一个理想电流源，等效理想电流源的电流 i_S 等于并联支路上所有理想电流源电流的代数和，即

$$i_S = i_{S1} + i_{S2} + \cdots + i_{Sn} = \sum_{k=1}^{n} i_{Sk} \tag{1.5-17}$$

4. 理想电流源与其他元件的串联

如图 1-41a 所示，当理想电流源与其他元件（如图中的元件 N）串联，在等效时可将该元件短路，等效电路如图 1-41b 所示。注意，只有电流方向相同、电流值的大小相等的理想电流源才允许串联。

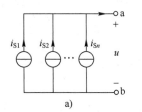　　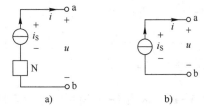

图 1-40　电流源的并联等效　　　图 1-41　理想电流源与其他元件的串联

5. 实际电源的模型及其等效变换

在实际应用中不存在理想电源，因为实际电源内部都有一定的内阻 R_0，存在能量消耗，故图 1-42a 所示的实际电压源可以视为理想电压源串联一个内阻，如图 1-42b 所示。

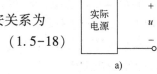

图 1-42b 所示电路的 a、b 端口伏安关系为

$$u = u_S - R_0 i \tag{1.5-18}$$

可以改写为

$$i = \frac{u_S}{R_0} - \frac{u}{R_0} \tag{1.5-19}$$

图 1-42　实际电源的模型

对于一个给定的电源，u_S/R_0 与外电路无关，这里可看作一个理想电流源，用 i_S 表示，故式（1.5-19）又可改写为

$$i = i_s - \frac{u}{R_0} \qquad\qquad (1.5\text{-}20)$$

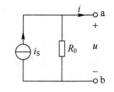

图 1-43 理想电流源与电阻并联

式（1.5-20）所示伏安关系可以用图 1-43 所示的理想电流源 i_s 和电阻 R_0 的并联电路来表示。

从图 1-42b 和图 1-43 可以看出，实际电源模型既可以看作理想电压源串联一个电阻，也可以看作理想电流源并联一个电阻，若

$$u_s = i_s R_0 \qquad\qquad (1.5\text{-}21)$$

则这两种模型的端口伏安关系相同，所以是相互等效的，可以进行等效变换，这种变换方法称为电源模型互换法。通常将与电阻串联的理想电压源称为有伴电压源，将与电阻并联的理想电流源称为有伴电流源。

例 1-12   画出图 1-44 所示电路的最简等效电路。

解：图 1-44 左边支路是一个 2 A 理想电流源与 4 V 理想电压源串联，故可等效为一个 2 A 理想电流源。右边支路为 8 V 理想电压源与 2 Ω 电阻串联，可以等效为 4 A 理想电流源和 2 Ω 电阻并联，故此时的等效电路如图 1-45a 所示。

由于两个理想电流源并联可以等效为一个理想电流源，而这两个理想电流源方向相反，所以电路进一步可以等效为 2 A 理想电流源和 2 Ω 电阻并联，如图 1-45b 所示，或者 4 V 理想电压源与 2 Ω 电阻串联，如图 1-45c 所示。

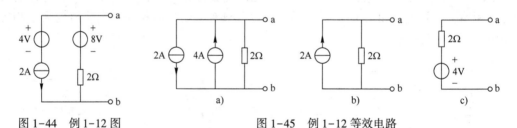

图 1-44   例 1-12 图   图 1-45   例 1-12 等效电路

例 1-13   求图 1-46 所示电路中流经 2 Ω 电阻的电流 i。

解：利用电源模型互换法，将 2 A 理想电流源与 4 Ω 电阻并联等效为 8 V 理想电压源与 4 Ω 电阻串联，将 24 V 理想电压源与 6 Ω 电阻串联等效为 4 A 理想电流源与 6 Ω 电阻并联，则电路结构如图 1-47a 所示。

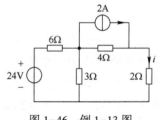

图 1-46   例 1-13 图

进一步将 6 Ω 电阻与 3 Ω 电阻并联等效为一个 2 Ω 电阻，电路结构如图 1-47b 所示。再将 4 A 理想电流源与 2 Ω 电阻并联等效为 8 V 理想电压源与 2 Ω 电阻串联，电路结构如图 1-47c 所示。最后分别将理想电压源和电阻串联等效，得到的等效电路如图 1-47d 所示。

可以看出此时流经 2 Ω 电阻的电流为

$$i = \frac{16}{6+2} \text{A} = 2\text{A}$$

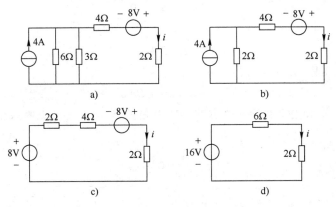

图 1-47　例 1-13 等效电路

1.5.4　含受控源电路的等效变换

电路中可能包含独立源，也可能包含受控源。对含受控源电路的等效变换，通常采用端口伏安关系法，也就是通过求其端口的伏安关系来得到等效电路。

例 1-14　求图 1-48a 所示电路 a、b 端口的等效电阻 R_{ab}。

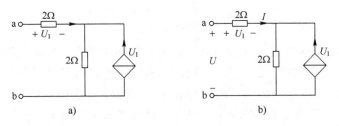

图 1-48　例 1-14 图

解：采用端口伏安关系法，设 a、b 端口的电压为 U，从 a 端流入的电流为 I，如图 1-48b 所示，列 KVL 方程可得

$$U = U_1 + 2(I + U_1)$$

从图 1-48b 可以看出 $U_1 = 2I$，则

$$U = 2I + 2(I + 2I) = 8I$$

故 a、b 端口的等效电阻为

$$R_{ab} = \frac{U}{I} = 8\Omega$$

从例 1-14 可以看出，一个不含独立源（可含有受控源）的二端网络，可以等效为一个电阻。

例 1-15　求图 1-49 所示电路中的电压 U_1。
解：先断开待求支路，电路如图 1-50a 所示。设端口电压为 U，电流为 I。
列左边回路的 KVL 方程，可得

$$1\times I_1 + 2\times I_1 = 9$$

解得

$$I_1 = 3\ \text{A}$$

列右边回路的 KVL 方程，可得

$$U = 2I + 2I_1 = 2I + 6$$

根据端口伏安关系，图 1-50a 所示的等效电路如图 1-50b 中点画线框部分所示。连接待求支路，则有

$$U_1 = \frac{4}{2+4}\times 6\ \text{V} = 4\ \text{V}$$

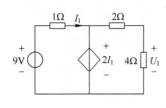 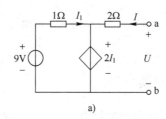 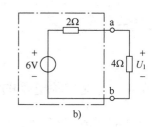

a)   b)

图 1-49 例 1-15 图   图 1-50 用端口伏安关系法确定等效电路

1.6 方程法

建立电路方程的基本依据是电路的拓扑约束和元器件的特性约束，也称为电路的两类约束。但是对于一些复杂电路，往往在建立电路方程时，难以确定应该选择哪些合适的电路变量或列写什么方程。方程法为变量的选择给出了一些指导，通过选择适当的中间变量，根据电路的两类约束建立电路方程来求解这组变量，而后再求其他响应。本节主要介绍 3 种常用的方程法，即支流电流法、网孔电流法和节点电压法。

1.6.1 支路电流法

支路电流法是以支路电流为变量，列写电路的 KCL 和 KVL 方程，先求出支路电流，再求解电路中其他未知量的方法，简称支路法。

以图 1-51 所示电路为例，该电路共有 6 条支路，所以可设 6 个支路电流为分析变量。由于电路有 4 个节点，故可以建立 3 个独立的 KCL 方程，即

$$\begin{cases} I_1 + I_3 + I_4 = 0 \\ I_4 - I_5 - I_6 = 0 \\ I_3 + I_6 - I_2 = 0 \end{cases} \quad (1.6\text{-}1)$$

为了求解 6 个变量，还需建立 3 个独立回路的 KVL 方程，一般可选择网孔作为列写 KVL 方程的回路，即

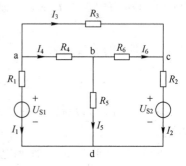

图 1-51 支路电流法示例

$$\begin{cases} -I_1R_1+I_4R_4+I_5R_5=U_{S1} \\ -I_2R_2-I_6R_6+I_5R_5=U_{S2} \\ I_3R_3-I_6R_6-I_4R_4=0 \end{cases} \tag{1.6-2}$$

联立并求解这 6 个方程，即可求出 6 个支路的电流。有了各支路电流，电路的其他变量均可以通过支路电流计算出来。

通常对于有 n 个节点、b 条支路的电路，支路电流法需要建立 b 个方程，其中包含 $n-1$ 个独立的 KCL 方程和 $b-(n-1)$ 个独立的 KVL 方程。

例 1-16 已知电路如图 1-52a 所示，利用支路电流法求电压 U 和电流 I_1。

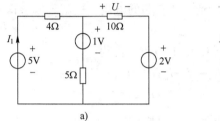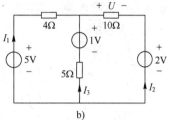

图 1-52　例 1-16 图

解：设 3 条支流的电流分别为 I_1、I_2 和 I_3，如图 1-52b 所示。列写节点的 KCL 方程，有

$$I_1+I_2+I_3=0$$

列写两个网孔的 KVL 方程，有

$$\begin{cases} 4I_1+1-5I_3=5 \\ 10I_2+1-5I_3=2 \end{cases}$$

联立 3 个方程，解得

$$I_1=0.5\,\text{A}, \quad I_2=-0.1\,\text{A}, \quad I_3=-0.4\,\text{A}$$

由于 10 Ω 电阻的电压与电流 I_2 是非关联参考方向，故有

$$U=-10I_2=1\,\text{V}$$

1.6.2　网孔电流法

当电路中的支路数量比较多时，采用支路电流法需要列写的方程也较多，这给求解带来了一定难度。通常电路中的网孔数少于支路数，所以网孔电流法也是一种常用的建立电路方程的方法。

网孔电流是一种沿着网孔边界流动的假想的电流。图 1-53 所示电路中包含 3 个网孔，其中电流 I_a、I_b 和 I_c 分别是沿着网孔 a、网孔 b 和网孔 c 边界流动的网孔电流。

以支路电流为变量，对这 3 个网孔都按顺时针绕行方向列写 KVL 方程，可得

网孔 a：$-I_1R_1+I_4R_4+I_5R_5=U_{S1}-U_{S3}$

网孔 b：$I_2R_2-I_5R_5+I_6R_6=U_{S3}-U_{S2}$

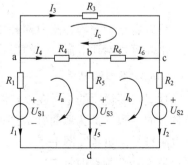

图 1-53　网孔电流法示例

23

网孔 c：$I_3R_3-I_6R_6-I_4R_4=0$

从图 1-53 所示电路可以看出，网孔电流与各支路电流具有的关系为

$$\begin{cases} I_1=-I_a \\ I_2=I_b \\ I_3=I_c \\ I_4=I_a-I_c \\ I_5=I_a-I_b \\ I_6=I_b-I_c \end{cases} \tag{1.6-3}$$

因此，只要获得了网孔电流，就可以得到任意支路的电流，也就可以求得电路的其他变量，所以网孔电流是完备的。

将式（1.6-3）代入前面列写的 3 个网孔 KVL 方程，可得

$$\begin{cases} I_aR_1+(I_a-I_c)R_4+(I_a-I_b)R_5=U_{S1}-U_{S3} \\ I_bR_2-(I_a-I_b)R_5+(I_b-I_c)R_6=U_{S3}-U_{S2} \\ I_cR_3-(I_b-I_c)R_6-(I_a-I_c)R_4=0 \end{cases} \tag{1.6-4}$$

整理可得

$$\begin{cases} I_a(R_1+R_4+R_5)-I_bR_5-I_cR_4=U_{S1}-U_{S3} & (1) \\ I_b(R_2+R_5+R_6)-I_aR_5-I_cR_6=U_{S3}-U_{S2} & (2) \\ I_c(R_3+R_6+R_4)-I_aR_4-I_bR_6=0 & (3) \end{cases} \tag{1.6-5}$$

式（1.6-5）中，方程（1）、方程（2）和方程（3）分别是针对网孔 a、网孔 b 和网孔 c 的 KVL 方程，它们具有一定的规律。这里以方程（1）为例，I_a 是网孔 a 的网孔电流，称为本网孔电流；$R_1+R_4+R_5$ 是网孔 a 的电阻，称为网孔 a 的自电阻，可用 R_{aa} 表示；I_b 和 I_c 分别是网孔 b 和网孔 c 的网孔电流，称为网孔 a 的相邻网孔电流；R_5 是网孔 a 和网孔 b 公共支路上的电阻，R_4 是网孔 a 和网孔 c 的公共支路上的电阻，均称为互电阻，可分别用 R_{ab} 和 R_{ac} 表示；而等式右边为网孔 a 沿网孔电流方向的电源电压升代数和，可用 U_{Sa} 表示。方程（2）和（3）具有类似的规律，可采用类似的方法表示。所以用网孔电流列写 KVL 方程的一般形式为

$$\begin{cases} R_{aa}I_a-R_{ab}I_b-R_{ac}I_c=U_{Sa} & (1) \\ R_{bb}I_b-R_{ba}I_a-R_{bc}I_c=U_{Sb} & (2) \\ R_{cc}I_c-R_{cb}I_b-R_{ca}I_a=U_{Sc} & (3) \end{cases} \tag{1.6-6}$$

可以看出，方程左侧为网孔中电阻电压降的代数和，方程的右侧为电源电压升的代数和。由此可得网孔电流方程的通式为

自电阻 × 本网孔电流 + $\sum$（互电阻 × 相邻网孔电流）= 本网孔所含电源电压升的代数和

这里需要说明的是，在设定网孔电流参考方向时，各网孔可以独立设置。如果各网孔电流的方向一致（同为顺时针或逆时针方向）时，则流过互电阻的两个网孔电流方向相反，互电阻符号为负号，图 1-53 所示电路即为这种情况。当两个相邻网孔的网孔电流参考方向不一致（一个为顺时针方向，一个为逆时针方向）时，则流过互电阻的两个相邻电流方向相同，互电阻符号为正号。

这种以网孔电流为变量,列写网孔的 KVL 方程,先求得网孔电流,再求其他响应的方法,称为网孔电流法。注意,网孔电流法仅适用于平面电路,也就是除节点外所有支路都没有交叉的电路,这种电路的电路图是平面的。

例 1-17　已知电路如图 1-54a 所示,利用网孔电流法求电压 U 和电流 I。

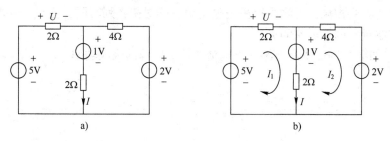

图 1-54　例 1-17 图

解:设网孔电流参考方向如图 1-54b 所示。列写网孔电流方程,可得

网孔 1:$(2+2)I_1 - 2I_2 = 5 - 1$

网孔 2:$(2+4)I_2 - 2I_1 = 1 - 2$

联立求解以上两个方程,可得

$$I_1 = 1.1 \, \text{A}, \quad I_2 = 0.2 \, \text{A}$$

故有

$$U = 2I_1 = 2.2 \, \text{V}$$

$$I = I_1 - I_2 = 0.9 \, \text{A}$$

网孔电流方程是网孔的 KVL 方程,若网孔含有理想电流源,其电压要由外电路确定,此时可能需要增设理想电流源的电压变量,再列网孔方程。若理想电流源在网孔边界支路上,则可直接获得该网孔电流,不必列写该网孔的 KVL 方程。

例 1-18　已知电路如图 1-55a 所示,求电压 U 和电流 I。

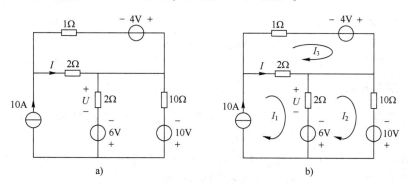

图 1-55　例 1-18 图

解:设网孔电流参考方向如图 1-55b 所示。由于此时网孔 1 的边界为一个 10 A 的理想电流源,故可以直接得知 $I_1 = 10 \, \text{A}$,对网孔 2 和网孔 3 列写网孔电流方程,可得

$$\begin{cases} (2+10)I_2 - 2I_1 = 10 - 6 \\ (1+2)I_3 - 2I_1 = 4 \end{cases}$$

联立求解该方程组,可得

$$I_2 = 2\,\text{A}, \quad I_3 = 8\,\text{A}$$

故有

$$U = 2(I_1 - I_2) = 16\,\text{V}$$

$$I = I_1 - I_3 = 2\,\text{A}$$

当电路中含有受控源，可将受控源按独立源一样对待，列写网孔方程，并增设一个辅助方程，体现控制量与网孔电流的关系。

例 1-19 如图 1-56a 所示电路，求电流 I 及受控源的吸收功率。

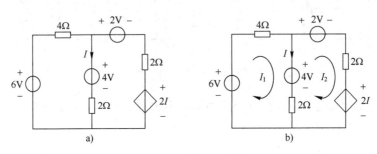

图 1-56 例 1-19 图

解： 设网孔电流如图 1-56b 所示，列写网孔电流方程，可得

$$\begin{cases} (4+2)I_1 - 2I_2 = 6-4 \\ (2+2)I_2 - 2I_1 = 4-2-2I \end{cases}$$

将受控电压源的控制量 I 用网孔电流来表示，增加一个辅助方程，即

$$I = I_1 - I_2$$

联立求解得

$$I_1 = \frac{2}{3}\,\text{A}, \quad I_2 = 1\,\text{A}, \quad I = -\frac{1}{3}\,\text{A}$$

所以，受控源的吸收功率为

$$P = 2I \times I_2 = -\frac{2}{3}\,\text{W}$$

1.6.3 节点电压法

节点电压法也是一种常用的方程求解法。所谓节点电压是指以电路中某一节点为参考点，假设其电位为零后电路中其他节点到该点的电压。如图 1-57 所示电路中，以 d 点为参考点，则 U_a、U_b 和 U_c 分别为 a 点、b 点和 c 点的节点电压，G_1、G_2、G_3 和 G_4 分别为各支路的电导。

节点电压法是以节点电压为变量，先列写独立节点的 KCL 方程，再求得节点电压，从而计算其他响应的方法。节点电压是相互独立的变量，它们相互间不受 KVL 约束。

对图 1-57 所示电路中的节点分别列出 KCL 方程，可得

节点 a：$I_1 + I_3 + I_{S3} - I_{S1} = 0$

节点 b：$I_2 - I_3 + I_4 = 0$

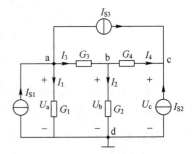

图 1-57 节点电压法示例

节点 c：$I_4 + I_{S2} + I_{S3} = 0$

根据图 1-57 所示的电路结构，可知各支路电流与节点电压具有以下关系。

$$\begin{cases} I_1 = G_1 U_a \\ I_2 = G_2 U_b \\ I_3 = G_3 (U_a - U_b) \\ I_4 = G_4 (U_b - U_c) \end{cases} \tag{1.6-7}$$

从式（1.6-7）可知，电路中各支路电流均可由节点电压表示，因此节点电压也是完备的变量，求出节点电压后，电路中其余变量均可由节点电压求得。

将式（1.6-7）代入节点 a、节点 b 和节点 c 的 KCL 方程，有

$$\begin{cases} G_1 U_a + G_3 (U_a - U_b) + I_{S3} - I_{S1} = 0 \\ G_2 U_b - G_3 (U_a - U_b) + G_4 (U_b - U_c) = 0 \\ G_4 (U_b - U_c) + I_{S2} + I_{S3} = 0 \end{cases} \tag{1.6-8}$$

整理可得

$$\begin{cases} (G_1 + G_3) U_a - G_3 U_b = I_{S1} - I_{S3} & (1) \\ (G_2 + G_3 + G_4) U_b - G_3 U_a - G_4 U_c = 0 & (2) \\ G_4 U_c - G_4 U_b = I_{S2} + I_{S3} & (3) \end{cases} \tag{1.6-9}$$

从式（1.6-9）可以总结出一些规律，简化节点电压方程的列写。以方程（1）为例，它表示流出节点的电流等于流入节点的电流，其中 $G_1 + G_3$ 是节点 a 直接相连的电导，称为节点 a 的自电导；U_a 为节点 a 的电压，称为节点 a 的自电压；G_3 为节点 a 和节点 b 之间的电导，称为互电导；而等式右边为流入节点 a 的电源电流的代数和。方程（2）和（3）具有类似的规律，故利用节点电压列写节点 KCL 方程的一般形式为

自电导 × 本节点电压 + $\sum$（互电导 × 相邻节点电压）= 流入本节点电源电流的代数和

注意，这里自电导符号取正，互电导符号取负。节点电压方程的实质，是用节点电压表示各支路电流，从而列写各节点的 KCL 方程。若两个节点之间只有一个独立电压源，而电压源的电流不能直接用节点电压表示，此时可以将该电压源一端设为参考节点，直接得到另一端的节点电压，从而不用列写该节点的 KCL 方程。若在支路中存在独立电压源和电阻串联的情况，为了便于列写节点电压方程（KCL 方程），可以将独立电压源与电阻的串联等效为独立电流源与电阻的并联。

例 1-20　用节点电压法求图 1-58 所示电路中的电压 U 和电流 I。

解：设节点 d 为参考点，节点 a、节点 b 和节点 c 的电压分别为 U_a、U_b 和 U_c。可以看出此时节点 a 的电压为

$$U_a = 10 \text{ V}$$

对节点 b 和节点 c 分别列节点的 KCL 方程，可得

$$\begin{cases} \left(\dfrac{1}{5} + \dfrac{1}{5} + \dfrac{1}{5} \right) U_b - \dfrac{1}{5} U_a - \dfrac{1}{5} U_c = 0 \\ \left(\dfrac{1}{5} + \dfrac{1}{10} + \dfrac{1}{10} \right) U_c - \dfrac{1}{5} U_b - \dfrac{1}{10} U_a = 2 \end{cases}$$

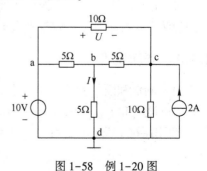

图 1-58　例 1-20 图

联立求解上述方程，得

$$U_b = 7\,\text{V}, \qquad U_c = 11\,\text{V}$$

故有

$$U = U_a - U_c = -1\,\text{V}, \qquad I = \frac{U_b}{5} = \frac{7}{5}\,\text{A}$$

如果电路中含有受控源，可以先将受控源按照独立源一样对待，列写节点方程，再增加辅助方程，将受控源的控制量用节点电压来表示。

例 1-21 在图 1-59 所示电路中，求电流 I 和电压 U。

解： 设节点 d 为参考节点，列写节点 a、节点 b 和节点 c 的节点电压方程，可得

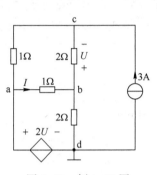

$$\begin{cases} U_a = 2U \\ \left(\dfrac{1}{2} + \dfrac{1}{2} + 1\right)U_b - U_a - \dfrac{1}{2}U_c = 0 \\ \left(\dfrac{1}{2} + 1\right)U_c - U_a - \dfrac{1}{2}U_b = 3 \end{cases}$$

增加辅助方程

$$U = U_b - U_c$$

图 1-59   例 1-21 图

联立以上方程，可求得

$$U_a = -\frac{12}{5}\,\text{V}, \qquad U_b = -\frac{6}{5}\,\text{V}, \qquad U_c = 0\,\text{V}$$

则电压 U 为

$$U = U_b - U_c = -\frac{6}{5}\,\text{V}$$

网孔电流法仅适用于平面电路。节点电压法适用于平面电路和非平面电路。目前，在计算机辅助网络分析中，节点电压法被广泛应用。

1.7 齐次定理和叠加定理

在电源的作用下，电路中产生了电压和电流，因此有时把电源称为输入或激励，而由它所产生的电压和电流，称为输出或响应。

对于由线性元件、独立源或线性受控源构成的线性电路，激励的变化对响应的影响可以归纳为两个重要定理，也就是齐次定理和叠加定理。

1.7.1 齐次定理

图 1-60a 和图 1-60b 所示分别为包含一个独立电流源和独立电压源的线性电路，响应分别为电流 I_1 和 I_2。下面分析一下激励与响应之间的关系。

对图 1-60a 所示电路列 KVL 方程，可得

$$R_1 I_1 + R_2 (I_S + I_1) + k I_1 = 0$$

故有

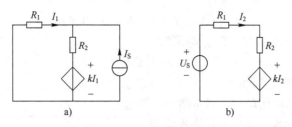

图 1-60　含有一个独立源的电路

$$I_1 = -\frac{R_2}{R_1+R_2+k}I_S \tag{1.7-1}$$

对图 1-60b 所示电路列 KVL 方程，可得

$$R_1 I_2 + R_2 I_2 + k I_2 = U_S$$

故有

$$I_2 = \frac{1}{R_1+R_2+k}U_S \tag{1.7-2}$$

从式（1.7-1）和式（1.7-2）可以看出，不论激励为独立电压源还是独立电流源，所产生的响应均与激励成正比，这就是线性电路具有齐次性的体现，可用齐次定理来描述。

齐次定理的具体内容为：当线性电路中只有一个激励（独立源）作用时，其任意支路的响应（电压或电流）与激励成正比。

以如图 1-61 所示电路为例，若 N_0 为无源线性网络，其输入端的激励为电压源 u_S，输出端的响应为流过负载 R_L 的电流 i_L。由于此线性电路只有一个激励，根据齐次定理，若激励变为 ku_S 时，则响应变为 ki_L。

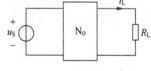

若把激励用 $e(t)$ 表示，响应用 $r(t)$ 表示，线性电路的齐次性也可以描述为：若 $e(t) \to r(t)$，则 $ke(t) \to kr(t)$，其中 k 为常数。

图 1-61　无源线性网络

例 1-22　如图 1-62a 所示电路，求当电压源 $U_S = 6\,V$ 和 $U_S = 12\,V$ 时，电路中的电流 I。

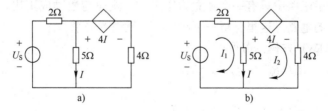

图 1-62　例 1-22 图

解：设电路中的两个网孔电流分别为 I_1 和 I_2，如图 1-62b 所示，列方程可得

$$\begin{cases} 7I_1 - 5I_2 = U_S \\ 9I_2 - 5I_1 = -4I \end{cases}$$

辅助方程为

$$I = I_1 - I_2$$

当 $U_S = 6\,V$ 时，解得

$$I_1 = 1\,\text{A}, \quad I_2 = 0.2\,\text{A}, \quad I = 0.8\,\text{A}$$

根据齐次定理，可知当 $U_S = 12\,\text{V}$ 时，电流为

$$I = 1.6\,\text{A}$$

例 1-23 已知电路结构如图 1-63 所示，求输出电流 I。

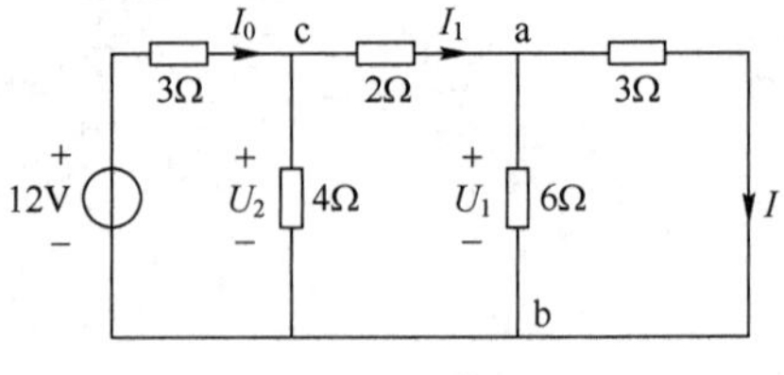

解： 此题可以通过电阻的串、并联等效获得总电流 I_0 后再进行分流来计算。这里利用齐次定理。

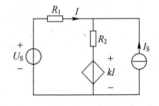

图 1-63 例 1-23 图

假设电流 $I = 1\,\text{A}$，利用欧姆定律和电阻并联关系，可得

$$U_1 = 3\,\text{V}$$

列节点 a 的 KCL 方程，故有

$$I_1 = \frac{U_1}{6} + I = 1.5\,\text{A}$$

列中间回路的 KVL 方程，可得

$$U_2 = 2I_1 + U_1 = (3+3)\,\text{V} = 6\,\text{V}$$

列写 c 点的 KCL 方程，可得

$$I_0 = \frac{U_2}{4} + I_1 = (1.5 + 1.5)\,\text{A} = 3\,\text{A}$$

此时电压源的电压为

$$U_S = U_2 + 3I_0 = (6+9)\,\text{V} = 15\,\text{V}$$

即当电压源为 15 V 时，电流 I 为 1 A。根据齐次定理，所产生的响应与激励成正比。由于图 1-63 所示电路中的电压源电压为 12 V，故有电流为

$$I = 1 \times \frac{12}{15}\,\text{A} = 0.8\,\text{A}$$

1.7.2 叠加定理

齐次定理阐释了电路中只有一个独立源作用时，响应与激励成正比。图 1-64 所示为一个包含两个独立源的电路，这里分析一下响应 I 与激励的关系。

列左边回路的 KVL 方程，可得

$$R_1 I + R_2(I_S + I) + kI = U_S$$

故有

$$I = \frac{U_S - R_2 I_S}{R_1 + R_2 + k} = \frac{U_S}{R_1 + R_2 + k} - \frac{R_2 I_S}{R_2 + R_2 + k} \qquad (1.7-3)$$

将图 1-64 所示电路中的电压源 U_S 和电流源 I_S 分别置零，可得电路如图 1-65 所示。

图 1-64 包含两个独立源的电路

式（1.7-1）和式（1.7-2）分别给出了图 1-65 所示电路中电流 I_1 和 I_2 的计算结果，可以看出图 1-64 所示电路中的电流 I 等于电流 I_1 和 I_2 之和。也就是说，两个独立源同时作用于一个线性电路所产生的响应，等于两个独立源分别单独作用于该电路所产生的响应的代数和，这就是线性电路叠加定理的体现。

叠加定理的具体内容为：对于线性电路，多个激励（独立源）共同作用时引起的响应

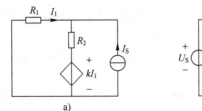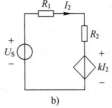

图 1-65　将电压源和电流源分别置零

等于各个激励单独作用（其他独立源置零）时所引起响应的代数和。注意，这里将独立电压源置零视为短路，独立电流源置零视为开路。

若用 $e_1(t)$ 和 $e_2(t)$ 分别表示两个激励，$r_1(t)$ 和 $r_2(t)$ 表示它们分别作用于电路所产生的响应，则线性电路叠加定理也可以描述为：若 $e_1(t) \to r_1(t)$，$e_2(t) \to r_2(t)$，则 $e_1(t)+e_2(t) \to r_1(t)+r_2(t)$。

例 1-24　利用叠加定理，求图 1-66 所示电路中的电流 I 和 6 Ω 电阻的吸收功率。

解：电流 I 是 10 V 电压源和 4 A 电流源共同作用的结果。根据叠加定理，可以先求出这两个独立源分别作用下的响应。

当 10 V 电压源单独作用时，将 4 A 电流源置零（开路），电路如图 1-67a 所示，此时响应为电流 I_1。列左边回路的 KVL 方程，可得

$$6I_1 + 4I_1 = 10$$

故有

$$I_1 = 1\,\text{A}$$

当 4 A 电流源单独作用时，将 10 V 电压源置零（短路），电路如图 1-67b 所示，此时响应为电流 I_2。利用并联电阻的分流，可得

$$I_2 = -\frac{4}{4+6} \times 4\,\text{A} = -1.6\,\text{A}$$

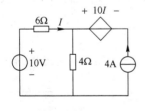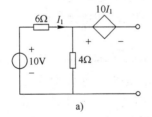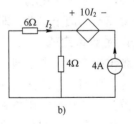

图 1-66　例 1-24 图　　　　图 1-67　两个独立源分别置零的电路

根据叠加定理，有

$$I = I_1 + I_2 = -0.6\,\text{A}$$

6 Ω 电阻的吸收功率为

$$P = 6I^2 = 6 \times (-0.6)^2\,\text{W} = 2.16\,\text{W}$$

如果分别计算图 1-67a 和图 1-67b 中 6 Ω 电阻的吸收功率，则有

$$P_1 = 6I_1^2 = 6 \times 1^2\,\text{W} = 6\,\text{W}, \quad P_2 = 6I_2^2 = 6 \times (-1.6)^2\,\text{W} = 15.36\,\text{W}$$

可以看出 $P \neq P_1 + P_2$，也就是说，功率的计算不能采用叠加定理。

例 1-25　在图 1-68 所示电路中，N 为含有独立源的线性电路。当 $i_S = 4\,\text{A}$、$u_S = 0\,\text{V}$ 时，测得电压 $u = 0$；当 $i_S = 0\,\text{A}$、$u_S = 6\,\text{V}$ 时，测得电压 $u = 4\,\text{V}$；当 $i_S = -2\,\text{A}$、$u_S = -3\,\text{V}$ 时，测得电压 $u = 2\,\text{V}$。求当 $i_S = 3\,\text{A}$、$u_S = 3\,\text{V}$ 时，电压 u 的值。

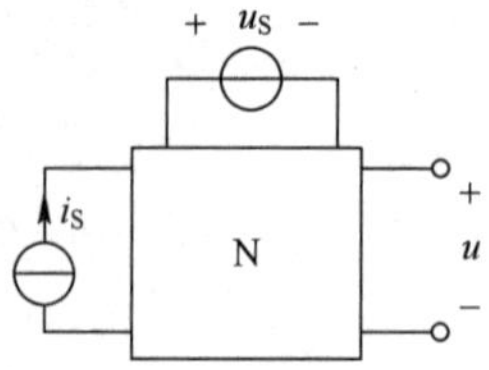

解：由于 N 为含有独立源的线性电路，所以可将电路中的激励分为 3 组，即电流源 i_S、电压源 u_S 和 N 内部的全部独立源。

图 1-68　例 1-25 图

根据齐次定理，仅由电流源 i_S 作用时产生的响应与激励 i_S 成正比，故设 $u_1 = ai_S$；类似地，仅由电压源 u_S 作用时产生的响应设为 $u_2 = bu_S$。由于 N 内部的独立源不变，所以产生的响应 u_3 为常数，这里设 $u_3 = c$。当 3 组激励同时作用于系统时，根据叠加定理有

$$u = u_1 + u_2 + u_2 = ai_S + bu_S + c$$

代入已知条件，有

$$\begin{cases} 4a + c = 0 \\ 6b + c = 4 \\ -2a - 3b + c = 2 \end{cases}$$

解得

$$a = -\frac{1}{2},\ b = \frac{1}{3},\ c = 2$$

故当 $i_S = 3\,\text{A}$，$u_S = 3\,\text{V}$ 时，有

$$u = 3a + 3b + c = \left(-\frac{1}{2} \times 3 + \frac{1}{3} \times 3 + 2\right)\text{V} = \frac{3}{2}\,\text{V}$$

1.8　等效电源定理

前面介绍了一些利用等效变换进行电路化简的方法，本节介绍将线性含源网络等效为实际电源模型的两个定理，即戴维南定理和诺顿定理。

1. 戴维南定理

戴维南定理是由法国电报工程师戴维南（M. Leon Thevenin）于 1883 年提出来的，具体内容为：任何一个线性含源二端网络对外电路而言可以等效为一个理想电压源和电阻串联，其中理想电压源的电压就是该网络端口处的开路电压 u_{OC}，而串联电阻等于将该网络内所有独立源置零后的等效电阻 R_0，如图 1-69 所示。

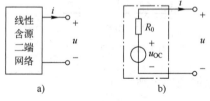

图 1-69　戴维南定理

具体证明如下：因为等效与外电路无关，故将线性含源二端网络外加一个电流源 $i_S = i$，如图 1-70a 所示，此时并不影响其端口伏安关系。根据线性电路的叠加定理，此时端口电压 u 应该是线性含源二端网络单独作用产生的电压 u' 和由电流源单独产生的电压 u'' 之和，如图 1-70b、c 所示。

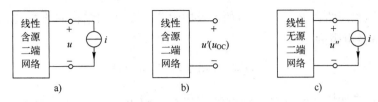

图 1-70　利用叠加定理证明

线性含源二端网络单独作用时，电流源置零，所以端口开路，如图 1-70b 所示。若设开路电压为 u_{OC}，则有

$$u' = u_{OC} \qquad (1.8\text{-}1)$$

电流源单独作用时，将线性含源二端网络内部的独立源置零，此时该网络为线性无源网络，可以等效为一个电阻 R_0，如图 1-71 所示，故有

$$u'' = -R_0 i \qquad (1.8\text{-}2)$$

结合式（1.8-1）和式（1.8-2），图 1-70a 所示线性含源二端网络的电压为

$$u = u' + u'' = u_{OC} - R_0 i \qquad (1.8\text{-}3)$$

根据式（1.8-3）的端口伏安关系，可画出的等效电路如图 1-72 所示，此电路称为戴维南等效电路，电阻 R_0 称为戴维南等效电阻。

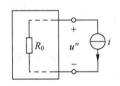

图 1-71　电流源单独作用　　　　图 1-72　戴维南等效电路

戴维南定理可以将复杂的线性含源二端网络等效为简单的实际电源模型，适用于计算某一电压或电流。其基本步骤归纳如下：

1）断开待求支路，求出所余线性含源二端网络的开路电压 u_{OC}。

2）将线性含源二端网络内部独立源全部置零（电压源短路，电流源开路），求该线性无源二端网络等效电阻 R_0。

3）将待求支路接入戴维南等效电路，求取响应。

例 1-26　如图 1-73 所示电路，求电阻 $R_x = 1.2\,\Omega$ 和 $5.2\,\Omega$ 时的电流 I。

解：这里采用戴维南定理求解。将 a、b 端口之间的支路断开，电路结构如图 1-74a 所示，其中 U_{OC} 为开路电压。可以看出开路电压为

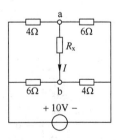

图 1-73　例 1-26 图

$$U_{OC} = U_1 - U_2$$

根据电阻分压公式，可以

$$U_1 = \frac{6}{4+6} \times 10\,\text{V} = 6\,\text{V}, \qquad U_2 = \frac{4}{6+4} \times 10\,\text{V} = 4\,\text{V}$$

故有

$$U_{OC} = 2\,\text{V}$$

将 10 V 电压源短路，求 a、b 端口的等效内阻为 R_0，电路结构如图 1-74b 所示。

可以看出等效电阻为

$$R_0 = (4//6+6//4)\ \Omega = 4.8\ \Omega$$

故戴维南等效电路如图 1-75 中点画线框内所示。将 R_x 支路接入，当 $R_x = 1.2\ \Omega$ 时，电流为

$$I = \frac{2}{4.8+1.2}\ A = \frac{1}{3}\ A$$

当 $R_x = 5.2\ \Omega$ 时，电流为

$$I = \frac{2}{4.8+5.2}\ A = 0.2\ A$$

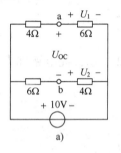 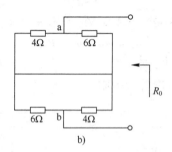 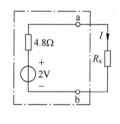

图 1-74　开路电压和等效电阻　　　　　　图 1-75　例 1-26 的戴维南等效电路

2. 诺顿定理

诺顿定理由美国电气工程师诺顿（E. L. Norton）于 1926 年提出，具体内容为：任何一个线性含源二端网络对外电路而言，可以等效为一个理想电流源和电阻并联，其中理想电流源的电流等于该网络在端口处的短路电流 i_{SC}，而并联电阻等于该网络内所有独立源置零后的等效电阻 R_0，如图 1-76 所示。

可以看出，诺顿定理中对等效电阻的定义和戴维南定理中对等效电阻的定义相同，因此这两个等效电阻相等。而根据电源模型互换法，电压源和电阻串联可以等效为电流源和电阻并联，如图 1-77 所示，等效条件为

$$i_S = \frac{u_S}{R_0} \tag{1.8-4}$$

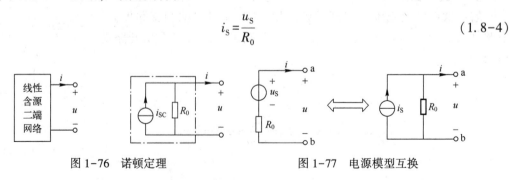

图 1-76　诺顿定理　　　　　　　　　图 1-77　电源模型互换

故当线性含源二端网络端口处的短路电流 i_{SC} 与开路电压 u_{OC} 之间满足

$$i_{SC} = \frac{u_{OC}}{R_0} \tag{1.8-5}$$

则戴维南等效电路和诺顿等效电路也可以等效互换，如图 1-78 所示。

从式（1.8-5）也可以得到线性含源二端网络等效电阻的另一种计算方法，也就是开路短路法，即分别求得线性含源二端网络的开路电压 u_{OC} 和短路电流 i_{SC}，如图 1-79 所示，则等效电阻为

$$R_0 = \frac{u_{OC}}{i_{SC}} \tag{1.8-6}$$

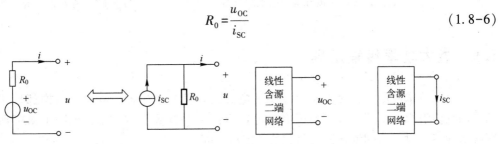

图 1-78　戴维南等效电路与诺顿等效电路等效互换　　　图 1-79　开路短路法

例 1-27　求图 1-80 所示电路中的电流 I。

解： 这里采用先获得诺顿等效电路，再求取电流 I 的方法。

（1）求短路电流　先断开 a、b 端口间的 $7\,\Omega$ 电阻，并将 a、b 端口短路，如图 1-81a 所示。

可以看出 $I_1 = 1\,\text{A}$，故短路电流为

$$I_{SC} = I_1 + 3I_1 = 4I_1 = 4\,\text{A}$$

（2）求等效电阻　等效电阻可以在将电路中的独立电压源置零后采用端口伏安关系法求解，这里采用开路短路法。断开 a、b 端口间的 $7\,\Omega$ 电阻，如图 1-81b 所示。

列写电路方程，可得

$$\begin{cases} U_{OC} = 3(I_1 + 3I_1) \\ 6I_1 + 3(I_1 + 3I_1) = 6 \end{cases}$$

解得

$$I_1 = \frac{1}{3}\,\text{A}，\quad U_{OC} = 4\,\text{V}$$

则等效电阻为

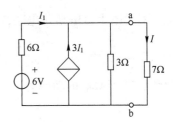

图 1-80　例 1-27 图

$$R_0 = \frac{U_{OC}}{I_{SC}} = 1\,\Omega$$

（3）根据诺顿等效电路求电流 I　诺顿等效电路如图 1-82 点画线框中所示，连接 $7\,\Omega$ 负载电阻，则负载电流为

$$I = 4 \times \frac{1}{8}\,\text{A} = 0.5\,\text{A}$$

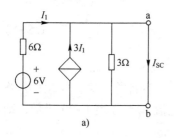
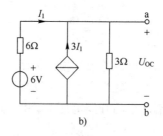
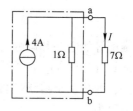

图 1-81　求短路电流和等效电阻的电路　　　　图 1-82　例 1-27 的诺顿等效电路

1.9　最大功率传输定理

在电子技术应用中，无论是直流稳压电源还是信号发生器，其内部结构都是相当复杂的，当它们引出两个端口接到负载时，可以看作一个有源二端网络，如图 1-83a 所示。当所接负载不同时，该网络传输给负载的功率也不同。

最大功率传输是指线性含源二端网络连接负载电阻后，改变负载电阻的阻值使该网络传输最大功率，也即负载电阻获得的功率最大。由于线性含源二端网络可以应用戴维南定理或诺顿定理来等效化简，如图 1-83b、c 所示，所以这里以戴维南等效电路为例，分析如何使负载获得最大功率。

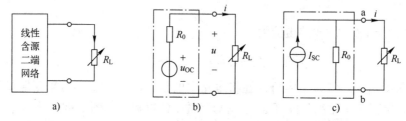

图 1-83　线性含源二端网络及其戴维南与诺顿等效电路

对于图 1-83b 所示电路，若外电路为负载 R_L，则回路电流为

$$i = \frac{u_{OC}}{R_0 + R_L} \tag{1.9-1}$$

故负载 R_L 所吸收的功率为

$$P_L = i^2 R_L = \left(\frac{u_{OC}}{R_0 + R_L}\right)^2 R_L = \frac{u_{OC}^2}{\dfrac{R_0^2}{R_L} + 2R_0 + R_L} \tag{1.9-2}$$

从式（1.9-2）可以看出，当分母取得最小值时，负载获得最大功率。对分母求导，并使

$$\frac{\mathrm{d}\left(\dfrac{R_0^2}{R_L} + 2R_0 + R_L\right)}{\mathrm{d}R_L} = -\frac{R_0^2}{R_L^2} + 1 = 0 \tag{1.9-3}$$

解得

$$R_L = R_0 \qquad (1.9\text{-}4)$$

式（1.9-4）即为负载获得最大功率的条件。最大功率传输定理的具体内容为：为能从给定的线性含源二端网络或电源处获得最大功率，应使负载电阻 R_L 等于该网络等效电阻或电源内阻，此时负载获得的最大功率为

$$P_{Lmax} = \frac{u_{OC}^2}{4R_0} \qquad (1.9\text{-}5)$$

若以诺顿等效电路的参数来描述，则负载能获得的最大功率为

$$P_{Lmax} = \frac{1}{4} i_{SC}^2 R_0 \qquad (1.9\text{-}6)$$

由以上分析可知，求解最大功率传输问题的关键，是求线性含源二端网络的戴维南等效电路或诺顿等效电路。

例 1-28   电路如图 1-84 所示，求可调电阻 R_L 为何值时能获得最大功率，最大功率为多少？

解：根据最大功率传输定理，关键要求 a、b 端口的开路电压 U_{OC} 和等效内阻 R_0。

（1）求开路电压   将 a、b 端口的可调电阻 R_L 断开，则电路如图 1-85a 所示。对左边回路列 KVL 方程，可得

$$8I + 4I + 20(I-1) = 16$$

解得

$$I = \frac{9}{8}\, A$$

故开路电压为

$$U_{OC} = 16 - 8I - 3 \times 1 = 4\,V$$

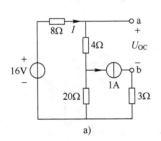 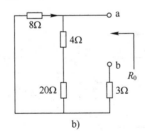 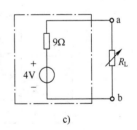

a)   b)   c)

图 1-85   戴维南等效参数求解和等效电路

（2）求等效电阻   将图 1-84 所示电路中的独立源置零，即电压源短路，电流源开路，如图 1-85b 所示，则 a、b 端口的等效电阻为

$$R_0 = \left[(4+20)\,/\!/\,8 + 3 \right]\,\Omega = 9\,\Omega$$

故 a、b 端口的戴维南等效电路如图 1-85c 中点画线框内所示。

（3）求最大功率   根据最大功率传输定理，当负载 R_L 与戴维南等效电路内阻相同时，即

$$R_L = R_0 = 9\,\Omega$$

R_L 获得最大功率，最大功率为

$$P_{Lmax} = \frac{U_{OC}^2}{4R_0} = \frac{4}{9} \text{ W}$$

例 1-29 已知电路如图 1-86 所示，当负载 R_L 为何值时能取得最大功率？最大功率是多少？

解：（1）求开路电压 将负载 R_L 从 a、b 端口断开，电路结构如图 1-87 所示。列写电路的 KVL 方程，可得

$$U_{OC} = 2U_1 \times 1 + U_1 = 3U_1$$

根据左边网孔的电阻分压，可知

$$U_1 = \frac{4}{4+4} \times 4 \text{ V} = 2 \text{ V}$$

故开路电压为

$$U_{OC} = 6 \text{ V}$$

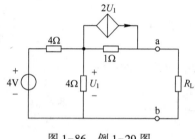

图 1-86 例 1-29 图

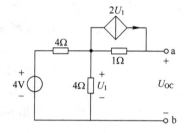

图 1-87 求开路电压的电路

（2）求等效电阻 将电路中的独立源置零，电路结构如图 1-88a 所示。利用电源模型互换和电阻等效，可以等效为图 1-88b 所示电路。这是一个含受控源的电路，可采用端口伏安关系法来计算等效电阻 R_0。

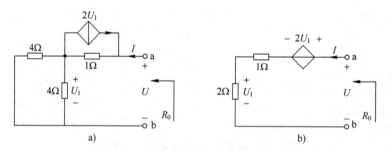

a)   b)

图 1-88 含受控源电路的等效电阻

设 a、b 端口的电压为 U，电流为 I，列写 KVL 方程，则有

$$U = 2U_1 + I \times 1 + U_1 = 3U_1 + I$$

辅助方程为

$$U_1 = 2I$$

故有 $U = 7I$，则等效电阻为

$$R_0 = \frac{U}{I} = 7 \text{ }\Omega$$

（3）求最大功率　根据最大功率传输定理，当负载 $R_\mathrm{L} = R_0 = 7\,\Omega$ 时，所获得的功率最大，最大功率为

$$P_\mathrm{Lmax} = \frac{U_\mathrm{OC}^2}{4R_0} = \frac{9}{7}\,\mathrm{W}$$

习题 1

1-1　图 1-89 所示为某电路的一条支路，其电流、电压参考方向已知。

（1）u、i 的参考方向是否关联？

（2）若图 1-89a 所示支路中 $u>0$、$i<0$；图 1-89b 所示支路中 $u>0$、$i>0$，元器件实际是在发出还是吸收功率？

图 1-89　题 1-1 图

1-2　已知某元器件电流、电压参考方向如图 1-90 所示，求：

（1）当 $u=5\,\mathrm{V}$、$i=2\,\mathrm{A}$ 时，元器件吸收的功率。

（2）当 $u=4\,\mathrm{V}$、$i=-1\,\mathrm{mA}$ 时，元器件吸收的功率。

（3）当元器件的吸收功率为 $6\,\mathrm{kW}$ 时的电压 u，此时 $i=-300\,\mathrm{A}$。

1-3　如图 1-91 所示电路中，已知 $I_1=5\,\mathrm{A}$、$I_2=-3\,\mathrm{A}$、$I_3=2\,\mathrm{A}$，各点电压分别为 $U_\mathrm{a}=6\,\mathrm{V}$、$U_\mathrm{b}=4\,\mathrm{V}$、$U_\mathrm{c}=-3\,\mathrm{V}$、$U_\mathrm{d}=-7\,\mathrm{V}$。求元器件 1、3、4 和 6 所吸收的功率。

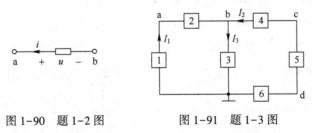

图 1-90　题 1-2 图　　　图 1-91　题 1-3 图

1-4　求图 1-92 所示电路中各电源的吸收功率。

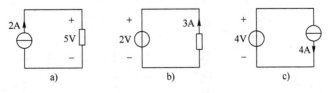

图 1-92　题 1-4 图

1-5　如图 1-93a、b 所示电路，求端口电压 U_ab。

1-6　电路如图 1-94 所示，求电压 U。

1-7　电路如图 1-95 所示，求电压源的吸收功率 P。

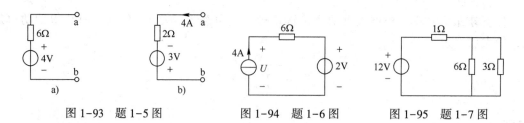

图 1-93 题 1-5 图 　　　　图 1-94 题 1-6 图 　　　　图 1-95 题 1-7 图

1-8　在图 1-96 所示电路中，已知 $U=28\text{V}$，求电阻 R。

1-9　如图 1-97 所示电路，求电压 U_{bd}。

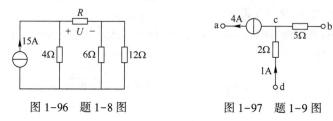

图 1-96 题 1-8 图 　　　　　　　　图 1-97 题 1-9 图

1-10　求图 1-98 所示各电路中的电压 U。

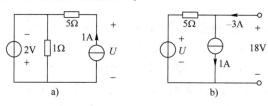

图 1-98 题 1-10 图

1-11　在图 1-99 所示电路中，已知电压 $U_1=20\text{V}$，求 U_S。

1-12　求图 1-100 所示电路中的电压 U。

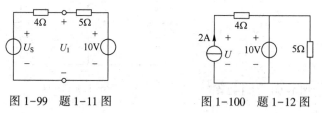

图 1-99 题 1-11 图 　　　　　　　　图 1-100 题 1-12 图

1-13　求图 1-101 所示各电路中的电流 I。

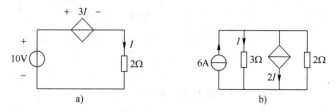

图 1-101 题 1-13 图

1-14　在图 1-102 所示电路中，求支路电流 I_1、I_2 和 I_3。

1-15　在图 1-103 所示电路中，求电流 I_1、I_2 和 I_3。

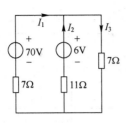

图 1-102　题 1-14 图

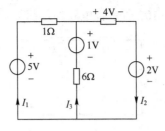

图 1-103　题 1-15 图

1-16　在图 1-104 所示各电路中，求等效电阻 R_{ab}。

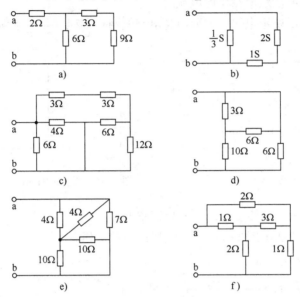

图 1-104　题 1-16 图

1-17　求图 1-105 所示各电路的等效电阻 R_{ab}。

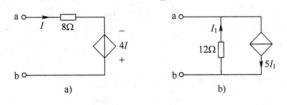

图 1-105　题 1-17 图

1-18　求图 1-106 所示各电路的最简等效电路。

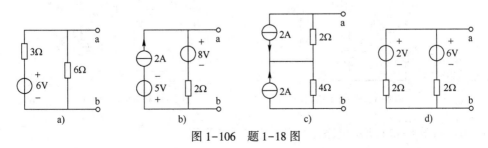

图 1-106　题 1-18 图

1-19 求图 1-107 所示各电路的最简等效电路。

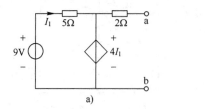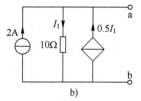

图 1-107 题 1-19 图

1-20 求图 1-108 所示电路中的电流 I。

1-21 如图 1-109 所示电路，试列出各电路的网孔方程（不必求解）。

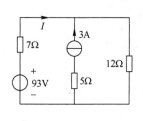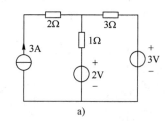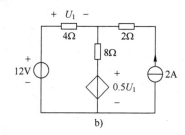

图 1-108 题 1-20 图   图 1-109 题 1-21 图

1-22 用网孔电流法求图 1-110 所示电路中的 i。

1-23 用网孔电流法求图 1-111 所示电路的电流 i_1 和 i_2。

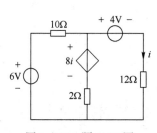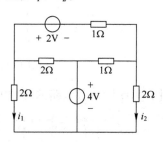

图 1-110 题 1-22 图   图 1-111 题 1-23 图

1-24 用网孔电流法求图 1-112 所示电路中的 u。

1-25 如图 1-113 所示电路，列出节点电压方程组，求节点电压 u_1、u_2 和 u_3。

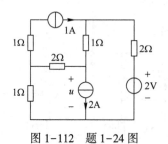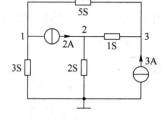

图 1-112 题 1-24 图   图 1-113 题 1-25 图

1-26 如图 1-114 所示电路，列出节点电压方程组。

1-27　如图 1-115 所示电路，求电压 u。

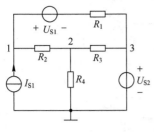

图 1-114　题 1-26 图

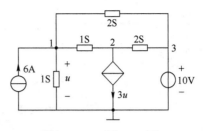

图 1-115　题 1-27 图

1-28　如图 1-116 所示电路，试用叠加定理求电流 i。

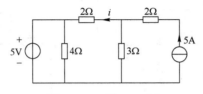

图 1-116　题 1-28 图

1-29　在图 1-117 所示电路中，N 为不含独立源的线性电阻电路。已知当 $u_S = 12\,\text{V}$，$i_S = 4\,\text{A}$ 时，$u = 0$；当 $u_S = -12\,\text{V}$，$i_S = -2\,\text{A}$ 时，$u = -1\,\text{V}$。求当 $u_S = 15\,\text{V}$，$i_S = -1\,\text{A}$ 时的电压 u。

1-30　在图 1-118 所示电路中，当电压源 $U_S = 18\,\text{V}$，$I_S = 2\,\text{A}$ 时，测得 a、b 端开路电压 $U = 0$；当 $U_S = 18\,\text{V}$，$I_S = 0$ 时，$U = -6\,\text{V}$。试求：

（1）当 $U_S = 30\,\text{V}$，$I_S = 4\,\text{A}$ 时，U 是多少？

（2）当 $U_S = 30\,\text{V}$，$I_S = 4\,\text{A}$ 时，测得 a、b 端短路电流 1A。问在 a、b 端接 $R = 2\,\Omega$ 的电阻时，通过电阻 R 的电流是多少？

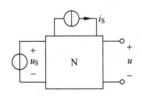

图 1-117　题 1-29 图

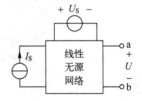

图 1-118　题 1-30 图

1-31　在图 1-119 所示电路中，负载 R_L 的阻值可以调节，求：

（1）$R_L = 1\,\Omega$ 时的电流 I_{ab}。

（2）$R_L = 2\,\Omega$ 时的电流 I_{ab}。

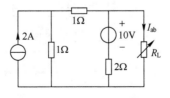

图 1-119　题 1-31 图

1-32 在图 1-120 所示电路中，求各电路 a、b 端的戴维南等效电路或诺顿等效电路。

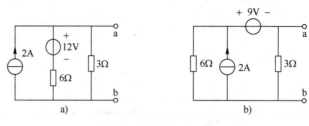

图 1-120　题 1-32 图

1-33 求图 1-121 所示电路 a、b 端的戴维南等效电路或诺顿等效电路。

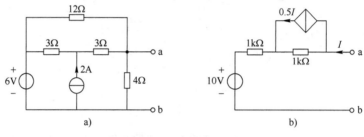

图 1-121　题 1-33 图

1-34 在图 1-122 所示电路中，可调负载电阻 R_L 为何值时能获得最大功率？其最大功率是多少？

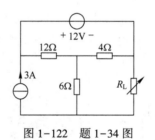

图 1-122　题 1-34 图

1-35 已知电路如图 1-123 所示。
（1）求电路 a、b 端的戴维南等效电路或诺顿等效电路。
（2）当 a、b 端接可调负载电阻 R_L 时，其为何值才能得到最大功率？最大功率是多少？

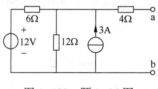

图 1-123　题 1-35 图

第 2 章　一阶动态电路分析

在直流电阻电路分析中，用到的无源元件是电阻元件，其伏安关系为代数关系，即在关联参考方向下，电阻两端的电压值等于电阻值乘以流过它的电流值，由此建立的电路方程是代数方程。在实际电路中，除了电阻元件，可能还包括电容元件和电感元件。这两种元件的伏安关系是微积分关系，对电路中的电压或电流具有记忆性，通常称为动态元件。含动态元件的电路称为动态电路，根据两类约束条件所建立的动态电路方程是微分方程，所以响应的求解方法与直流电阻电路有所不同。

本章主要讨论一阶动态电路，分析该电路的特性和响应求解方法。首先介绍电容元件和电感元件的特性；然后介绍动态电路方程的建立和求解方法，重点讨论一阶直流动态电路的三要素法；最后从响应产生原因的角度，讨论一阶动态电路零输入响应、零状态响应和全响应的概念和求解方法。

2.1　动态元件

本节介绍两种无源元件，即电容元件和电感元件。与电阻元件不同，这两种元件的电压和电流关系为微积分关系，具有记忆性，通常也称为动态元件。

2.1.1　电容元件

1. 电容元件的概念

通常用绝缘介质把两个金属极板隔开，即可构成一个简单的电容器，简称电容。如图 2-1 所示，当在电容两端加上电压时，会在其中一个金属极板上集聚正电荷 q，而在另一个金属极板上集聚等量的负电荷 $-q$，从而在绝缘介质中建立电场，储存电场能量。当电压移去时，这些电荷由于电场力的作用相互吸引，但因绝缘介质阻挡而不能中和，于是极板上的电荷就能长久地存储起来，所以电容是一种能够储存电场能量的元件。

电容所存储的电荷量 $q(t)$ 与其两端电压 $u(t)$ 的关系可以描述为

$$q(t) = Cu(t) \qquad\qquad (2.1-1)$$

式中，C 若为常数，则称该电容为线性时不变电容。C 体现了电容存储电荷的能力，称为电容量，单位是法拉（F），简称法。此外常用的电容单位还有 mF、μF 和 pF。电路模型中电容元件的符号表示如图 2-2 所示。

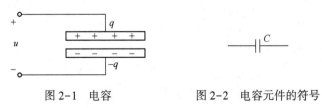

图 2-1　电容　　　　　　　图 2-2　电容元件的符号

2. 电容元件的特性

根据第 1 章对电流的定义，结合式（2.1-1）可知，在关联参考方向下，流过电容的电流为

$$i(t) = \frac{\mathrm{d}q(t)}{\mathrm{d}t} = \frac{\mathrm{d}Cu(t)}{\mathrm{d}t} = C\frac{\mathrm{d}u(t)}{\mathrm{d}t} \tag{2.1-2}$$

改写成积分形式，则为

$$u(t) = \frac{1}{C}\int_{-\infty}^{t} i(\tau)\,\mathrm{d}\tau \tag{2.1-3}$$

从式（2.1-2）和式（2.1-3）可以看出，电容元件的伏安关系为微积分关系。某一时刻流过电容的电流大小取决于该时刻其两端电压的变化率，若电容两端电压无变化，则通过它的电流为零，电容相当于开路，所以电容具有隔直流的作用。而电容在某一时刻的电压，取决于从负无穷到该时刻电流的积分，这就意味着电容具有"记忆性"，所以也称电容元件为记忆元件。

若已知初始电压 $u(t_0)$，则 $t>t_0$ 时的电容电压为

$$u(t) = \frac{1}{C}\int_{-\infty}^{t_0} i(\tau)\,\mathrm{d}\tau + \frac{1}{C}\int_{t_0}^{t} i(\tau)\,\mathrm{d}\tau = u(t_0) + \frac{1}{C}\int_{t_0}^{t} i(\tau)\,\mathrm{d}\tau \tag{2.1-4}$$

式（2.1-4）说明，电容电压 $u(t)$ 等于初始电压 $u(t_0)$ 加上 $t_0 \sim t$ 间的电压增量，若流过电容的电流 $i(t)$ 是有限值，则电容两端的电压不会跳变。

作为存储电场能量的元件，电容的储能为

$$W_{\mathrm{C}}(t) = \int_{-\infty}^{t} p(\tau)\,\mathrm{d}\tau = \int_{-\infty}^{t} u(\tau)i(\tau)\,\mathrm{d}\tau = C\int_{-\infty}^{t} u(\tau)\frac{\mathrm{d}u(\tau)}{\mathrm{d}\tau}\mathrm{d}\tau$$

$$= \frac{1}{2}Cu^2(\tau)\Big|_{-\infty}^{t} = \frac{1}{2}Cu^2(t) - \frac{1}{2}Cu^2(-\infty)$$

若在负无穷时电容电压为零，即 $u(-\infty)=0$，则在 $t>0$ 时电容的储能为

$$W_{\mathrm{C}}(t) = \frac{1}{2}Cu^2(t) \tag{2.1-5}$$

即某时刻电容的储能只与该时刻电容两端的电压有关，与电流无关。可以看出，电容电压反映了电容的储能状态，故称电容电压为状态变量。

例 2-1 电路模型如图 2-3 所示，已知 $t>0$ 时电容电压 $u_{\mathrm{C}}(t) = (2-e^{-2t})$，求 $t>0$ 时电流 $i(t)$ 和 a、b 两端的电压 $u(t)$，并画出它们的波形图。

解：根据电路结构列写 KVL 方程，可得

$$u(t) = 4i(t) + u_{\mathrm{C}}(t)$$

根据电容元件的伏安关系，可得 $t>0$ 时

$$i(t) = C\frac{\mathrm{d}u_{\mathrm{C}}(t)}{\mathrm{d}t} = 4e^{-2t} \quad t>0$$

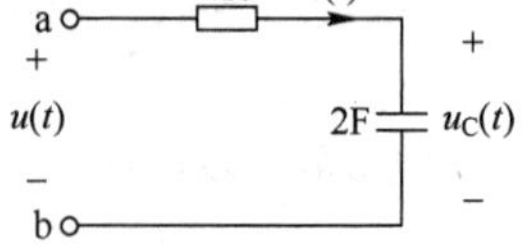

图 2-3 例 2-1 图

故 a、b 两端的电压为

$$u(t) = 16e^{-2t} + (2-e^{-2t}) = (2+15e^{-2t}) \quad t>0$$

电流 $i(t)$ 和电压 $u(t)$ 的波形如图 2-4 所示。

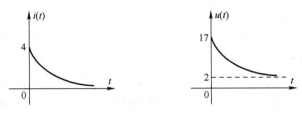

图 2-4　电流 $i(t)$ 和电压 $u(t)$ 的波形

例 2-2　已知电容 $C=1\,\mathrm{F}$，其电流和电压为关联参考方向。若流过电容的电流 $i(t)$ 的波形如图 2-5 所示，画出电容电压 $u_C(t)$ 的波形。

解：根据电容元件的伏安关系，可知

$$u_C(t) = \frac{1}{C}\int_{-\infty}^{t} i(\tau)\,\mathrm{d}\tau$$

代入元件参数 $C=1\,\mathrm{F}$，可得

$$u_C(t) = \int_{-\infty}^{t} i(\tau)\,\mathrm{d}\tau = \int_{0}^{t} i(\tau)\,\mathrm{d}\tau$$

按照积分规则，可得 $u_C(t)$ 的波形如图 2-6 所示。

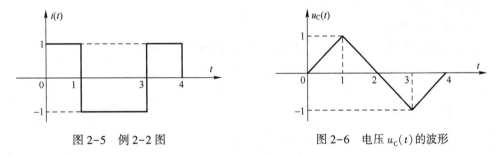

图 2-5　例 2-2 图　　　　　　　　　　图 2-6　电压 $u_C(t)$ 的波形

从图 2-6 可以看出，在电容电流为有限值的情况下，电容电压是连续的物理量，不会发生跃变。

3. 电容的串并联

在实际工程应用中，经常会遇到含有多个电容元件串并联的电路。分析电容的串并联可借鉴分析电阻的串并联的方法，如图 2-7a 所示的 n 个电容串联，通过端口伏安关系分析，可以等效为图 2-7b 中的电容 C，其中

$$\frac{1}{C} = \frac{1}{C_1} + \frac{1}{C_2} + \cdots + \frac{1}{C_n} \tag{2.1-6}$$

类似地，图 2-8a 中的 n 个电容并联，也可以等效为图 2-8b 中的电容 C，其中

$$C = C_1 + C_2 + \cdots + C_n \tag{2.1-7}$$

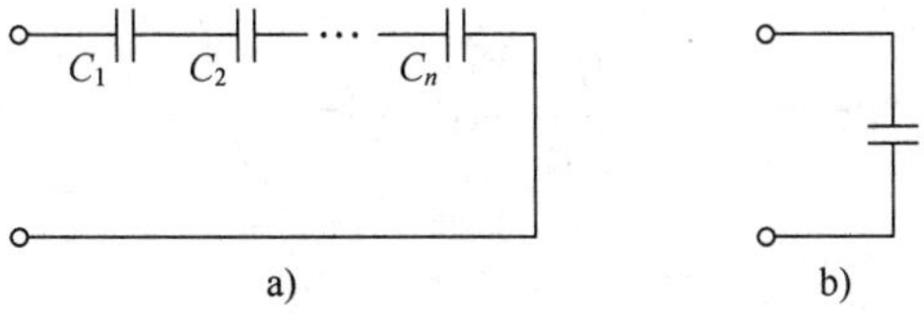

a)   b)   a)   b)

图 2-7　电容的串联等效 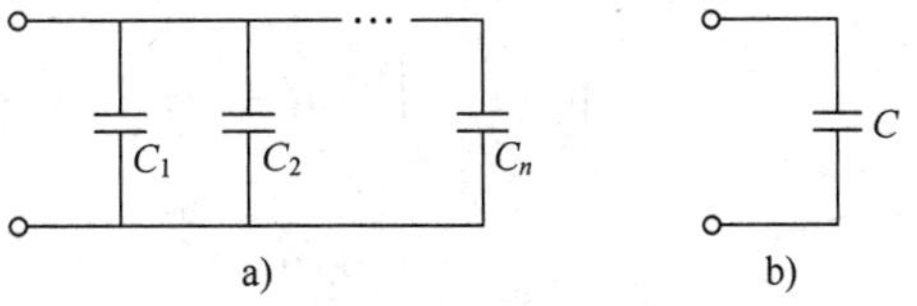　　　　　　　图 2-8　电容的并联等效

2.1.2 电感元件

1. 电感元件的概念

用导线绕制成空心或具有铁心的线圈就可构成一个电感器或电感线圈。如图 2-9 所示，当线圈中通以电流 $i(t)$ 后将产生磁通 $\varPhi_L$，线圈周围也会建立磁场并储存磁场能量，所以电感线圈是一种能够储存磁场能量的实际元件，广泛应用在谐振电路、变压器、电视机等方面。

当电感电流 $i(t)$ 发生变化时，在电感两端将出现感应电压 $u(t)$。电感元件的符号表示如图 2-10 所示。

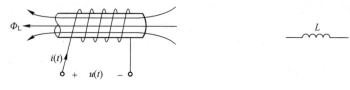

图 2-9　电感元件　　　　　　　　图 2-10　电感元件的符号

L 称为电感量，单位为亨利（H），简称亨。本书主要讨论线性时不变电感，此时 L 为常数。电感常用的单位还有 mH 和 μH。

2. 电感元件的特性

当通过电感的电流 $i(t)$ 和它两端的电压 $u(t)$ 为关联参考方向时，有

$$u(t) = L\frac{\mathrm{d}i(t)}{\mathrm{d}t} \tag{2.1-8}$$

将式（2.1-8）改写成积分形式，可得

$$i(t) = \frac{1}{L}\int_{-\infty}^{t} u(\tau)\mathrm{d}\tau \tag{2.1-9}$$

从式（2.1-8）和式（2.1-9）可以看出，电感元件的伏安关系也为微积分关系。某时刻电感两端的电压大小取决于该时刻流过电感的电流的变化率，若流过电感的电流无变化，则其两端的电压为零，相当于短路，所以电感有通直流的特性。而电感在某一时刻的电流，取决于从负无穷到该时刻电压的积分，这也意味着电感具有"记忆性"，所以电感元件也是记忆元件。

若已知初始电流 $i(t_0)$，则 $t>t_0$ 时的电感电流为

$$i(t) = \frac{1}{L}\int_{-\infty}^{t_0} u(\tau)\mathrm{d}\tau + \frac{1}{L}\int_{t_0}^{t} u(\tau)\mathrm{d}\tau = i(t_0) + \frac{1}{L}\int_{t_0}^{t} u(\tau)\mathrm{d}\tau \tag{2.1-10}$$

式（2.1-10）说明，电感电流 $i(t)$ 等于初始电流 $i(t_0)$ 加上 $t_0 \sim t$ 间的电流增量。若电感两端的电压 $u(t)$ 是有限值，则电感电流不会跳变。

作为存储磁场能量的元件，电感的储能为

$$W_L(t) = \int_{-\infty}^{t} p(\tau)\mathrm{d}\tau = \int_{-\infty}^{t} u(\tau)i(\tau)\mathrm{d}\tau = L\int_{-\infty}^{t} \frac{\mathrm{d}i(\tau)}{\mathrm{d}\tau}i(\tau)\mathrm{d}\tau$$

$$= \frac{1}{2}Li^2(\tau)\Big|_{-\infty}^{t} = \frac{1}{2}Li^2(t) - \frac{1}{2}Li^2(-\infty)$$

若在负无穷时电感电流为零，即 $i(-\infty)=0$，则在 $t>0$ 时电感的储能为

$$W_{\text{L}}(t)=\frac{1}{2}Li^2(t) \tag{2.1-11}$$

即某时刻电感的储能只与该时刻流过它的电流有关，电感电流反映了电感的储能状态，故称电感电流为状态变量。

例 2-3　电路模型如图 2-11 所示，其中电感 $L=2\text{H}$，电阻 $R=2\,\Omega$。已知 $t>0$ 时通过电感的电流 $i_{\text{L}}(t)=2(1-\mathrm{e}^{-2t})\text{A}$，求 $t>0$ 时电路中的电流 $i(t)$，并计算电感的最大储能。

解： 根据电路结构列写 KCL 方程，可得

$$i(t)=\frac{u(t)}{R}+i_{\text{L}}(t)$$

根据电感元件的伏安关系，可知其两端电压为

$$u(t)=L\frac{\mathrm{d}i_{\text{L}}(t)}{\mathrm{d}t}=2\times4\mathrm{e}^{-2t}=8\mathrm{e}^{-2t}\text{ V}\quad t>0$$

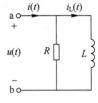

图 2-11　例 2-3 图

故电路中的电流为

$$i(t)=4\mathrm{e}^{-2t}+2(1-\mathrm{e}^{-2t})=2(1+\mathrm{e}^{-2t})\text{ A}\quad t>0$$

电感的最大储能为

$$W_{\text{Lmax}}=\frac{1}{2}Li_{\text{Lmax}}^2=\frac{1}{2}\times2\times4^2\text{J}=16\text{ J}$$

例 2-4　已知某电感元件如图 2-12a 所示，其中 $L=1\text{ H}$，其 a、b 两端的电压波形如图 2-12b 所示，画出电流 $i(t)$ 的波形。

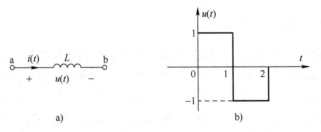

图 2-12　例 2-4 图

解： 根据电感元件的伏安关系，可知

$$i(t)=\frac{1}{L}\int_{-\infty}^{t}u(\tau)\mathrm{d}\tau$$

按照积分规则，可得电流 $i(t)$ 的波形如图 2-13 所示。结合图 2-12b 和图 2-13 可以看出，当电感两端的电压为有限值时，流经电感的电流是连续的物理量，不会发生跳变。

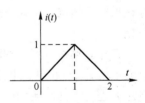

图 2-13　电感电流的波形

3. 电感的串并联

多个电感的串并联也可用等效的方法进行分析，以获取其等效电感。图 2-14a 中 n 个电感串联可等效为图 2-14b 中的一个电感 L，其中

$$L=L_1+L_2+\cdots+L_n \tag{2.1-12}$$

类似地，图 2-15a 中 n 个电感并联可等效为图 2-15b 中的一个电感 L，其中

$$\frac{1}{L}=\frac{1}{L_1}+\frac{1}{L_2}+\cdots+\frac{1}{L_n} \tag{2.1-13}$$

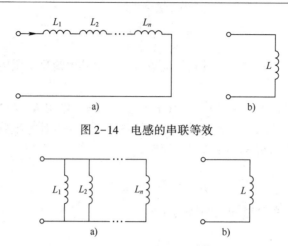

图 2-14　电感的串联等效

图 2-15　电感的并联等效

2.2　一阶动态电路分析

含动态元件的电路称为动态电路。与分析电阻电路类似，分析动态电路首先要根据电路模型选择分析的变量，然后建立并求解电路方程。建立电路方程的依据仍然是两类约束，但由于电容和电感元件两端的伏安关系为微积分关系，所以建立的方程为微分方程。本节主要讨论包含一个独立动态元件的电路，这种电路也称为一阶动态电路。

2.2.1　动态电路方程的建立

在第 1 章直流电阻电路分析中，通常元件的参数和电路结构都是不变的，同时激励为直流且在全部时间内都起作用，所以电路工作于一个稳定的状态。然而在实际电路中，激励有作用开始的时间，而且电路结构和元件参数等也可能会发生变化，这些变化统称为换路，换路可能会引起电路工作状态的改变。若电路原有的工作状态经过一段过渡过程才能到达一个新的稳定工作状态，那么这个过渡过程就称为暂态。对于动态电路的分析，通常要考虑电路存在换路的情况。常设电路在 $t=0$ 时换路，0_- 表示换路前的起始时刻，0_+ 表示换路后的初始时刻。

在建立动态电路方程时，首先要确定方程的变量。在电路各支路的电压、电流变量中，电容电压 $u_C(t)$ 和电感电流 $i_L(t)$ 反映了电路储能的状况，所以本节选择这两个状态变量建立电路方程。下面以典型的一阶 RC 和一阶 RL 电路为例，建立一阶动态电路方程。

1. 一阶 RC 电路

图 2-16 所示的电路称为一阶 RC 电路，设 $t<0$ 时开关 S 处于断开状态，电容 C 没有储能，电路中电流 $i(t)$ 为 0。在 $t=0$ 时刻开关 S 闭合，电路发生了换路。此时电源给电容充电，则在电容两端集聚异性电荷，形成一定的电压，当电容两端的电压 $u_C(t)$ 等于电源电压 $u_S(t)$ 时，充电完成，电路中的电流 $i(t)$ 再次变为 0，电路又处于稳定状态。

为分析 $t>0$ 时电容电压 $u_C(t)$ 的变化情况，需要建立和求

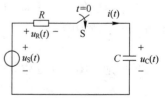

图 2-16　一阶 RC 电路

解电路方程。对图 2-16 所示电路列写 KVL 方程，可得

$$u_R(t) + u_C(t) = u_S(t)$$

代入元件的伏安关系 $u_R(t) = Ri(t)$ 及 $i(t) = C\dfrac{\mathrm{d}u_C(t)}{\mathrm{d}t}$，可得

$$RC\frac{\mathrm{d}u_C(t)}{\mathrm{d}t} + u_C(t) = u_S(t) \tag{2.2-1}$$

整理可得

$$\frac{\mathrm{d}u_C(t)}{\mathrm{d}t} + \frac{1}{RC}u_C(t) = \frac{1}{RC}u_S(t) \tag{2.2-2}$$

式（2.2-2）是一阶常系数微分方程，求解该式即可获得换路后电容电压 $u_C(t)$ 的变化情况。

2. 一阶 RL 电路

图 2-17 所示的电路为一阶 RL 电路，在 $t<0$ 时，开关 S 处于断开状态，在 $t=0$ 时开关 S 闭合，电阻 R_1 被短路，电路发生了换路。

为分析 $t>0$ 时电路中电感电流 $i_L(t)$ 的变化情况，可列写 KVL 方程，得

$$u_R(t) + u_L(t) = u_S(t)$$

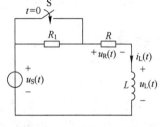

图 2-17　一阶 RL 电路

代入元件伏安关系 $u_R(t) = Ri_L(t)$ 及 $u_L(t) = L\dfrac{\mathrm{d}i_L(t)}{\mathrm{d}t}$，可得

$$Ri_L(t) + L\frac{\mathrm{d}i_L(t)}{\mathrm{d}t} = u_S(t) \tag{2.2-3}$$

可进一步整理为

$$\frac{\mathrm{d}i_L(t)}{\mathrm{d}t} + \frac{R}{L}i_L(t) = \frac{1}{L}u_S(t) \tag{2.2-4}$$

式（2.2-4）也是一阶常系数微分方程，求解该式即可获得换路后电感电流 $i_L(t)$ 的变化情况。

可以看出，针对图 2-16 和图 2-17 所示的一阶动态电路，列写的式（2.2-2）和式（2.2-4）均为一阶常系数微分方程。如果用 $f(t)$ 表示激励，用 $y(t)$ 表示待求响应，一阶动态电路方程的一般形式为

$$\frac{\mathrm{d}y(t)}{\mathrm{d}t} + \frac{1}{\tau}y(t) = bf(t) \tag{2.2-5}$$

式中，对于一阶 RC 电路，$\tau = RC$；对于一阶 RL 电路，$\tau = L/R$。

例 2-5　已知电路模型如图 2-18 所示，其中电阻 $R_1 = 2\,\Omega$，$R_2 = 2\,\Omega$，电感 $L = 2\,\mathrm{H}$，激励为电压源 $u_S(t)$。

（1）若待求响应为 $u(t)$，写出描述输入输出关系的电路方程。

（2）若待求响应为 $i(t)$，写出描述输入输出关系的电路方程。

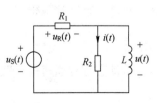

图 2-18　例 2-5 图

解：（1）根据电路结构列写 KVL 方程，可得

$$u_R(t) + u(t) = u_S(t)$$

根据元件的伏安关系，可得

$$u_R(t) = R_1 \left[i(t) + \frac{1}{L} \int_{-\infty}^{t} u(\tau) \mathrm{d}\tau \right], \quad i(t) = \frac{u(t)}{R_2}$$

代入 KVL 方程和元件参数，可得

$$u(t) + \int_{-\infty}^{t} u(\tau) \mathrm{d}\tau + u(t) = u_S(t)$$

对方程两边同时求导，并整理可得描述输入输出关系的微分方程为

$$\frac{\mathrm{d}u(t)}{\mathrm{d}t} + \frac{1}{2} u(t) = \frac{1}{2} \frac{\mathrm{d}u_S(t)}{\mathrm{d}t} \tag{2.2-6}$$

（2）由电路结构可得

$$u(t) = R_2 i(t) = 2i(t)$$

代入式（2.2-6）中可得

$$\frac{\mathrm{d}i(t)}{\mathrm{d}t} + \frac{1}{2} i(t) = \frac{1}{4} \frac{\mathrm{d}u_S(t)}{\mathrm{d}t}$$

可以看出，对于一阶动态电路，不仅以电容电压和电感电流为变量列写的电路方程是一阶常系数微分方程，以电路中其他电压和电流为变量列写的电路方程也是一阶常系数微分方程。

2.2.2　动态电路方程的求解

一阶动态电路方程的一般形式为一阶常系数微分方程。若用 $f(t)$ 表示激励，$y(t)$ 表示响应，求电路响应 $y(t)$ 就需要求解微分方程。由高等数学知识可知，微分方程的完全解由通解和特解两部分组成，通解一般用 $y_h(t)$ 表示，特解一般用 $y_p(t)$ 表示。

对于微分方程

$$\frac{\mathrm{d}y(t)}{\mathrm{d}t} + \frac{1}{\tau} y(t) = bf(t)$$

其通解是齐次方程的解，也称为齐次解。令方程右边激励为零，得到的齐次方程为

$$\frac{\mathrm{d}y(t)}{\mathrm{d}t} + \frac{1}{\tau} y(t) = 0 \tag{2.2-7}$$

对应的特征方程为

$$\lambda + \frac{1}{\tau} = 0$$

从而得到方程的特征根为

$$\lambda = -\frac{1}{\tau}$$

故一阶动态方程通解的一般形式为

$$y_h(t) = A\mathrm{e}^{\lambda t} = A\mathrm{e}^{-\frac{t}{\tau}}$$

式中，A 是待定系数，需要根据初始条件来确定。

微分方程的特解是非齐次方程的解，一般与微分方程右端激励项具有相同的函数形式，例如当激励为直流时，特解可设为常数。在设定特解形式之后，再代回到微分方程，利用方程左右两边相等求出特解。有了通解和特解，则微分方程的完全解 $y(t)$ 为

$$y(t) = y_{\mathrm{h}}(t) + y_{\mathrm{p}}(t) = A\mathrm{e}^{\lambda t} + y_{\mathrm{p}}(t) \tag{2.2-8}$$

为了确定式（2.2-8）中的待定系数 A，可利用微分方程的初始条件。若电路在 $t=0$ 时换路，求 $t>0$ 时的响应，则可将 $y(t)$ 在 0_+ 时刻的初始值 $y(0_+)$ 作为条件，代入式（2.2-8）计算待定系数 A，即

$$y(0_+) = A + y_{\mathrm{p}}(0_+) \tag{2.2-9}$$

由此可计算出待定系数为

$$A = y(0_+) - y_{\mathrm{p}}(0_+) \tag{2.2-10}$$

故一阶动态电路方程的完全解为

$$y(t) = y_{\mathrm{p}}(t) + [y(0_+) - y_{\mathrm{p}}(0_+)]\mathrm{e}^{-\frac{t}{\tau}} \quad t>0 \tag{2.2-11}$$

2.2.3　一阶直流动态电路的三要素法

对于一阶动态电路，如果外加激励为直流电源，则称该电路为一阶直流动态电路。对于一阶直流动态电路的响应，可以不用列写和求解微分方程，直接利用三要素法求解。

由于一阶直流动态电路的激励为直流，而微分方程的特解具有与外加激励相同的函数形式，因此可以设特解 $y_{\mathrm{p}}(t)$ 为常数 K，即 $y_{\mathrm{p}}(t) = y_{\mathrm{p}}(0_+) = K$。代入到式（2.2-11）中，可得

$$y(t) = K + [y(0_+) - K]\mathrm{e}^{-\frac{t}{\tau}} \tag{2.2-12}$$

令 $y(\infty) = \lim\limits_{t \to \infty} y(t)$，根据式（2.2-12）可得 $y(\infty) = K$，故一阶直流动态电路的响应为

$$y(t) = y(\infty) + [y(0_+) - y(\infty)]\mathrm{e}^{-\frac{t}{\tau}} \quad t>0 \tag{2.2-13}$$

从式（2.2-13）可以看出，当求一阶直流动态电路的响应 $y(t)$ 时，只需要获得响应的初始值 $y(0_+)$、响应在无穷时刻的稳态值 $y(\infty)$ 和常数 τ 这三个量即可确定响应。因此利用式（2.2-13）求一阶直流动态电路响应的方法称为三要素法。

三要素法分析一阶直流动态电路的具体步骤如下。

1）确定换路后待求响应的初始值 $y(0_+)$。

通常一阶动态电路在 $t=0$ 时电路发生换路，所以需要根据电路换路过程中的状态变化来确定 $t=0_+$ 时的初始值。

2）确定换路后响应在无穷时的稳态值 $y(\infty)$。

当 $t \to \infty$ 时电路达到稳态，此时 L 相当于短路，C 相当于开路，电路中可以视为没有动态元件，所以用电阻电路分析即可确定稳态值。

3）确定常数 τ 的值。

常数 τ 通常称为时间常数，它体现了电路过渡过程变化快慢，τ 的值越大，则过渡过程越慢，反之，则过渡过程越快。对于一阶 RC 动态电路，$\tau = RC$；对于一阶 RL 动态电路，$\tau = L/R$。注意这里的 R 是指换路后，令电路中独立源置零时动态元件两端以外的等效电阻。

4）代入式（2.2-13），确定一阶直流动态电路的响应 $y(t)$。

1. 初始值的求解

一阶直流动态电路通常求解的是 $t>0$ 的响应，故一阶直流动态电路的初始值是指换路后待求电路变量在 0_+ 时刻的值 $y(0_+)$。由于换路，电路结构和状态可能发生改变，所以 0_+ 时刻的瞬态值并不便于直接获得。

在动态电路中，电容电压 $u_C(t)$ 和电感电流 $i_L(t)$ 反映了电场和磁场的储能情况。根据电容元件的伏安关系可知

$$u_C(0_+) = \frac{1}{C}\int_{-\infty}^{0_+} i_C(\tau)\mathrm{d}\tau = u_C(0_-) + \frac{1}{C}\int_{0_-}^{0_+} i_C(\tau)\mathrm{d}\tau \tag{2.2-14}$$

从式（2.2-14）可以看出，当电容电流为有限值时，其两端的电压不会发生跃变，即

$$u_C(0_+) = u_C(0_-)$$

类似地，根据电感元件的伏安关系可知

$$i_L(0_+) = \frac{1}{L}\int_{-\infty}^{0_+} u_L(\tau)\mathrm{d}\tau = i_L(0_-) + \frac{1}{L}\int_{0_-}^{0_+} u_L(\tau)\mathrm{d}\tau \tag{2.2-15}$$

从式（2.2-15）可以看出，当电感电压为有限值时，通过它的电流不会发生跃变，即

$$i_L(0_+) = i_L(0_-)$$

上面的分析可以总结为电路的换路定则，即在换路期间，若电容电流 $i_C(t)$ 和电感电压 $u_L(t)$ 为有限值时，则电容电压 $u_C(t)$ 和电感电流 $i_L(t)$ 不发生跃变，即

$$u_C(0_+) = u_C(0_-) \quad i_L(0_+) = i_L(0_-) \tag{2.2-16}$$

注意，换路定则针对的是电路的状态变量，也就是电容电压和电感电流在换路期间不会发生跃变，但是对于非状态变量，其 0_- 时刻和 0_+ 时刻的值可能会发生跃变。对于非状态变量初始值的求解，通常根据电路的换路情况，先求出状态变量的初始值，再计算非状态变量的初始值。

例 2-6 已知电路模型如图 2-19 所示，其中 $R_1 = 40\,\Omega$，$R_2 = 10\,\Omega$。若在 $t<0$ 时电路已处于稳态，当 $t=0$ 时开关 S 打开，求初始值 $u_C(0_+)$ 和 $i_C(0_+)$。

解： 对于状态变量 $u_C(0_+)$，可以直接利用换路定则来求解，求解的关键是换路前 $u_C(0_-)$ 的计算。

$t<0$ 时，开关处于闭合状态，电路处于稳态。由于此时电路中的激励为直流源，所以电容相当于开路，$u_C(0_-)$ 等于电阻 R_2 两端的电压，故

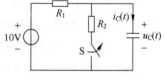

图 2-19　例 2-6 图

$$u_C(0_-) = \frac{R_2}{R_1+R_2}\times 10 = \frac{10}{10+40}\times 10\,\mathrm{V} = 2\,\mathrm{V}$$

当 $t=0$ 时，开关 S 断开，但由于电路中不存在无穷大的电流，根据换路定则，电容电压不会跃变，故开关断开后

$$u_C(0_+) = u_C(0_-) = 2\,\mathrm{V}$$

从电路中可以看出 $i_C(0_-) = 0\,\mathrm{A}$，但由于电容电流为非状态变量，在换路时可能会发生跃变，所以 $i_C(0_+)$ 需要利用状态变量 $u_C(0_+)$ 来求取。

当 $t>0$ 时，开关 S 处于断开状态，列回路的 KVL 方程，可得

$$R_1 i_C(0_+) + u_C(0_+) = 10$$

解得

$$i_C(0_+) = 0.2\,A$$

例 2-7　图 2-20 所示电路中，开关 S 闭合前已处于稳态。$t=0$ 时开关 S 闭合，求 $i_L(0_+)$ 和 $u_L(0_+)$。

解：$t<0$ 时，开关处于断开状态，由于电路中的激励为直流源，所以稳态时电感相当于短路，故有

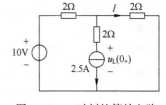

图 2-20　例 2-7 图

$$i_L(0_-) = \frac{10}{2+2}\,A = 2.5\,A$$

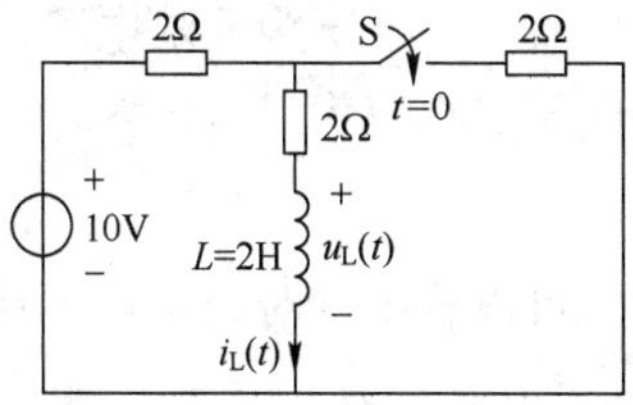

由于电路中没有无穷大的电压，根据换路定则，换路时电感电流不会跃变，故开关 S 闭合后有

$$i_L(0_+) = i_L(0_-) = 2.5\,A$$

由于 $u_L(t)$ 不是状态变量，它在 $t=0_-$ 和 $t=0_+$ 时的值可以存在跃变，故不能用 $u_L(0_-)$ 来确定 $u_L(0_+)$。

由于 $u_L(0_+)$ 并不易直接看出，这里画出 $t=0_+$ 时刻的等效电路，如图 2-21 所示。所谓 0_+ 等效电路是在 0_+ 时刻将电容用值为 $u_C(0_+)$ 的电压源替代，将电感用值为 $i_L(0_+)$ 的电流源替代而得到的电路。这里用 2.5 A 的电流源替代电感 L。

对图 2-21 所示电路列回路 KVL 方程，可得

$$2(2.5+I) + 2I = 10$$

故有

$$I = \frac{5}{4}\,A$$

列右边回路的 KVL 方程，可得

$$2\times 2.5 + u_L(0_+) = 2I = 2.5$$

图 2-21　0_+ 时刻的等效电路

故可得

$$u_L(0_+) = -2.5\,V$$

2. 稳态值的求解

稳态值是指动态电路换路后，经过一段过渡过程，电路达到新的稳定状态后待求变量的值，这里使用响应在无穷时的值 $y(\infty)$。对于一阶直流动态电路，无穷时的电容可以看作开路，电感可以看作短路，所以可以利用直流电阻电路的方法来求取其稳态值。

例 2-8　已知电路模型如图 2-22 所示，$t<0$ 时开关 S 处于断开状态。当 $t=0$ 时将开关 S 闭合，求稳态值 $u_C(\infty)$ 和 $i(\infty)$。

解：对于一阶直流动态电路，当 $t\to\infty$ 时，电路处于稳态，电容看作开路。此时由于开关闭合，所以无穷时的等效电路如图 2-23 所示。

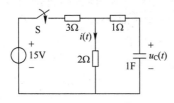

图 2-22　例 2-8 图

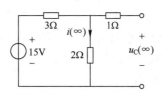

图 2-23　无穷时的等效电路

根据电路结构，可得

$$u_C(\infty) = 15 \times \frac{2}{3+2}\,\text{V} = 6\,\text{V}, \quad i(\infty) = \frac{15}{3+2}\,\text{A} = 3\,\text{A}$$

3. 时间常数的求解

时间常数 τ 为反映电路过渡过程变化快慢的物理量，单位是秒（s）。由于一阶直流动态电路的响应为

$$y(t) = y(\infty) + \left[y(0_+) - y(\infty)\right]\mathrm{e}^{-\frac{t}{\tau}} \quad t > 0$$

可以看出，时间常数 τ 越小，响应在换路后到达稳态的速度越快。表 2-1 给出了 $t = n\tau$ 时 $\mathrm{e}^{-\frac{t}{\tau}}$ 的值，从理论上来看，$t \to \infty$ 时才会达到稳态，但是工程上一般认为换路后时间经过 $3\tau \sim 5\tau$ 后，电路就近似达到新的稳定状态了。

表 2-1　$t = n\tau$ 时 $\mathrm{e}^{-\frac{t}{\tau}}$ 的值

t	τ	2τ	3τ	4τ	5τ
$\mathrm{e}^{-\frac{t}{\tau}}$	0.368	0.135	0.050	0.018	0.007

对于 RC 电路，$\tau = RC$，对于 RL 电路，$\tau = L/R$。注意，这里的 R 是指换路后，令电路中的独立源置零时动态元件两端以外的等效电阻。若电路中含有多个电阻，则会涉及电阻的等效变换。

例 2-9　电路如图 2-24 所示，$t = 0$ 时开关断开，求换路后的时间常数 τ。

解：这是一个一阶 RL 动态电路，故 $\tau = L/R$。当 $t > 0$ 时开关处于断开状态，此时让电路中的独立源置零，从电感元件两端来看等效电阻如图 2-25 所示。

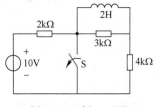

图 2-24　例 2-9 图

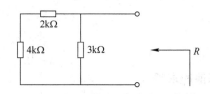

图 2-25　电感两端的等效电阻

利用电阻的串并联等效，可得等效电阻为

$$R = 3 /\!/ (4+2)\ \text{k}\Omega = 2\ \text{k}\Omega$$

故换路后电路的时间常数为

$$\tau = \frac{L}{R} = \frac{2}{2000}\,\text{s} = 1\,\text{ms}$$

以上分别介绍了一阶直流动态电路的初始值、稳态值和时间常数的求解方法。获得了这三个要素，就可以利用式（2.2-13）来求具体电路的响应了。

例 2-10　已知电路结构如图 2-26 所示，$t < 0$ 时开关一直断开，电路已处于稳态。$t = 0$ 时开关闭合，求 $t > 0$ 时的电压 $u_C(t)$ 和电流 $i(t)$。

解：这是一个一阶直流动态电路，为求换路后的电压 $u_C(t)$，可采用三要素法。

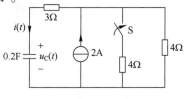

图 2-26　例 2-10 图

1）求响应的初始值 $u_\mathrm{C}(0_+)$。

$t<0$ 时开关一直断开，电路已处于稳态，故 0_- 时刻电容可以看作开路，电路结构如图 2-27a 所示，故电容电压的初始值

$$u_\mathrm{C}(0_+)=u_\mathrm{C}(0_-)=2\times4\,\mathrm{V}=8\,\mathrm{V}$$

2）求响应的稳态值 $u_\mathrm{C}(\infty)$。

$t>0$ 时开关在闭合状态，当电路稳态时，电容仍可以看作为开路，电路结构如图 2-27b 所示，故电容电压的稳态值为

$$u_\mathrm{C}(\infty)=2\times(4/\!/4)\,\mathrm{V}=4\,\mathrm{V}$$

3）计算时间常数 τ。

计算电容两端的等效电阻时，电流源看作开路，电路结构如图 2-27c 所示，故等效内阻为

$$R=[\,3+(4/\!/4)\,]\,\Omega=5\,\Omega$$

对于 RC 电路，其时间常数为

$$\tau=RC=5\times0.2\,\mathrm{s}=1\,\mathrm{s}$$

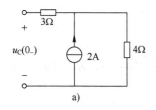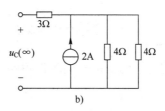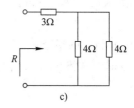

图 2-27　图 2-26 等效电路

4）代入三要素法公式，有

$$u_\mathrm{C}(t)=4+(8-4)\mathrm{e}^{-t}=4+4\mathrm{e}^{-t}\quad t>0$$

对于电流 $i(t)$ 的求解，可以利用三要素法分别求出 $i(0_+)$ 和 $i(\infty)$，这里也可以利用 $i(t)$ 与 $u_\mathrm{C}(t)$ 的关系，即

$$i(t)=C\frac{\mathrm{d}u_\mathrm{C}(t)}{\mathrm{d}t}=-\frac{4}{5}\mathrm{e}^{-t}\quad t>0$$

例 2-11　电路结构如图 2-28 所示，在 $t<0$ 时开关一直断开，电路已处于稳态。$t=0$ 时开关闭合，求 $t>0$ 时的 $u_\mathrm{L}(t)$ 和 $i(t)$。

解：对于一阶直流动态电路，这里采用三要素法求解响应。

1）求响应的初始值。

待求响应 $u_\mathrm{L}(t)$ 是非状态变量，在 $t=0_-$ 和 $t=0_+$ 时值不一定相等，故从状态变量电感电流 $i_\mathrm{L}(t)$ 入手。$t<0$ 时开关 S 一直断开，由于电路已处于稳态，故 0_- 时刻电感可以看作短路，电路结构如图 2-29a 所示，此时电感电流为

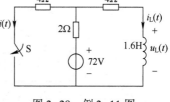

图 2-28　例 2-11 图

$$i_\mathrm{L}(0_-)=\frac{72}{6}\,\mathrm{A}=12\,\mathrm{A}$$

$t=0$ 时开关 S 闭合，电感电流不会跳变，故有

$$i_L(0_+) = i_L(0_-) = 12\,\text{A}$$

为求 $u_L(0_+)$ 和 $i(0_+)$，画出电路的 0_+ 等效电路，如图 2-29b 所示。

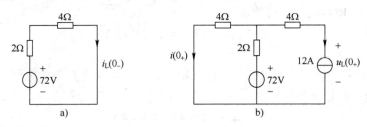

图 2-29　0_- 和 0_+ 时刻的等效电路

对 0_+ 等效电路列左边回路的 KVL 方程，可得

$$2[i(0_+)+12]+4i(0_+)=72$$

解得

$$i(0_+)=8\,\text{A}$$

列回路的 KVL 方程，可得

$$u_L(0_+)=-4\times12+4i(0_+)=-16\,\text{V}$$

2）求响应的稳态值。

$t=0$ 时开关 S 闭合，当电路稳态时，电感仍看作短路，电路结构如图 2-30 所示，则稳态值为

$$i(\infty)=\frac{72}{2+4/\!/4}\times\frac{4}{4+4}\,\text{A}=9\,\text{A},\qquad u_L(\infty)=0$$

3）计算时间常数。

计算电感两端等效电阻时，开关 S 闭合，72 V 电压源可看作短路，电路结构如图 2-31 所示，故等效电阻为

$$R=(4+2/\!/4)\,\Omega=\frac{16}{3}\,\Omega$$

对于一阶 RL 电路，其时间常数为

$$\tau=\frac{L}{R}=\frac{3}{10}\,\text{s}$$

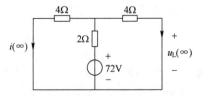

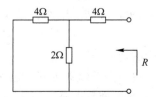

图 2-30　稳态时的等效电路　　　　图 2-31　等效电阻电路

4）代入三要素法公式，有

$$i(t)=9+(8-9)\text{e}^{-\frac{10}{3}t}=9-\text{e}^{-\frac{10}{3}t}\qquad t>0$$

$$u_L(t)=-16\text{e}^{-\frac{10}{3}t}\qquad\qquad\qquad t>0$$

由以上分析和举例可以看出，三要素法适用于求解一阶直流动态电路的任意一处电压、电流，分析的关键是三个要素的求解，即换路后电压或电流的初始值、稳态值和时间常数。这种方法不用列写和求解微分方程，而是直接从物理概念出发，简化了求解过程。

2.3　零输入响应与零状态响应

2.2 节讨论了一阶动态电路的响应求解，从求解微分方程完全解的角度讨论了响应的构成，将它分为了通解（也称为齐次解）和特解。本节从响应产生的物理原因出发，讨论另一种系统响应的分析求解方法。

动态电路相比电阻电路来说，一个主要区别在于动态元件的历史记忆性让电路具有储能特性，使得电路中的能量来源不仅仅是外加的电压源和电流源，电路中各动态元件的初始储能也是其中的一部分。因此动态电路的响应不仅与外加激励有关，还要考虑电路的初始储能情况。

通常把没有外加激励的作用，单独由电路的初始状态（即初始储能）所产生的响应称为零输入响应，一般记为 $y_{zi}(t)$；把电路中无初始储能而仅由外加激励作用下的响应称为零状态响应，一般记为 $y_{zs}(t)$。当电路既有初始储能又有外加激励时，产生的响应称为全响应，一般记为 $y(t)$，它等于零输入响应 $y_{zi}(t)$ 与零状态响应 $y_{zs}(t)$ 之和。

2.3.1　零输入响应

图 2-32 所示的一阶动态电路，假设 $t<0$ 时开关 S 处于闭合状态，此时电源 U_0 给电容充电，在电容两端会积累一定的电荷，产生一定的电压。当 $t=0$ 时开关 S 断开，此时电路中的电压源被断开，但由于电容有一定初始储能，它可通过电阻 R 放电，电路中仍然有电流存在。所以当 $t>0$ 时，电路中电流 $i(t)$ 就可以看作零输入响应。

在 2.2.1 节中，对一阶动态电路方程进行了分析，其数学模型为

$$\frac{\mathrm{d}y(t)}{\mathrm{d}t}+\frac{1}{\tau}y(t)=bf(t)$$

式中，$f(t)$ 是激励；$y(t)$ 是响应，τ 是换路后电路的时间常数。

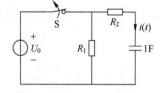

图 2-32　零输入响应电路

当求零输入响应时，由于不考虑激励的作用，所以电路方程为齐次方程，即

$$\frac{\mathrm{d}y_{zi}(t)}{\mathrm{d}t}+\frac{1}{\tau}y_{zi}(t)=0$$

其齐次解为

$$y_{zi}(t)=A\mathrm{e}^{-\frac{t}{\tau}} \tag{2.3-1}$$

由于通常所求的是 $t>0$ 的响应，因此待定系数 A 的确定，可以利用初始条件 $y_{zi}(0_+)$ 来确定。将 $y_{zi}(0_+)$ 代入式（2.3-1），可得 $y_{zi}(0_+)=A$。所以一阶动态电路的零输入响应为

$$y_{zi}(t)=y_{zi}(0_+)\mathrm{e}^{-\frac{t}{\tau}}\quad t>0 \tag{2.3-2}$$

从式（2.3-2）可以看出，求解一阶动态电路的零输入响应关键需要确定初始值 $y_{zi}(0_+)$

及电路的 τ 值。下面以一阶 RC 电路为例，讨论求解零输入响应的过程。

例 2-12 图 2-33 所示电路原已处于稳态，在 $t=0$ 时开关 S 断开，求 $t>0$ 时电路中 $u_C(t)$ 和 $i_C(t)$。

解：此电路为一阶动态电路，当 $t>0$ 时开关 S 断开，电路中无外加激励，$t>0$ 时电路中 $u_C(t)$ 和 $i_C(t)$ 由电容初始储能产生，因此这里的 $u_C(t)$ 和 $i_C(t)$ 是零输入响应。当响应为 $u_C(t)$ 时，零输入响应的形式为

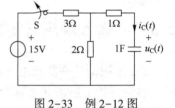

图 2-33 例 2-12 图

$$u_C(t)=u_C(0_+)\mathrm{e}^{-\frac{t}{\tau}}$$

1）求 $u_C(0_+)$。

换路前开关闭合，电路处于稳定，电容可看作开路，可得

$$u_C(0_-)=\frac{2}{3+2}\times 15\,\mathrm{V}=6\,\mathrm{V}$$

在换路过程中，电容电压没有跳变，根据换路定则可得

$$u_C(0_+)=u_C(0_-)=6\,\mathrm{V}$$

2）求时间常数 τ 值。

换路后开关 S 断开，电容两端的等效电阻 $R=(1+2)\,\Omega=3\,\Omega$，故时间常数为

$$\tau=RC=3\times 1\,\mathrm{s}=3\,\mathrm{s}$$

3）代入公式求响应 $u_C(t)$ 和 $i_C(t)$。

$$u_C(t)=u_C(0_+)\mathrm{e}^{-\frac{t}{\tau}}=6\mathrm{e}^{-\frac{t}{3}}\quad t>0$$

利用电容元件的伏安关系，可得

$$i_C(t)=C\frac{\mathrm{d}u_C(t)}{\mathrm{d}t}=-2\mathrm{e}^{-\frac{t}{3}}\quad t>0$$

电压 $u_C(t)$ 和电流 $i_C(t)$ 的时域波形如图 2-34 所示，可以看出电容电压 $u_C(t)$ 在 0 时刻没有发生跃变，但是电容电流 $i_C(t)$ 在 0 时刻发生了跃变。

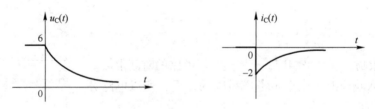

图 2-34 电压和电流波形

从例 2-12 中可以看出，换路后电路中即使没有外加激励，但由于电容有初始储能，所以电路中仍然有电流，电流随着储能不断消耗而减小，最终变为零。

2.3.2 零状态响应

不考虑电路储能的作用，仅由外加激励产生的响应为零状态响应。图 2-35 所示的一阶动态电路中，假设 $t<0$ 时，开关 S 处于断开状态，电容无储能。当 $t=0$ 时，开关 S 闭合，此时电压源接入电路作为激励。所以当 $t>0$ 时，电路中电流 $i(t)$ 就可以看作零状态响应。

在求解零状态响应时，由于激励的存在，微分方程右端不为零，所以求解零状态响应需

要求解非齐次微分方程。

对于一阶直流动态电路这种特殊情况，可以简化零状态响应的求解。根据 2.2 节的讨论结果，一阶直流动态电路全响应为

$$y(t) = y(\infty) + [y(0_+) - y(\infty)]\mathrm{e}^{-\frac{t}{\tau}}$$

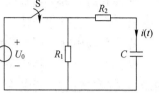

若系统初始储能为零，则 $u_C(0_-) = 0$，$i_L(0_-) = 0$。根据换路定则，当电路中没有无穷大的电流或无穷大的电压时，$u_C(0_+) = u_C(0_-) = 0$，$i_L(0_+) = i_L(0_-) = 0$，所以当待求响应为电容电压 $u_C(t)$ 和电感电流 $i_L(t)$ 时，零状态响应的通式为

图 2-35　零状态响应电路

$$u_C(t) = u_C(\infty)(1 - \mathrm{e}^{-\frac{t}{\tau}}) \tag{2.3-3}$$

$$i_L(t) = i_L(\infty)(1 - \mathrm{e}^{-\frac{t}{\tau}}) \tag{2.3-4}$$

注意，式（2.3-3）和式（2.3-4）只适合于求解一阶直流动态电路的状态变量（电容电压和电感电流）的零状态响应，求解电路中其他变量的零状态响应时，可先求出状态变量的零状态响应，然后再由电路的两类约束关系具体分析。

例 2-13　电路如图 2-36 所示，在 $t<0$ 时开关断开，电路原已处于稳态。当 $t=0$ 时开关 S 闭合，求 $t>0$ 时 $u_R(t)$ 和 $i_L(t)$。

解：换路前原电路已处稳态，则换路时电感无储能，即 $i_L(0_+) = i_L(0_-) = 0$，所以这是一阶直流动态电路零状态响应求解的问题。这里可以先求状态变量 $i_L(t)$ 的零状态响应。根据式（2.3-4）可知

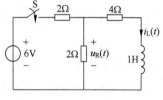

$$i_L(t) = i_L(\infty)(1 - \mathrm{e}^{-\frac{t}{\tau}})$$

图 2-36　例 2-13 图

1）求 $i_L(\infty)$。

当 $t>0$ 时开关 S 闭合，新稳态（∞）时刻电感可以看作短路，故

$$i_L(\infty) = \frac{6}{2 + 2//4} \times \frac{2}{4+2} \text{A} = 0.6 \text{ A}$$

2）求时间常数 τ。

当 $t>0$ 时，开关 S 闭合，在计算等效电阻时，独立电压源置零，电感两端的等效电阻 $R = (4 + 2//2)\ \Omega = 5\ \Omega$，则时间常数为

$$\tau = \frac{L}{R} = \frac{1}{5} \text{ s}$$

故换路后电感电流 $i_L(t)$ 的零状态响应为

$$i_L(t) = i_L(\infty)(1 - \mathrm{e}^{-\frac{t}{\tau}}) = 0.6(1 - \mathrm{e}^{-5t}) \quad t>0$$

根据电路结构，可知

$$u_R(t) = 4i_L(t) + L\frac{\mathrm{d}i_L(t)}{\mathrm{d}t} = 2.4 + 0.6\mathrm{e}^{-5t} \quad t>0$$

2.3.3　全响应

当电路既有初始储能又有激励时，可以分别求出单独由初始储能产生的零输入响应 $y_{zi}(t)$ 和单独由激励产生的零状态响应 $y_{zs}(t)$，再将这两者相加以获得全响应 $y(t)$。这种求

全响应的方法称为双零法。

例2-14 已知电路模型如图2-37所示。当$t<0$时，开关处于位置"1"，且电路已稳定。当$t=0$时，开关拨到位置"2"。已知$R=1\,\Omega$，$C=1\,\text{F}$。求$t>0$时电路中的电压$u_C(t)$，并指出零输入响应分量和零状态响应分量。

解： 当$t<0$时，开关S处于位置"1"，且电路已稳定，所以$u_C(0_-)=4\,\text{V}$。

当$t=0$时，开关拨到位置"2"，故$t>0$时的电路如图2-38所示。此时电路中既有初始储能，又存在激励，所以待求的响应$u_C(t)$为全响应，这里采用双零法求解。

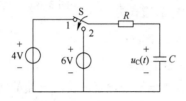 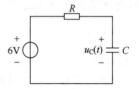

图2-37　例2-14图　　　　图2-38　$t>0$时的电路

1）求零输入响应分量。

开关拨到位置"2"后，按照换路定则，电容电压不会跃变，故有

$$u_C(0_+)=u_C(0_-)=4\,\text{V}$$

时间常数为$\tau=RC=1\,\text{s}$。根据式（2.3-2），电路的零输入响应为

$$u_{Czi}(t)=u_C(0_+)\mathrm{e}^{-\frac{t}{\tau}}=4\mathrm{e}^{-t}$$

2）求零状态响应分量。

无穷时刻电容可以看作开路，电容电压的稳态值为

$$u_C(\infty)=6\,\text{V}$$

根据式（2.3-3），电路的零状态响应为

$$u_{Czs}(t)=u_C(\infty)(1-\mathrm{e}^{-\frac{t}{\tau}})=6(1-\mathrm{e}^{-t})$$

3）求全响应。

全响应为零输入响应和零状态响应之和，故有

$$u_C(t)=u_{Czi}(t)+u_{Czs}(t)=(6-2\mathrm{e}^{-t})\,\text{V}$$

将全响应分解为零输入响应和零状态响应，有利于从产生的原因对响应进行分析。若改变电路的初始储能，零输入响应改变，而零状态响应不变；若改变激励，则零状态响应改变，而零输入响应不变。

习题2

2-1　图2-39所示电路中，已知电容$C=0.25\text{F}$，在$t>0$时电容电压$u(t)=12(1-\mathrm{e}^{-t})$，求$t>0$时流过电容的电流$i(t)$，并计算电容的最大储能。

2-2　已知一电感$L=2\text{H}$，其电流电压为非关联参考方向。若$t>0$时通过它的电流$i(t)=5(1+\mathrm{e}^{-2t})$，求$t>0$时其两端电压$u(t)$，并画出$u(t)$和$i(t)$的波形。

2-3　图2-40所示电路中，已知$t>0$时支流电流$i(t)=3-\mathrm{e}^{-2t}$，求$t>0$时的电压$u(t)$，并画出其波形。

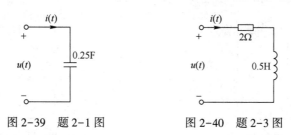

图 2-39　题 2-1 图　　　　图 2-40　题 2-3 图

2-4　如图 2-41 所示电路，$t<0$ 时开关 S 一直闭合，并处于稳态。当 $t=0$ 时开关 S 断开，求 $u_C(0_+)$ 和 $i_C(0_+)$。

2-5　图 2-42 所示电路原已处于稳态，在 $t=0$ 时开关 S 断开，求 $u(0_+)$。

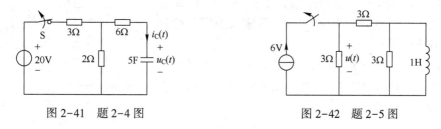

图 2-41　题 2-4 图　　　　图 2-42　题 2-5 图

2-6　求图 2-43 所示电路 $t=0$ 换路后的时间常数 τ。

2-7　电路如图 2-44 所示，$t<0$ 时开关 S 一直断开，电路已处于稳态。$t=0$ 时开关 S 闭合，求 $t>0$ 时的电压 $u_C(t)$。

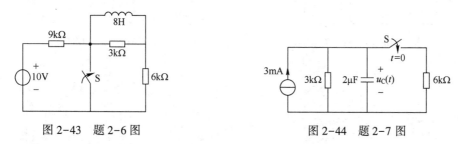

图 2-43　题 2-6 图　　　　图 2-44　题 2-7 图

2-8　图 2-45 所示电路中，原电路已处于稳态，开关处于位置"1"，当 $t=0$ 时开关切换到位置"2"，求 $i(t)$ 和 $u(t)$。

2-9　图 2-46 所示电路中，原电路已处于稳态，在 $t=0$ 时开关 S 断开，则求 $t>0$ 时 $u(t)$。

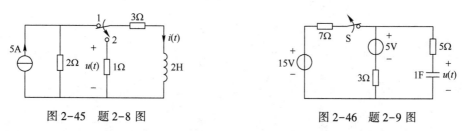

图 2-45　题 2-8 图　　　　图 2-46　题 2-9 图

2-10　图 2-47 所示电路原已处于稳态，开关 S 在 $t=0$ 时打开，求 $t>0$ 时的 $i(t)$。

2-11　图 2-48 所示电路中，开关 S 闭合前已处于稳态。在 $t=0$ 时，S 闭合，求 $t>0$ 时 $i_L(t)$ 和 $u_L(t)$。

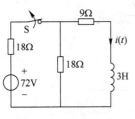

图 2-47　题 2-10 图

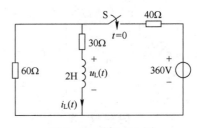

图 2-48　题 2-11 图

2-12　图 2-49 所示电路原已处于稳态。$t=0$ 时将开关 S 打开。求 $t>0$ 时的电流 $i_C(t)$ 和电压 $i_1(t)$。

2-13　图 2-50 所示电路原已处于稳态，在 $t=0$ 时开关 S 打开，求 $t>0$ 时的响应 $i_L(t)$ 的零输入响应分量和零状态响应分量。

2-14　图 2-51 所示电路原已处于稳态。$t=0$ 时开关 S 闭合。求 $t>0$ 时的响应 $u_C(t)$ 的零输入响应分量和零状态响应分量。

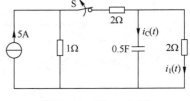

图 2-49　题 2-12 图

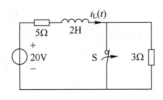

图 2-50　题 2-13 图

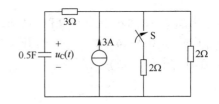

图 2-51　题 2-14 图

第3章 正弦稳态电路分析

本书第1章对直流电阻电路进行了分析，即激励均为直流，电路元件为电阻，此时电路中的电压和电流都不随时间变化。第2章对一阶动态电路进行了分析，电路中加入了一个动态元件，即电容或电感，此时如果电路存在换路，就会存在暂态和稳态问题，但主要还是讨论激励为直流的情况。本章将讨论激励为正弦信号时，包含多个动态元件的电路响应问题，通常称正弦激励下电路的稳定状态为正弦稳态。在实际应用中，正弦稳态的分析极其重要，如电力系统中的电压、电流及电源波形几乎都为正弦形式，大多数问题都可以用正弦稳态分析来解决。还有许多电气设备的设计与性能指标就是按正弦稳态情况来考虑的。因此，对正弦稳态电路进行分析和研究十分有必要。

本章将首先介绍正弦量及其相量表示，以及电路分析中两类约束关系的相量形式；然后介绍阻抗与导纳，正弦稳态电路的相量分析法及功率计算，最后讨论三相电路、电感耦合和理想变压器的特点和分析方法。

3.1 正弦量及其相量表示

3.1.1 正弦量

1. 正弦量的定义

大小和方向随时间做正弦规律变化的电压、电流等电学量称为正弦量。由于正弦函数与余弦函数两者仅在相位上相差 $\pi/2$，这里习惯上统称为正弦。正弦量的时域表达式为

$$f(t) = A_{m}\cos(\omega t + \theta) \tag{3.1-1}$$

式中，A_{m} 是振幅，即描述正弦信号在整个变化过程中所能达到的最大值的物理量；ω 是角频率，即描述正弦信号变化快慢的物理量，单位为弧度/秒（rad/s）；θ 是初相位，即描述正弦信号初始位置的物理量，也就是正弦信号在 $t=0$ 时的相位角。

正弦信号的波形如图3-1所示。

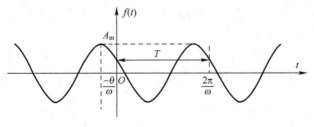

图3-1 正弦信号的波形

从式（3.1-1）可以看出，有了振幅 A_{m}、角频率 ω 和初相位 θ 就可以确定一个正弦信

号，所以通常把这三个量称为正弦三要素。还有两个和角频率关系密切的物理量是频率 f 和周期 T。频率 f、周期 T 和角频率 ω 三者的关系可以描述为

$$\omega = 2\pi f = \frac{2\pi}{T} \tag{3.1-2}$$

正弦电流和电压在任意时刻的大小称为瞬时值，一般用小写字母表示，可分别表示为

$$i(t) = I_{\mathrm{m}}\cos(\omega t + \theta_{\mathrm{i}}), \quad u(t) = U_{\mathrm{m}}\cos(\omega t + \theta_{\mathrm{u}}) \tag{3.1-3}$$

2. 正弦量的相位差

设同频率的两个正弦电压和电流分别为

$$u(t) = U_{\mathrm{m}}\cos(\omega t + \theta_{\mathrm{u}}), \quad i(t) = I_{\mathrm{m}}\cos(\omega t + \theta_{\mathrm{i}})$$

它们之间的相位之差为

$$\varphi = (\omega t + \theta_{\mathrm{u}}) - (\omega t + \theta_{\mathrm{i}}) = \theta_{\mathrm{u}} - \theta_{\mathrm{i}}$$

因此，同频率的两个正弦量的相位差即为初相位之差，它描述了正弦量之间的位置关系，主要包括以下几种情况。

1）若 $\varphi > 0$，称 $u(t)$ 超前 $i(t)$ 一个 φ 角，或 $i(t)$ 滞后 $u(t)$ 一个 φ 角。

2）若 $\varphi < 0$，称 $u(t)$ 滞后 $i(t)$ 一个 φ 角，或 $i(t)$ 超前 $u(t)$ 一个 φ 角。

3）若 $\varphi = 0$，则称 $u(t)$ 和 $i(t)$ 同相。

4）若 $\varphi = \pm\pi/2$，则称 $u(t)$ 和 $i(t)$ 相位正交。

5）若 $\varphi = \pm\pi$，则称 $u(t)$ 和 $i(t)$ 相位反相。

图 3-2 给出了两正弦量同相、正交和反相的波形图。

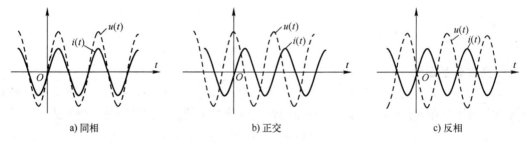

a）同相　　　　　　　　　b）正交　　　　　　　　　c）反相

图 3-2　同频正弦量的相位关系

由于正弦信号具有周期性，所以通常规定 $|\varphi| \leq \pi$。

3. 正弦量的有效值

在对正弦信号进行研究的时候，除了随时间变化的瞬时值，有时在工程上为了衡量其效应还需要研究其平均效果，因此会用到有效值。有效值的概念源于对交流电源传递给阻性负载的功率效率进行测量的需要。

如图 3-3 所示，令正弦电流 $i(t)$ 和直流电流 I 分别通过两个阻值相等的电阻 R，如果在相同的时间 T 内两个电阻消耗的能量相同，则直流电流 I 的值即为正弦电流 $i(t)$ 的有效值。

图 3-3　正弦电流 $i(t)$ 和直流电流 I 分别通过电阻 R

这里假设 T 取正弦信号的一个周期，则当电流为正弦电流 $i(t)$ 时，一个周期内电阻消耗的能量为

$$E_1 = \int_0^T p(t)\,\mathrm{d}t = \int_0^T Ri^2(t)\,\mathrm{d}t = R\int_0^T i^2(t)\,\mathrm{d}t$$

当电流为直流电流 I 时，在时间 T 内电阻消耗的能量为

$$E_2 = I^2 RT$$

令 $E_1 = E_2$，可得

$$I = \sqrt{\frac{1}{T}\int_0^T i^2(t)\,\mathrm{d}t} \tag{3.1-4}$$

即有效值为 $i(t)$ 的方均根值。

若 $i(t) = I_\mathrm{m}\cos(\omega t+\theta)$，则有效值为

$$I = \sqrt{\frac{1}{T}\int_0^T I_\mathrm{m}^2\cos^2(\omega t+\theta)\,\mathrm{d}t} = I_\mathrm{m}\sqrt{\frac{1}{T}\int_0^T \frac{1+\cos2(\omega t+\theta)}{2}\,\mathrm{d}t} = I_\mathrm{m}\sqrt{\frac{1}{T}\frac{T}{2}} = \frac{\sqrt{2}I_\mathrm{m}}{2}$$

故正弦电流或电压的有效值是振幅的 $\sqrt{2}/2$，即

$$I = \frac{I_\mathrm{m}}{\sqrt{2}} \approx 0.707 I_\mathrm{m} \qquad U = \frac{U_\mathrm{m}}{\sqrt{2}} \approx 0.707 U_\mathrm{m} \tag{3.1-5}$$

引入有效值后，正弦电流和电压也可以写成

$$i(t) = I_\mathrm{m}\cos(\omega t+\theta_\mathrm{i}) = \sqrt{2}I\cos(\omega t+\theta_\mathrm{i})$$
$$u(t) = U_\mathrm{m}\cos(\omega t+\theta_\mathrm{u}) = \sqrt{2}U\cos(\omega t+\theta_\mathrm{u}) \tag{3.1-6}$$

有效值的概念在实际电路中应用十分广泛，例如日常生活中的市电 220 V，指的就是有效值，其振幅为 311 V。

例 3-1　已知正弦电压和电流分别为 $u(t) = 10\cos(314t-45°)\,\mathrm{V}$，$i(t) = 4\cos(314t-90°)\,\mathrm{A}$，求它们的相位差和有效值。

解：正弦电压与电流的相位差为

$$\varphi = \theta_\mathrm{u} - \theta_\mathrm{i} = -45° - (-90°) = 45°$$

即 $u(t)$ 超前 $i(t)$ $45°$。

由于电压和电流的振幅分别为 $U_\mathrm{m} = 10\,\mathrm{V}$，$I_\mathrm{m} = 4\,\mathrm{A}$，故有效值分别为

$$U = \frac{U_\mathrm{m}}{\sqrt{2}} = 5\sqrt{2}\,\mathrm{V}, \qquad I = \frac{I_\mathrm{m}}{\sqrt{2}} = 2\sqrt{2}\,\mathrm{A}$$

3.1.2　正弦量的相量表示及计算

在交流电路分析中，常常需要对正弦电压或电流进行某些运算。例如对于图 3-4 所示的电路节点，若电流 $i_1(t) = I_{1\mathrm{m}}\cos(\omega t+\theta_1)$，$i_2(t) = I_{2\mathrm{m}}\cos(\omega t+\theta_2)$，$i_3(t) = I_{3\mathrm{m}}\cos(\omega t+\theta_3)$，求电流 $i_4(t)$。可以根据基尔霍夫电流定律列出 KCL 方程，即

$$i_4(t) = i_3(t) - i_1(t) - i_2(t)$$

可以看出，由于涉及三角函数之间的运算，在时域上直接进行计算会比较烦琐，如果待计算的变量更多，计算也会更加复杂。

根据线性电路的特性，当激励为正弦量时，各支路的电压和电流的稳态响应与激励为同

频率的正弦量，所以在激励的频率已知的情况下，只需要确定响应的振幅（或有效值）与初相位即可。

为了能够同时体现正弦量的振幅（或有效值）和初相位，可以借助复平面中的复数来表示正弦量，并借助复数运算来实现正弦量的运算。

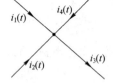

图 3-4 4 个支路电流流入（流出）同一节点

1. 复数的表示及运算

复数 F 既可以用直角坐标表示，也可以用极坐标表示。

（1）直角坐标形式

$$F=a+jb \tag{3.1-7}$$

式中，a 是实部；b 是虚部；j 是虚数单位，$j^2=-1$。

（2）极坐标形式（虚指数形式）

$$F=|F|e^{j\theta} \quad 或 \quad F=|F|\underline{/\theta} \tag{3.1-8}$$

式中，$|F|$ 是复数 F 的模，θ 是复数 F 的辐角。

复数也可用复平面内的一条有向线段表示，即几何表示，如图 3-5 所示。

根据数学中的欧拉公式

$$e^{j\theta}=\cos\theta+j\sin\theta \tag{3.1-9}$$

则有

$$F=|F|e^{j\theta}=|F|\cos\theta+j|F|\sin\theta$$

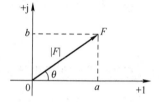

图 3-5 复数的几何表示

故复数的直角坐标形式和极坐标形式的系数存在

$$a=|F|\cos\theta, \quad b=|F|\sin\theta \tag{3.1-10}$$

$$|F|=\sqrt{a^2+b^2}, \quad \tan\theta=\frac{b}{a} \tag{3.1-11}$$

（3）复数的加减与乘除运算 在复数运算时，加减运算采用直角坐标形式更为方便，而乘除运算则采用极坐标或虚指数形式更为合适。

设 F_1 和 F_2 为两个复数，且

$$F_1=a_1+jb_1=|F_1|\underline{/\theta_1}, \quad F_2=a_2+jb_2=|F_2|\underline{/\theta_2}$$

则有

$$F_1\pm F_2=(a_1\pm a_2)+j(b_1\pm b_2) \tag{3.1-12}$$

即两复数相加（减）时，实部与实部相加（减），虚部与虚部相加（减）。

若两个复数相乘或相除，则

$$F_1F_2=|F_1|\underline{/\theta_1}\times|F_2|\underline{/\theta_2}=|F_1||F_2|\underline{/(\theta_1+\theta_2)} \tag{3.1-13}$$

$$\frac{F_1}{F_2}=\frac{|F_1|\underline{/\theta_1}}{|F_2|\underline{/\theta_2}}=\frac{|F_1|}{|F_2|}\underline{/(\theta_1-\theta_2)} \tag{3.1-14}$$

即复数相乘时，模相乘，辐角相加；复数相除时，模相除，辐角相减。

2. 正弦量的相量表示

设某正弦电流为 $i(t)$，其表达式为

$$i(t) = I_m \cos(\omega t + \theta_i) = \sqrt{2} I \cos(\omega t + \theta_i)$$

根据欧拉公式，可知

$$\sqrt{2} I e^{j(\omega t + \theta_i)} = \sqrt{2} I \cos(\omega t + \theta_i) + j\sqrt{2} I \sin(\omega t + \theta_i)$$

故有

$$i(t) = \text{Re}\left[\sqrt{2} I e^{j(\omega t + \theta_i)}\right] = \text{Re}\left[\sqrt{2} I e^{j\theta_i} e^{j\omega t}\right] \tag{3.1-15}$$

式（3.1-15）中 $I e^{j\theta_i}$ 包含了确定正弦量所需要的振幅（有效值）和初相位，在频率已知的情况下就可以用来确定正弦量。

通常称 $I e^{j\theta_i}$ 为电流 $i(t)$ 有效值相量，用 $\dot{I}$ 表示，即

$$\dot{I} = I e^{j\theta_i} = I \underline{/\theta_i} \tag{3.1-16}$$

类似地，通常称 $\sqrt{2} I e^{j\theta_i}$ 为电流 $i(t)$ 振幅相量，用 $\dot{I}_m$ 表示，即

$$\dot{I}_m = \sqrt{2} I e^{j\theta_i} = I_m \underline{/\theta_i} \tag{3.1-17}$$

所以正弦电流、电压与其相量形式的转换可描述为

$$i(t) = \sqrt{2} I \cos(\omega t + \theta_i) \leftrightarrow \dot{I} = I e^{j\theta_i} = I \underline{/\theta_i} \tag{3.1-18}$$

$$u(t) = \sqrt{2} U \cos(\omega t + \theta_u) \leftrightarrow \dot{U} = U e^{j\theta_u} = U \underline{/\theta_u} \tag{3.1-19}$$

或者

$$i(t) = I_m \cos(\omega t + \theta_i) \leftrightarrow \dot{I}_m = I_m e^{j\theta_i} = I_m \underline{/\theta_i} \tag{3.1-20}$$

$$u(t) = U_m \cos(\omega t + \theta_u) \leftrightarrow \dot{U}_m = U_m e^{j\theta_u} = U_m \underline{/\theta_u} \tag{3.1-21}$$

注意，在正弦量转换为相量形式时，需要将正弦量三要素中的频率信息去掉，只保留振幅（有效值）与初相位即可；反之从相量形式转换为正弦量时，要增加频率信息。这种对应关系实质上是一种"变换"，即正弦量的时域瞬时表示形式可以变换为与时间无关的频域相量形式；反之亦然，相量（加上已知的频率信息）形式可以变换为正弦量的瞬时形式。

例 3-2 已知正弦电压的周期为 $T = 10^3$ s，电压相量为 $\dot{U} = 5\sqrt{2} \underline{/30°}$ V，试写出电压的瞬时值表达式。

解：

$$\omega = \frac{2\pi}{T} = \frac{2\pi}{10^3} \text{ rad/s} = 2\pi \times 10^{-3} \text{ rad/s}$$

电压相量为 $\dot{U} = 5\sqrt{2} \underline{/30°}$ V，可以看出这是有效值相量，故电压的瞬时值表达式为

$$u(t) = \sqrt{2} \times 5\sqrt{2} \cos(\omega t + 30°) = 10\cos(2\pi \times 10^{-3} t + 30°) \text{ V}$$

3. 相量图

与复数类似，相量也可用复平面上的一条有向线段表示，这种表示相量的图称为相量图。需要注意的是，只有同频率的相量才能在同一复平面内表示出来。画相量图时可省掉虚轴，用虚线代替实轴，如图 3-6 所示，其中 U 表示相量 $\dot{U}$ 的模，θ 表示相量 $\dot{U}$ 的辐角。

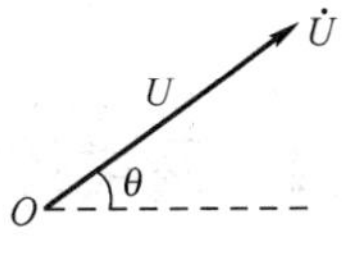

相量图在分析正弦稳态电路时，提供了另外一种解题思路，在计算步骤较为复杂或者无法直接计算结果时，可借助相量图来分析电路。

图 3-6 相量图

例 3-3 已知 $u(t) = 20\cos(100\pi t - 45°)$ V，试用有效值相量表示 $u(t)$，并画出其相量图。

解： 由电压的瞬时表达式得到有效值相量为

$$\dot{U} = \frac{20}{\sqrt{2}}\underline{/-45°} \text{ V} = 10\sqrt{2}\underline{/-45°} \text{ V}$$

其相量图如图 3-7 所示。

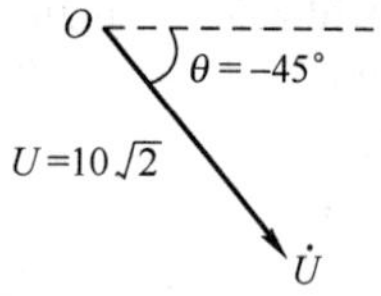

图 3-7 电压 $u(t)$ 的相量图

4. 正弦量的相量运算

相量包含了正弦量的振幅（或有效值）和初相位，是正弦信号的振幅与相位的复数形式表示，所以利用复数运算可以简化同频率正弦量的运算。这里以正弦量相加减对应的相量运算为例。

设两个同频率的正弦电流分别为 $i_1(t) = \sqrt{2}I_1\cos(\omega t + \theta_1)$，$i_2(t) = \sqrt{2}I_2\cos(\omega t + \theta_2)$，用复数来表示，则有

$$i_1(t) = \sqrt{2}I_1\cos(\omega t + \theta_1) = \text{Re}(\sqrt{2}\dot{I}_1 e^{j\omega t})$$

故

$$i_2(t) = \sqrt{2}I_2\cos(\omega t + \theta_2) = \text{Re}(\sqrt{2}\dot{I}_2 e^{j\omega t})$$

$$i(t) = i_1(t) \pm i_2(t) = \text{Re}(\sqrt{2}\dot{I}_1 e^{j\omega t}) \pm \text{Re}(\sqrt{2}\dot{I}_2 e^{j\omega t})$$

$$= \text{Re}(\sqrt{2}\dot{I}_1 e^{j\omega t} \pm \sqrt{2}\dot{I}_2 e^{j\omega t}) = \text{Re}[\sqrt{2}(\dot{I}_1 \pm \dot{I}_2) e^{j\omega t}]$$

即

$$i(t) = \text{Re}(\sqrt{2}\dot{I} e^{j\omega t}) = \text{Re}[\sqrt{2}(\dot{I}_1 \pm \dot{I}_2) e^{j\omega t}] \qquad (3.1-22)$$

故有

$$\dot{I} = \dot{I}_1 \pm \dot{I}_2 \qquad (3.1-23)$$

式（3.1-23）说明，同频率正弦量的和与差的相量等于其相量的和与差。所以在进行正弦量的加减运算时，可以避免采用烦琐的三角函数公式，而是先将正弦量分别转换为其所对应的相量，通过相量的加减得到和与差的相量形式，再反变换为和与差的正弦量。相加减的正弦量数目越多，相量形式进行运算的优越性就体现得越明显。

例 3-4 已知正弦量 $u_1(t) = 6\sqrt{2}\cos(50t + 30°)$，$u_2(t) = 4\sqrt{2}\cos(50t + 60°)$，求 $u_1(t) + u_2(t)$ 的值。

解： $u_1(t)$ 和 $u_2(t)$ 为同频正弦量，它们的有效值相量分别为

$$\dot{U}_1 = 6\underline{/30°} \text{ V}, \quad \dot{U}_2 = 4\underline{/60°} \text{ V}$$

利用相量运算，可得

$$\dot{U} = \dot{U}_1 + \dot{U}_2 = (6\underline{/30°} + 4\underline{/60°}) \text{ V} = [(3\sqrt{3} + j3) + (2 + j2\sqrt{3})] \text{ V}$$

$$= (7.19 + j6.46) \text{ V} = 9.66\underline{/41.9°} \text{ V}$$

它们的和与差仍为同频率的正弦量，故时域表达式为

$$u_1(t) + u_2(t) = 9.66\sqrt{2}\cos(50t + 41.9°) \text{ V}$$

3.2 两类约束关系的相量形式

两类约束关系是建立电路方程的基本依据。本节讨论基尔霍夫定律和基本元件伏安特性

的相量形式，为采用相量法分析正弦稳态电路打下基础。

3.2.1　基尔霍夫定律的相量形式

对于线性电路，在单一频率 ω 的正弦激励下（正弦电源可以有多个，但频率必须相同）进入稳态后，各处的电压、电流都将为同频率的正弦量。设正弦稳态电路中某节点连接有 m 条支路，其中第 k 条支路电流为 $i_k(t) = I_{mk}\cos(\omega t + \theta_{ik})$，则该节点的 KCL 时域方程式可表示为

$$\sum_{k=1}^{m} i_k(t) = \sum_{k=1}^{m} \mathrm{Re}\left[\sqrt{2}\dot{I}_k \mathrm{e}^{\mathrm{j}\omega t}\right] = 0 \tag{3.2-1}$$

式中，$\dot{I}_k$ 为流出（或流入）该节点的第 k 条支路正弦电流 $i_k(t)$ 对应的相量，即

$$\dot{I}_k = I_k \mathrm{e}^{\mathrm{j}\theta_{ik}} = I_k \angle \theta_{ik} \tag{3.2-2}$$

根据前面所述的相量（复数）及其运算规则，有

$$\sum_{k=1}^{m} \mathrm{Re}\left[\sqrt{2}\dot{I}_k \mathrm{e}^{\mathrm{j}\omega t}\right] = \mathrm{Re}\sum_{k=1}^{m}\left[\sqrt{2}\dot{I}_k\right]\mathrm{e}^{\mathrm{j}\omega t} = 0$$

从而可以得到基尔霍夫电流定律（KCL）的相量形式，即

$$\sum_{k=1}^{m} \dot{I}_k = 0 \tag{3.2-3}$$

类似地，基尔霍夫电压定律（KVL）的相量形式为

$$\sum_{k=1}^{m} \dot{U}_k = 0 \tag{3.2-4}$$

式（3.2-4）中 $\dot{U}_k$ 为某一回路中第 k 条支路的电压相量。有了基尔霍夫电压和电流定律的相量形式，那么在分析直流电阻电路时使用的各种分析方法，如等效分析法、网孔法、节点法和叠加定理等也均可用于正弦稳态电路的分析了。

例 3-5　对于图 3-8 所示的电路节点，已知 $i_1(t) = 4\cos(\omega t + 30°)$ A，$i_2(t) = 4\cos(\omega t - 90°)$ A，求电流 $i_3(t)$。

解：这里采用振幅相量进行计算。电流 $i_1(t)$ 和电流 $i_2(t)$ 的振幅相量为

$$\dot{I}_{1m} = 4\underline{/30°}\ \text{A}, \quad \dot{I}_{2m} = 4\underline{/-90°}\ \text{A}$$

利用基尔霍夫电流定律的相量形式，则有

$$\dot{I}_{3m} = \dot{I}_{1m} + \dot{I}_{2m} = (4\underline{/30°} + 4\underline{/-90°})\ \text{A} = 4\underline{/-30°}\ \text{A}$$

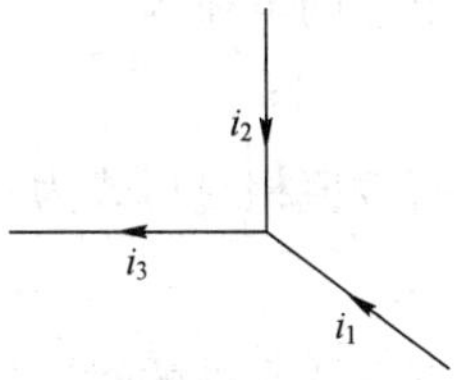

将相量形式返回到时域形式，可得

$$i_3(t) = 4\cos(\omega t - 30°)\ \text{A}$$

注意，正弦量的时域瞬态值和相量形式满足基尔霍夫电流定律，但是振幅并不满足基尔霍夫电流定律，即 $I_{3m} \neq I_{1m} + I_{2m}$。

图 3-8　例 3-5 图

3.2.2　基本元件伏安特性的相量形式

1. 电阻元件

设电阻两端的电压和电流采用关联参考方向，其时域模型如图 3-9a 所示。若流经电阻

的电流为

$$i(t) = \sqrt{2}I\cos(\omega t + \theta_i)$$

其有效值相量形式为

$$\dot{I} = Ie^{j\theta_i} = I\underline{/\theta_i}$$

根据欧姆定律，其两端电压为

$$u(t) = \sqrt{2}U\cos(\omega t + \theta_u)$$
$$= Ri(t) = R\sqrt{2}I\cos(\omega t + \theta_i) = \sqrt{2}RI\cos(\omega t + \theta_i)$$

若将电压也写成有效值相量形式，即

$$\dot{U} = U\underline{/\theta_u}$$

可以看出

$$U = RI, \quad \theta_u = \theta_i \tag{3.2-5}$$

故电阻元件伏安关系的相量形式与时域形式相同，即

$$\dot{U} = RI\underline{/\theta_i} = R\dot{I} \tag{3.2-6}$$

电阻元件的相量模型如图 3-9b 所示，电压和电流的相量图如图 3-10 所示，由于 $\theta_u = \theta_i$，所以电压和电流同相。

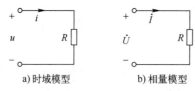

a) 时域模型　　　　b) 相量模型

图 3-9　电阻模型

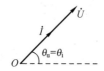

图 3-10　电阻的电压和电流的相量图

2. 电感元件

设电感元件 L 两端的电压和电流采用关联参考方向，其时域模型如图 3-11a 所示。若流经电感的电流为

$$i(t) = \sqrt{2}I\cos(\omega t + \theta_i)$$

其有效值相量形式为

$$\dot{I} = Ie^{j\theta_i} = I\underline{/\theta_i}$$

根据电感元件的时域伏安关系，可知电感两端的电压为

$$u(t) = L\frac{di(t)}{dt} = -\sqrt{2}\omega LI\sin(\omega t + \theta_i) = \sqrt{2}\omega LI\cos(\omega t + \theta_i + 90°)$$

若将电压也写成有效值相量形式，即

$$\dot{U} = U\underline{/\theta_u}$$

则可以看出

$$U = \omega LI, \quad \theta_u = \theta_i + 90° \tag{3.2-7}$$

故电感元件伏安关系的相量形式为

$$\dot{U} = \omega LI\underline{/(\theta_i + 90°)} = \omega LI\underline{/\theta_i} \times 1\underline{/90°} = j\omega L\dot{I} \tag{3.2-8}$$

电感元件的相量模型如图 3-11b 所示，电压和电流的相量图如图 3-12 所示，由于 $\theta_{\mathrm{u}}=\theta_{\mathrm{i}}+90°$，所以电压超前电流 90°。

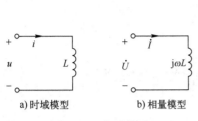

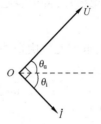

图 3-11　电感模型　　　　　　图 3-12　电感的电压和电流的相量图

3. 电容元件

设电容元件 C 两端的电压和电流采用关联参考方向，其时域模型如图 3-13a 所示。若电容两端的电压为

$$u(t)=\sqrt{2}\,U\cos(\omega t+\theta_{\mathrm{u}})$$

其有效值相量形式为

$$\dot{U}=U\underline{/\theta_{\mathrm{u}}}$$

根据电容元件的时域伏安关系，则流经电容的电流为

$$i(t)=C\frac{\mathrm{d}u(t)}{\mathrm{d}t}=-\sqrt{2}\,\omega CU\sin(\omega t+\theta_{\mathrm{u}})=\sqrt{2}\,\omega CU\cos(\omega t+\theta_{\mathrm{u}}+90°)$$

若将电流写成有效值相量形式，即

$$\dot{I}=I\underline{/\theta_{\mathrm{i}}}$$

则可以看出

$$I=\omega CU,\quad \theta_{\mathrm{i}}=\theta_{\mathrm{u}}+90° \tag{3.2-9}$$

故电容元件伏安关系的相量形式为

$$\dot{I}=\omega CU\underline{/(\theta_{\mathrm{u}}+90°)}=\omega CU\underline{/\theta_{\mathrm{u}}}\times 1\underline{/90°}=\mathrm{j}\omega C\dot{U} \tag{3.2-10}$$

式（3.2-10）也可改写为

$$\dot{U}=\frac{1}{\mathrm{j}\omega C}\dot{I} \tag{3.2-11}$$

电容元件的相量模型如图 3-13b 所示，电压和电流的相量图如图 3-14 所示，由于 $\theta_{\mathrm{i}}=\theta_{\mathrm{u}}+90°$，所以电流超前电压 90°。

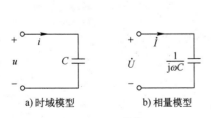

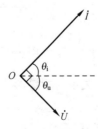

图 3-13　电容模型　　　　　　图 3-14　电容的电压和电流的相量图

例 3-6 已知电容 $C = 2\,\text{F}$，流过它的电流为 $i(t) = 40\sqrt{2}\cos(10t + 30°)\,\text{A}$。若电压与电流为关联参考方向，求电容电压 $u(t)$。

解： 由已知条件可知电容电流的相量形式为

$$\dot{I} = 40\underline{/30°}\,\text{A}$$

根据相量形式的电容元件伏安关系，可得

$$\dot{U} = \frac{1}{j\omega C}\dot{I} = \frac{40\underline{/30°}}{j20}\,\text{V} = \frac{40\underline{/30°}}{20\underline{/90°}}\,\text{V} = 2\underline{/-60°}\,\text{V}$$

故电压的瞬时表达式为

$$u(t) = 2\sqrt{2}\cos(10t - 60°)\,\text{V}$$

3.3 阻抗与导纳

3.3.1 阻抗 Z

对于一个线性无源二端网络，如图 3-15a 所示，其端口的电压相量和电流相量的比值称为阻抗，即

$$Z = \frac{\dot{U}}{\dot{I}} = \frac{U}{I}\underline{/(\theta_u - \theta_i)} = |Z|\underline{/\varphi} = R + jX \qquad (3.3\text{-}1)$$

式中，R 是阻抗的电阻分量；X 是阻抗的电抗分量。

阻抗的单位为 Ω，通常称 $|Z| = U/I = \sqrt{R^2 + X^2}$ 为阻抗模，$\varphi = \theta_u - \theta_i = \arctan(X/R)$ 为阻抗角。电抗分量 X 可以为正值也可以为负值。若 X 为正值，则端口电压超前电流，阻抗为感性；若 X 为负值，则端口电压滞后电流，阻抗为容性；若 X 为零，则只有实部电阻分量，端口电压与电流同相，因此阻抗为电阻性。

式（3.3-1）可以改写为

$$\dot{U} = Z\dot{I} \qquad (3.3\text{-}2)$$

因此在正弦稳态电路分析中，图 3-15a 所示的线性无源二端网络可以等效为图 3-15b 所示电路。

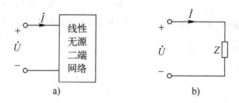

图 3-15 线性无源二端网络及其等效电路

电阻元件伏安关系的相量形式为

$$\dot{U} = R\dot{I}$$

故电阻元件的阻抗为

$$Z_R = R \qquad (3.3\text{-}3)$$

类似地，电感元件和电容元件伏安关系的相量形式分别为

$$\dot{U} = j\omega L \dot{I}, \qquad \dot{U} = \frac{1}{j\omega C}\dot{I} \qquad (3.3\text{-}4)$$

故电感元件和电容元件的阻抗分别为

$$Z_L = j\omega L, \qquad Z_C = \frac{1}{j\omega C} \qquad (3.3\text{-}5)$$

式中，ωL 是电感的电抗，简称感抗，可用 X_L 表示；$1/(\omega C)$ 是电容的电抗，简称容抗，可用 X_C 表示，即

$$X_L = \frac{U}{I} = \omega L, \qquad X_C = \frac{U}{I} = \frac{1}{\omega C} \qquad (3.3\text{-}6)$$

感抗 X_L 和容抗 X_C 的单位均为 Ω，它们体现了电感和电容对电流呈现的阻力的大小。感抗 X_L 在数值上与 ω 成正比，频率越大，感抗越大，体现了电感通直流、阻交流的特性；容抗 X_C 在数值上与 ω 成反比，即频率越大，容抗越小，体现了电容通交流、阻直流的特性。

若使用感抗和容抗的描述方法，则电感元件和电容元件伏安关系的相量形式可以写为

$$\dot{U} = jX_L\dot{I}, \qquad \dot{U} = -jX_C\dot{I} \qquad (3.3\text{-}7)$$

采用阻抗的概念，如式（3.3-2）所示，电阻、电感和电容元件两端的电压相量都等于它们的阻抗乘以电流相量，在形式上与电阻电路中的欧姆定律相似。所以采用这种描述方法后，即使在正弦稳态电路中含有动态元件，所列写的 KCL 和 KVL 方程也不再是微分方程，而是复代数方程，可以采用电阻电路的分析方法，这给正弦稳态电路的分析和求解提供了方便。

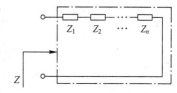

图 3-16　n 个阻抗串联

如图 3-16 所示，若电路中含有 n 个阻抗串联，根据端口伏安关系，可知总阻抗值为 n 个阻抗值之和，即

$$Z = Z_1 + Z_2 + \cdots + Z_n \qquad (3.3\text{-}8)$$

例 3-7　电路如图 3-17 所示，若 $u(t) = 10\sqrt{2}\cos(100t+30°)$ V，$i(t) = 2\sqrt{2}\cos(100t+60°)$ A，求 R 和 C 的值。

解： 根据题意，可知电压和电流相量分别为

$$\dot{U} = 10\underline{/30°}\ \text{V} \qquad \dot{I} = 2\underline{/60°}\ \text{A}$$

其阻抗为

$$Z = \frac{\dot{U}}{\dot{I}} = \frac{10\underline{/30°}}{2\underline{/60°}}\ \Omega = 5\underline{/-30°}\ \Omega = (4.33 - j2.5)\ \Omega$$

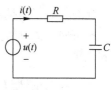

图 3-17　例 3-7 图

由于电路中的阻抗为电阻和电容元件的串联，即

$$Z = R - jX_C = R - j\frac{1}{\omega C}$$

故有

$$R = 4.33\ \Omega, \qquad C = \frac{1}{2.5\omega} = \frac{1}{250}\ \text{F} = 4\ \text{mF}$$

3.3.2 导纳 Y

正如计算多个电阻并联时，使用电导比较方便，在分析正弦稳态电路时，尤其是并联支路较多时，有时需要用到导纳来简化计算。导纳是阻抗的倒数，其定义式为

$$Y=\frac{\dot{I}}{\dot{U}}=\frac{I}{U}\underline{/(\theta_i-\theta_u)}=|Y|\underline{/\varphi'}=G+jB \tag{3.3-9}$$

式中，G 是导纳的电导分量；B 是导纳的电纳分量。

导纳的单位为西门子（S），$|Y|=I/U=\sqrt{G^2+B^2}$ 称为导纳的模，$\varphi'=\theta_i-\theta_u=\arctan(B/G)$ 称为导纳角。可以看出导纳的模、导纳角与阻抗的模和阻抗角存在

$$|Y|=\frac{1}{|Z|}, \quad \varphi'=-\varphi \tag{3.3-10}$$

与阻抗类似，若电路中有 n 个导纳并联，则总导纳为

$$Y=Y_1+Y_2+\cdots+Y_n \tag{3.3-11}$$

例 3-8 电路如图 3-18 所示，已知 $R=50\,\Omega$，$L=2.5\,\text{mH}$，$C=5\,\mu\text{F}$，角频率 $\omega=10^4\,\text{rad/s}$，求电路 a、b 端的导纳。

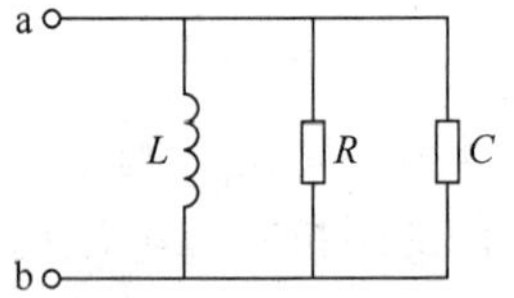

解：根据阻抗的定义可知，电阻、电感和电容的阻抗分别为

$$Z_R=R, \quad Z_L=j\omega L, \quad Z_C=\frac{1}{j\omega C}$$

导纳与阻抗互为倒数，故 3 个元件的导纳分别为

图 3-18 例 3-8 图

$$Y_R=\frac{1}{R}=0.02\,\text{S}, \quad Y_L=\frac{1}{j\omega L}=-j0.04\,\text{S}, \quad Y_C=j\omega C=j0.05\,\text{S}$$

由于 3 个元件是并联的，因而 a、b 端的导纳为

$$Y=Y_L+Y_R+Y_C=\frac{1}{j\omega L}+\frac{1}{R}+j\omega C=(0.02+j0.01)\,\text{S}$$

3.4 正弦稳态电路的相量法分析

前面介绍了两类约束的相量形式，并引入了阻抗和导纳的概念。本节引入电路的相量模型，并按照类似分析直流电阻电路的方式，采用各种电路分析方法来进行正弦稳态电路的分析和计算。

3.4.1 相量模型及相量法

第 2 章在研究动态电路时，将电压和电流均看作时间函数，以 R、L、C 作为参数来描述电路中的 3 种基本元件特性，这种从时域描述电压和电流相互作用关系的电路模型称为时域模型。在时域模型中建立电路方程，并从时间角度分析和求解电路响应的方法称为时域分析法。

在正弦稳态电路情况下，将时域模型中的正弦量用相量代换，无源元件参数用阻抗或导纳来表示，这样得到的模型称为电路的相量模型。相量模型和时域模型具有相同的拓扑结构。

运用相量和相量模型来分析正弦稳态电路的方法称为相量法。电路分析的依据仍然是两类约束关系。由 3.2 节的分析介绍可知，两类约束关系的相量形式与直流电阻电路中的形式一致，因此直流电路中的各种定理、公式和方法，如叠加定理、网孔电流法、节点电压法和等效电源定理等同样适用于正弦稳态电路分析。

在正弦稳态电路中，运用相量法分析电路的具体步骤如下。

1）根据已知的时域模型，画出电路的相量模型。

2）根据两类约束的相量形式，选择适当的电路变量，建立电路的相量方程，此时电路方程为复代数方程。

3）解方程，求得待求的电流或电压相量，并根据其相量形式写出对应的时域正弦量表达式。

图 3-19 给出了使用时域分析法和相量法分析正弦稳态电路基本过程的对照。可以看出，通过将时域模型转换为相量模型，可将动态元件的时域微积分形式的伏安关系，转换为相量形式的复代数关系，从而建立复代数方程，为电路方程的建立提供了便利。并且求解时域微分方程的问题，就变成了相量法中的求解复代数方程的问题，也简化了方程的求解过程，只是最后需要从相量形式转换为时域表达式。

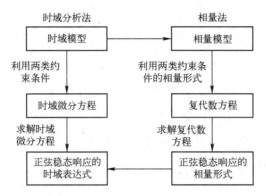

图 3-19　使用时域分析法和相量法分析正弦稳态电路基本过程的对照

3.4.2　相量法的应用

1. 应用电路方程和定理

建立电路方程的基础是两类约束，在此基础上延伸出了许多电路方法和定理。有了电路的相量模型和两类约束的相量形式，就可以应用电阻电路中的方程、等效和电路定理等来分析和求解正弦稳态电路。

例 3-9　电路如图 3-20a 所示，其中激励 $u_S(t) = 10\sqrt{2}\cos 10t$ V，$R_1 = 6\ \Omega$，$R_2 = 6.25\ \Omega$，$L = 0.3$ H，$C = 0.012$ F，求稳态电流 $i_1(t)$、$i_2(t)$ 和 $i_3(t)$。

解：1）画出电路的相量模型，如图 3-20b 所示。其中电感 L 和电容 C 的阻抗分别为

$$Z_L = j\omega L = j3\ \Omega, \quad Z_C = \frac{1}{j\omega C} = -j\frac{25}{3}\ \Omega$$

激励源为

$$\dot{U}_S = 10\underline{/0°}\ \text{V}$$

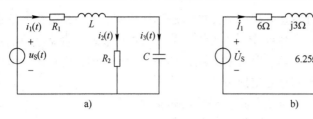

图 3-20　例 3-9 图

2）求电流相量 $\dot{I}_1$、$\dot{I}_2$ 和 $\dot{I}_3$，即

$$\dot{I}_1 = \frac{\dot{U}_S}{R_1 + Z_L + R_2 /\!/ Z_C} = \frac{10\underline{/0°}}{6 + j3 + 6.25 /\!/ \left(-j\frac{25}{3}\right)} \text{A} = 1\underline{/0°} \text{A}$$

利用分流公式，可得

$$\dot{I}_2 = \frac{Z_C}{R_2 + Z_C} \dot{I}_1 = 0.8\underline{/-37°} \text{A}$$

$$\dot{I}_3 = \frac{R_2}{R_2 + Z_C} \dot{I}_1 = 0.6\underline{/53°} \text{A}$$

3）求时域稳态电流 $i_1(t)$、$i_2(t)$ 和 $i_3(t)$。根据时域表达式与相量的对应关系，可得

$$i_1(t) = \sqrt{2}\cos 10t \text{ A}$$

$$i_2(t) = 0.8\sqrt{2}\cos(10t - 37°) \text{ A}$$

$$i_3(t) = 0.6\sqrt{2}\cos(10t + 53°) \text{ A}$$

例 3-10　在图 3-21a 所示正弦稳态电路中，已知电流源 $i_S(t) = 5\sqrt{2}\cos(2t + 30°)$ A，电压源 $u_S(t) = 100\sqrt{2}\cos(2t - 60°)$ V，求电流 $i(t)$。

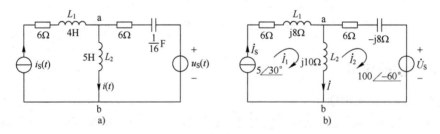

图 3-21　例 3-10 图

解：此题可用多种电路分析方法求解，这里介绍使用网孔电流法和戴维南定理的方法。

首先画出相量模型，如图 3-21b 所示，元件 R、L、C 均用其阻抗来表示，其中

$$Z_{L_1} = j\omega L_1 = j8\,\Omega, \quad Z_{L_2} = j\omega L_2 = j10\,\Omega, \quad Z_C = \frac{1}{j\omega C} = -j8\,\Omega$$

1）网孔电流法。

假设网孔电流分别为 $\dot{I}_1$ 和 $\dot{I}_2$，根据网孔电流法通式列写网孔 KVL 方程，则有

$$\begin{cases} \dot{I}_1 = \dot{I}_S = 5\underline{/30°} \text{ A} \\ (6-\text{j}8+\text{j}10)\dot{I}_2-\text{j}10\dot{I}_1 = -\dot{U}_S = -100\underline{/-60°} \end{cases}$$

解得

$$\begin{cases} \dot{I}_1 = 5\underline{/30°} \text{ A} \\ \dot{I}_2 = \dfrac{15\sqrt{10}}{2}\underline{/101.57°} \text{ A} \end{cases}$$

故得

$$\dot{I} = \dot{I}_1 - \dot{I}_2 = 22.64\underline{/-66.34°} \text{ A}$$

所以电流 $i(t)$ 的瞬时值表达式为

$$i(t) = 22.64\sqrt{2}\cos(2t-66.34°) \text{ A}$$

2）戴维南定理。

断开待求支路，电路结构如图 3-22 所示。

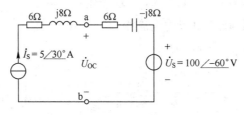

图 3-22　断开待求支路

a、b 端口的开路电压 $\dot{U}_{OC}$ 为

$$\dot{U}_{OC} = \dot{I}_S(6-\text{j}8)+100\underline{/-60°} = (50\underline{/-23.1°}+100\underline{/-60°}) \text{ V}$$
$$= 143.17\underline{/-47.9°} \text{ V}$$

a、b 端口的等效阻抗 Z_0 为

$$Z_0 = (6-\text{j}8) \text{ }\Omega$$

画出戴维南等效电路，并接上所有支路，如图 3-23 所示，可求得

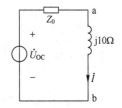

图 3-23　例 3-10 的戴维南
等效电路

$$\dot{I} = \frac{\dot{U}_{OC}}{Z_0+\text{j}10} = \frac{143.17\underline{/-47.9°}}{6-\text{j}8+\text{j}10} \text{ A} = 22.64\underline{/-66.34°} \text{ A}$$

故电流 $i(t)$ 的瞬时值表达式为

$$i(t) = 22.64\sqrt{2}\cos(2t-66.34°) \text{ A}$$

2. 相量图法

表示相量的图称为相量图，引入相量后，两个同频正弦量的加、减运算可以通过相量计算来完成，也可以在相量图上按矢量加、减法则进行计算。

相量图法是分析正弦稳态电路的一种辅助方法，可通过相量图求得待求未知相量。相量图法特别适用于正弦稳态电路中的 RLC 串联、并联和简单混联电路的分析。对于单一频率激励下的正弦稳态电路响应分析时，采用相量图法的一般分析步骤如下。

1）画出电路相量模型。

2）选择合适的参考相量，并设该相量的初相位为零。参考相量的选取一般要便于表示大多数相量。对于串联电路，通常选择回路电流相量作为参考相量；对于并联电路，通常选择电压相量作为参考相量。

3）从参考相量出发，将电路中的元件约束和拓扑约束关系在相量图上体现出来，即分析元件伏安关系和有关电流电压间的相量关系画出相量图。

4）利用相量图表示的几何关系，求得所需的电流、电压相量。

其中，选择合适的参考相量是相量图法的关键步骤。

例 3-11 图 3-24 所示正弦稳态电路中，电流表 A_1 读数为 5 A，A_2 为 20 A，A_3 为 25 A。求电流表 A 的读数是多少。

解：这是一个 RLC 并联电路，电阻、电容和电感的电压相同，电路的相量模型如图 3-25a 所示。这里借助相量图来求解，为分析方便，选取并联电压 $\dot{U}_R$ 作为参考相量。

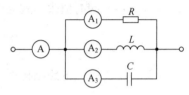

图 3-24　例 3-11 图

由于电阻的电流相量 $\dot{I}_R$ 与电压相量同相，电感的电流相量 $\dot{I}_L$ 比电压相量滞后 90°，电容的电流相量 $\dot{I}_C$ 比电压相量超前 90°，故相量图如图 3-25b 所示。

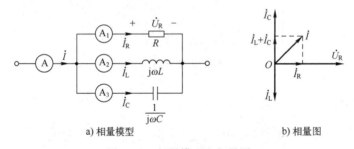

a) 相量模型　　　　　　　　b) 相量图

图 3-25　相量模型和相量图

已知电流表 A_2 的读数为 20 A，A_3 的读数为 25 A，即相量 $\dot{I}_L$ 的模（有效值）为 20，相量 $\dot{I}_C$ 的模（有效值）为 25，根据相量图，可知相量 $\dot{I}_L + \dot{I}_C$ 的模（有效值）为

$$I_1 = (25-20)\,\text{A} = 5\,\text{A}$$

由于 $\dot{I} = \dot{I}_R + \dot{I}_L + \dot{I}_C$，从相量图中可以看出，相量 $\dot{I}$ 的有效值为

$$I_2 = \sqrt{I_R^2 + I_1^2} = \sqrt{5^2 + 5^2}\,\text{A} = 5\sqrt{2}\,\text{A} \approx 7.07\,\text{A}$$

故电流表 A 的读数是 7.07 A。

注意，即使流过电流表 A 的电流瞬时值等于流过电阻、电容和电感的电流瞬时值之和，但是电流表 A 的读数不等于电流表 A_1、A_2 和 A_3 的读数之和，因为电流表测量的是有效值，它体现的是平均效果。

3.5　正弦稳态电路的功率分析

在许多电气设备、通信系统和电力系统中，功率都是一个重要的物理量。在正弦交流电路中，由于电感和电容的存在，能量会出现往返现象，因此一般对交流电路功率的分析比纯电阻电路功率的分析要复杂得多。本节首先给出瞬时功率、平均功率、无功功率、视在功率和功率因数的概念及计算，然后讨论如何提高功率因数，最后分析正弦稳态电路中最大功率传输的问题。

3.5.1　正弦稳态电路的功率

图 3-26 所示为一个线性无源二端网络，其端口电压和电流采用关联参考方向。设电压和电流的瞬时表达式为

$$i(t) = \sqrt{2}I\cos(\omega t + \theta_i) , \quad u(t) = \sqrt{2}U\cos(\omega t + \theta_u)$$

故对应的相量形式为

$$\dot{I} = Ie^{j\theta_i} = I\underline{/\theta_i} , \quad \dot{U} = Ue^{j\theta_u} = U\underline{/\theta_u}$$

图 3-26　端口电压和电流采用关联参考方向的线性无源二端网络

1. 瞬时功率 $p(t)$

功率是能量对时间的导数，可由同一时刻的电压与电流的乘积来确定，即

$$p(t) = \frac{\mathrm{d}w(t)}{\mathrm{d}t} = u(t)i(t) \tag{3.5-1}$$

用式（3.5-1）计算的功率通常称为瞬时功率，单位为瓦（W）。$p(t)>0$ 表示该电路吸收功率；$p(t)<0$ 表示该电路对外发出功率。

代入电压和电流的瞬时表达式，可得

$$p(t) = u(t)i(t) = \sqrt{2}U\cos(\omega t + \theta_u)\sqrt{2}I\cos(\omega t + \theta_i) \tag{3.5-2}$$

利用三角函数积化和差公式，可得

$$p(t) = UI\cos(\theta_u - \theta_i) + UI\cos(2\omega t + \theta_u + \theta_i) \tag{3.5-3}$$

令 $\varphi = \theta_u - \theta_i$，式（3.5-3）可写为

$$p(t) = UI\cos\varphi + UI\cos(2\omega t + 2\theta_u - \varphi) \tag{3.5-4}$$

对于一个确定的无源电路，电压和电流的相位差 φ 为常数，故式（3.5-4）中的第一项为常数，称为直流分量；而第二项是频率为 $u(t)$ 和 $i(t)$ 频率两倍的正弦量，即交流分量。瞬时功率分解为直流分量和交流分量的波形如图 3-27 所示。瞬时功率 $p(t)$ 有时为正，有时为负，代表该电路既有能量的消耗，也有能量的交换。

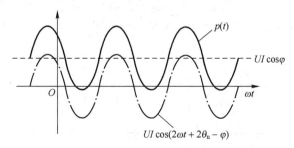

图 3-27　瞬时功率分解为直流分量和交流分量

2. 平均功率 P

瞬时功率是随时间发生变化的，不能反映能量的平均消耗情况，所以常用平均功率来描

述电路中能量消耗的情况。平均功率是一个周期内瞬时功率的平均值，用符号 P 表示，即

$$P = \frac{1}{T} \int_0^T p(t)\,\mathrm{d}t \tag{3.5-5}$$

式中，T 是正弦电压或电流的周期。

将式（3.5-4）代入式（3.5-5），可得

$$P = \frac{1}{T} \int_0^T p(t)\,\mathrm{d}t = \frac{1}{T} \int_0^T UI\big[\cos\varphi + \cos(2\omega t + 2\theta_u - \varphi)\big]\,\mathrm{d}t = UI\cos\varphi \tag{3.5-6}$$

式（3.5-6）表明，平均功率与时间无关，仅由端口电压和电流的有效值和 $\cos\varphi$ 决定。通常称 $\cos\varphi$ 为功率因数（Power Factor，PF），$\varphi = \theta_u - \theta_i$ 为功率因数角。平均功率的单位为瓦（W）。

平均功率有时也称为有功功率，标明"220 V，60 W"的灯泡指的就是其平均功率为 60 W。3 种基本元件的平均功率分别为

（1）电阻元件

$$P_R = U_R I_R \cos 0° = I^2 R \tag{3.5-7}$$

（2）电感元件

$$P_L = U_L I_L \cos 90° = 0 \tag{3.5-8}$$

（3）电容元件

$$P_C = U_C I_C \cos(-90°) = 0 \tag{3.5-9}$$

可以看出电感和电容元件不产生有功功率，所以平均功率可以用网络内所有电阻元件的有功功率之和来求，即

$$P = \sum P_R \tag{3.5-10}$$

3. 无功功率 Q

对式（3.5-4）第二项进一步利用三角函数的和差化积公式，可得

$$UI\cos(2\omega t + 2\theta_u - \varphi) = UI\big[\cos(2\omega t + 2\theta_u)\cos\varphi + \sin(2\omega t + 2\theta_u)\sin\varphi\big]$$

故瞬时功率又可以分解为

$$\begin{aligned}
p(t) &= UI\cos\varphi + UI\cos(2\omega t + 2\theta_u - \varphi) \\
&= UI\cos\varphi\big[1 + \cos(2\omega t + 2\theta_u)\big] + UI\sin\varphi\sin(2\omega t + 2\theta_u)
\end{aligned} \tag{3.5-11}$$

式（3.5-11）也包含两项，第一项始终大于等于零，说明这部分能量被电路吸收（由电路中的电阻元件消耗）；第二项是以 $UI\sin\varphi$ 为振幅的正弦量，此项正负面积相等，正好抵消，说明这部分在做可逆的能量交换（由电路中的电感和电容元件产生），如图 3-28 所示。

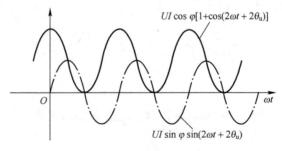

图 3-28　瞬时功率分解为能量消耗分量和交换分量

正弦稳态电路中的能量交换情况通常用无功功率来衡量，无功功率的定义为

$$Q = UI\sin\varphi \tag{3.5-12}$$

无功功率的单位是乏（Var），表示电路交换功率的最大幅度。无功功率不是无用的功率，许多设备是根据电磁感应原理工作的，为建立交变磁场和感应磁通而需要的电功率就是无功功率。例如电动机需要无功功率建立和维持旋转磁场，使转子转动，从而带动机械运动，变压器需要无功功率才能使变压器的一次绕组产生磁场，在二次绕组上感应出电压。没有无功功率，电动机不会转动，变压器也不能变压。日常生活中 40 W 的荧光灯，除需多于 40 W 的有功功率（镇流器也需消耗一部分）用于发光外，还需约 80 Var 的无功功率供镇流器线圈建立交变磁场。

3 种基本元件的无功功率分别为

（1）电阻元件

$$Q_R = U_R I_R \sin 0° = 0 \tag{3.5-13}$$

（2）电感元件

$$Q_L = U_L I_L \sin 90° = U_L I_L = I_L^2 X_L \tag{3.5-14}$$

（3）电容元件

$$Q_C = U_C I_C \sin(-90°) = -U_C I_C = -I_C^2 X_C \tag{3.5-15}$$

无功功率也可以由网络内所有电感和电容元件的无功功率之和来求，即有

$$Q = \sum Q_L + \sum Q_C \tag{3.5-16}$$

4. 视在功率 S

视在功率体现电源设备的容量，表示可能输出的最大平均功率，其定义为

$$S = UI \tag{3.5-17}$$

视在功率的单位是伏安（V·A）。在设计发电机和变压器等电气设备时，平均功率仅能表示能量的有用消耗，而视在功率则表示提供这样的平均功率需要多大的伏安容量。一般情况下，视在功率大于平均功率，仅在负载的功率因数为 1 时与平均功率相等。

对比平均功率、无功功率和视在功率的公式，不难发现有

$$S = \sqrt{P^2 + Q^2} \tag{3.5-18}$$

若将 P、Q 和 S 作为直角三角形的三条边，可构建功率三角形，如图 3-29 所示。功率三角形的顶角为功率因数角，对边和邻边分别为有功功率和无功功率，斜边为视在功率。

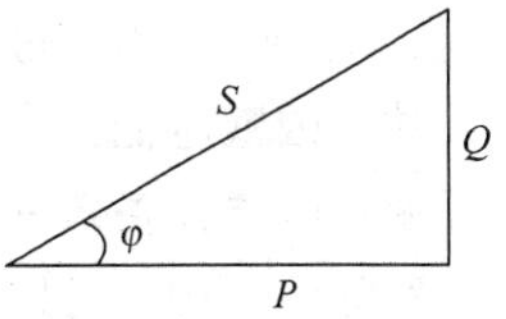

注意，电路中平均功率和无功功率守恒，但视在功率不守恒，即

$$S \neq S_1^2 + S_2^2 + \cdots + S_n^2 \tag{3.5-19}$$

图 3-29　功率三角形

例 3-12　图 3-30a 所示正弦稳态电路中，若 $u_S(t) = 100\sqrt{2}\cos 1000t$ V，$C = 100$ μF，$L = 10$ mH，$R = 10$ Ω。求电路的视在功率、功率因数角、平均功率和无功功率。

解： 电路的相量模型如图 3-30b 所示，激励电压源 $\dot{U}_S = 100\underline{/0°}$，电感和电容的阻抗分别为

$$Z_L = j\omega L = j10 \ \Omega, \quad Z_C = \frac{1}{j\omega C} = -j10 \ \Omega$$

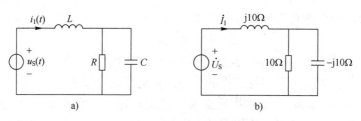

图 3-30　例 3-12 图

则有

$$\dot{I}_1 = \frac{\dot{U}_S}{j10+10 /\!/ (-j10)} = \frac{100 \underline{/0^\circ}}{5+j5} \text{A} = 10\sqrt{2} \underline{/-45^\circ} \text{A}$$

故视在功率为

$$S = U_S I_1 = 100 \times 10\sqrt{2} \ \text{V} \cdot \text{A} = 1000\sqrt{2} \ \text{V} \cdot \text{A}$$

功率因数角为

$$\varphi = \theta_u - \theta_i = 45^\circ$$

平均功率为

$$P = U_S I_1 \cos\varphi = 1000\sqrt{2} \times \cos 45^\circ \ \text{W} = 1000 \ \text{W}$$

无功功率为

$$P = U_S I_1 \sin\varphi = 1000\sqrt{2} \times \sin 45^\circ \ \text{Var} = 1000 \ \text{Var}$$

3.5.2　功率因数校正

　　功率因数表示有功功率与视在功率的比值。当电路为纯阻性时，电路中电压与电流同相位，这时 $\cos\varphi = 1$，功率因数取得最大值；在感性电路中，电流相位滞后于电压，功率因数角取值范围为 $0 < \varphi < 90^\circ$，此时称电路中有滞后的功率因数；而容性电路中，电流的相位超前于电压，功率因数角取值范围为 $-90^\circ < \varphi < 0$，此时称电路中有超前的功率因数。

　　日常生活的负载设备，如洗衣机、电冰箱、荧光灯等大多属于感性负载，这些设备工作时具有比较低的滞后功率因数，如冰箱功率因数为 0.6 左右，工频感应电炉功率因数仅为 0.2 左右。而发电机的功率是以 kV·A 或 MV·A 来计算的，也就是按照视在功率来发电的，功率因数越低，有功功率与发电机容量的比值就越低，系统运行就越低效，因此功率因数是衡量电气设备效率高低的重要指标之一。

　　实际应用中，可以调节电路结构和参数来提高其功率因数。不改变原有负载的有功功率而提高功率因数的过程称为功率因数校正。

　　设电路如图 3-31a 所示，负载两端电压为 $\dot{U}$，负载电流为 $\dot{I}_L$，负载原功率因数为 $\cos\varphi_1$，相量图如图 3-31b 所示。要提高功率因数，就要减小功率因数角 φ_1。由于负载为感性，这里采用并联补偿电容的方法来提高功率因数。并联补偿电容 C 后，电路如图 3-32a 所示，设此时端口电流为 $\dot{I}$，电容电流为 $\dot{I}_C$，则有

$$\dot{I} = \dot{I}_L + \dot{I}_C$$

由于电容电流超前电压 90°，所以最终的相量图如图 3-32b 所示。

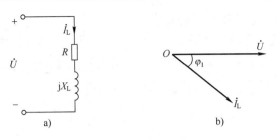

图 3-31　感性负载及其相量图

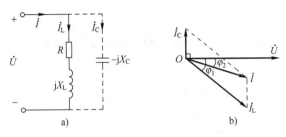

图 3-32　功率因数校正相量图

由图 3-32 可以看出，并联电容补偿后，功率因数角变小，由 φ_1 变为了 φ_2，所以功率因数得以提高；同时补偿电容后端口电流 $\dot{I}$ 有效值小于原感性负载电流 $\dot{I}_L$ 有效值，线路上的损耗降低了。由于并联补偿电容并不影响端口电压 $\dot{U}$ 和感性负载的电流 $\dot{I}_L$，所以原有负载的有功功率不变，不影响原感性负载工作。

如何确定补偿电容的电容量呢？在功率因数提高的过程中，电路的有功功率没有改变，补偿电容只提供无功功率，所以设补偿之前电路有功功率为 P，无功功率为 Q_1，功率因数为 $\cos\varphi_1$，补偿后电路无功功率为 Q_2，功率因数 $\cos\varphi_2$。根据功率三角形，有

$$Q_1 = P\tan\varphi_1, \quad Q_2 = P\tan\varphi_2 \tag{3.5-20}$$

设电容补偿的无功功率为 Q_C，则

$$Q_C = Q_2 - Q_1 = P\tan\varphi_2 - P\tan\varphi_1 \tag{3.5-21}$$

根据图 3-32a 所示，电容元件的无功功率为

$$Q_C = UI_C\sin(-90°) = -\omega CU^2 \tag{3.5-22}$$

由式（3.5-21）和式（3.5-22）可得，所需并联的电容 C 为

$$C = -\frac{Q_C}{\omega U^2} = \frac{P\tan\varphi_1 - P\tan\varphi_2}{\omega U^2} \tag{3.5-23}$$

式（3.5-23）说明，根据功率因数提高的具体要求确定功率因数角（即确定 φ_1 和 φ_2），然后便可求得补偿电容 C 的大小。

3.5.3　正弦稳态最大功率传输条件

在工程上，常会涉及正弦稳态电路的功率传输问题，即负载在什么条件下可获得最大平均功率（有功功率）。

在第 1 章讨论过电阻性网络的最大功率传输条件，即如果采用戴维南或诺顿等效电路表示供电电路，则当负载电阻等于戴维南（诺顿）等效电路内阻时，负载获得最大功率。在

正弦稳态电路分析时也可以采用同样的思路。

若二端网络 N 为线性含源二端网络，如图 3-33a 所示，其外接可调负载 Z_L。根据戴维南定理，可等效为图 3-33b 所示电路，其中 $\dot{U}_{OC}$ 为等效开路电压，Z_0 为等效内阻抗，且 $Z_0 = R_0 + jX_0$，下面分两种情况对最大功率传输问题进行讨论。

图 3-33 线性含源二端网络及其戴维南等效电路

1. 共轭匹配

由图 3-33b 可知，流经负载的电流为

$$\dot{I} = \frac{\dot{U}_{OC}}{Z_0 + Z_L} = \frac{\dot{U}_{OC}}{(R_0 + R_L) + j(X_0 + X_L)} \tag{3.5-24}$$

其有效值为

$$I = \frac{U_{OC}}{\sqrt{(R_0 + R_L)^2 + (X_0 + X)^2}}$$

故负载所吸收的平均功率为

$$P_L = R_L I^2 = \frac{R_L U_{OC}^2}{(R_0 + R_L)^2 + (X_0 + X_L)^2} \tag{3.5-25}$$

若负载的电阻部分和电抗部分可分别调节，则负载获得最大功率的条件为

$$R_L = R_0, \quad X_L = -X_0 \tag{3.5-26}$$

即

$$Z_L = Z_0^* \tag{3.5-27}$$

故当负载阻抗 Z_L 等于戴维南等效内阻抗 Z_0 的共轭复数时，负载可获最大平均功率，此时称为共轭匹配。在满足式（3.5-27）时，负载获得的最大功率为

$$P_{Lmax} = \frac{U_{OC}^2}{4R_0} \tag{3.5-28}$$

从上面分析可以看出，求解最大功率传输类问题的思路是，先求出除负载外的戴维南或诺顿等效电路，再利用共轭匹配条件确定负载阻抗 Z_L 的值，最终得到负载上获得的最大功率值。

2. 模值匹配

共轭匹配是在负载的电阻部分和电抗部分可分别调节的情况下获得的。若负载的阻抗角 φ_L 固定，而负载模 $|Z_L|$ 可变，此时最大功率传输的条件有所不同。

令负载阻抗为

$$Z_L = |Z_L| \underline{/\varphi_L} = |Z_L|\cos\varphi_L + j|Z_L|\sin\varphi_L$$

由图 3-33b 可知，此时电路中的电流为

$$\dot{I} = \frac{\dot{U}_{OC}}{(R_0 + |Z_L|\cos\varphi_L) + j(X_0 + |Z_L|\sin\varphi_L)} \tag{3.5-29}$$

负载吸收功率为

$$P_L = |Z_L| \cos\varphi_L I^2 = \frac{|Z_L| \cos\varphi_L U_{OC}^2}{(R_0 + |Z_L| \cos\varphi_L)^2 + (X_0 + |Z_L| \sin\varphi_L)^2} \tag{3.5-30}$$

为了使功率 P_L 最大, 令

$$\frac{\mathrm{d}P_L}{\mathrm{d}|Z_L|} = 0$$

由极值的求解方法可得, 负载获得最大功率的条件为

$$|Z_L| = |Z_0| \tag{3.5-31}$$

此时负载获得的最大功率为

$$P_{Lmax} = \frac{|Z_0| \cos\varphi_L U_{OC}^2}{(R_0 + |Z_0| \cos\varphi_L)^2 + (X_0 + |Z_0| \sin\varphi_L)^2} \tag{3.5-32}$$

式（3.5-31）表示负载的模与等效内阻抗的模相等, 因此称这种情况为模值匹配。

例 3-13　电路如图 3-34 所示, 电压源 $\dot{U}_S = 10\underline{/15°}$ V, 求:

(1) 共轭匹配时, Z_L 为何值才能获得最大平均功率? 最大平均功率是多少?

(2) 模值匹配时, Z_L 为何值（已知 $\varphi_L = 0°$）才能获得最大平均功率? 最大平均功率是多少?

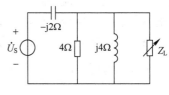

解: 求解最大功率传输问题, 首先要求出断开负载后的戴维南或诺顿等效电路, 获得等效开路电压 $\dot{U}_{OC}$ 和等效内阻抗 Z_0, 再利用匹配条件确定负载阻抗 Z_L 的值。

图 3-34　例 3-13 图

断开负载后, 电路结构如图 3-35a 所示, 此时开路电压为

$$\dot{U}_{OC} = \frac{\dot{U}_S}{-2j + (4//4j)} \times (4//4j) = 10\underline{/15°} \times (1+j) \text{ V} = 10\sqrt{2}\underline{/60°} \text{ V}$$

等效阻抗为

$$Z_0 = R_0 + jX_0 = (-2j)//4//4j \ \Omega = (2-2j) \ \Omega$$

故接入负载 Z_L 后, 等效电路如图 3-35b 所示。

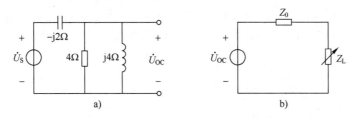

图 3-35　例 3-13 的戴维南等效电路

(1) 共轭匹配时, 负载 Z_L 的实、虚部单独可调。当 $Z_L = Z_0^* = (2+2j) \ \Omega$ 时, 负载获得最大平均功率, 最大平均功率为

$$P_{Lmax} = \frac{U_{OC}^2}{4R_0} = \frac{(10\sqrt{2})^2}{4 \times 2} \text{ W} = 25 \text{ W}$$

(2) 模值匹配时, 负载的阻抗角固定, $|Z_L|$ 可变。当 $|Z_L| = |Z_0| = 2\sqrt{2} \ \Omega$ 时, 负载获

得最大平均功率，最大平均功率为

$$P_{Lmax} = \frac{|Z_0|\cos\varphi_L U_{OC}^2}{(R_0 + |Z_0|\cos\varphi_L)^2 + (X_0 + |Z_0|\sin\varphi_L)^2}$$

代入阻抗角 $\varphi_L = 0$，可得最大平均功率为

$$P_{Lmax} = \frac{2\sqrt{2} \times (10\sqrt{2})^2}{(2+2\sqrt{2})^2 + (-2+0)^2} W = \frac{400\sqrt{2}}{16+8\sqrt{2}} W = 29.7\ W$$

3.6 三相电路

三相电路是由三相电源、三相负载和三相传输线路组成的电路，在发电、输配电线路及大功率用电设备等电力系统中得到了广泛的应用。三相电路之所以得到普遍应用，主要是以下原因使然。首先，世界各国几乎所有的电厂产生和配送都是三相电，当需要单相或双相电时，可从三相系统中提取，例如日常生活中采用的 220 V，50 Hz 市电，就是取自三相电路中的一相；其次，在输配电方面，三相电路可以节约铜线，且三相变压器比单相变压器经济；最后，三相电动机结构简单，运转平稳。因此三相系统是目前应用起来最经济和广泛的多相系统。本节首先介绍三相电源，然后重点分析和研究三相对称电路。由于三相电路的分析属于正弦稳态电路问题，所以分析方法仍然是基于相量法的。

3.6.1 三相对称电源

1. 三相对称电源的概念

三相电源是由三相交流发电机产生的。三相交流发电机主要由转子和定子两部分组成，如图 3-36 所示。转子是一个由发动机带动的匀速旋转的电磁铁，而定子内侧嵌有三相绕组 U1U2、V1V2 和 W1W2。当转子以角速度 ω 顺时针旋转时，三相绕组顺序切割磁力线。根据电磁感应原理，三相绕组便会感生出振幅与频率相同的正弦交流电动势。

习惯上，三相绕组的始端分别标记为 U1、V1 和 W1，末端分别标记为 U2、V2 和 W2。三相绕组上的电压分别为 $u_U(t)$、$u_V(t)$ 和 $u_W(t)$，依次称为 U 相、V 相和 W 相的电压，如图 3-37 所示。如果三相绕组在空间位置上相互间隔 120°，它们感应电动势的相位也会相差 120°，由此产生了对称的三相输出电压，这样的一组电压称为三相对称电压。当然，每相绕组也可看作是一个单相发电机，所以三相发电机既可以给三相负载供电，也可以给单相负载供电。

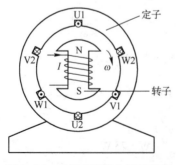

图 3-36 三相交流发电机示意图

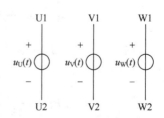

图 3-37 三相对称电压

由于三相对称电压是频率和振幅相等而相位依次相差 120°的正弦电压，故若设 U 相电压初相位为零，则三相对称电压的瞬时表达式为

$$\begin{aligned} u_U(t) &= \sqrt{2}U_p\cos\omega t \\ u_V(t) &= \sqrt{2}U_p\cos(\omega t-120°) \\ u_W(t) &= \sqrt{2}U_p\cos(\omega t+120°) \end{aligned} \tag{3.6-1}$$

式中，U_p是每相电压的有效值，下角标 p 代表相（phase）。

各相电压依次达到最大值的先后次序称为相序，式（3.6-1）这种 U 相、V 相和 W 相电压依次达到最大值的情况，称之为正相序或 UVW 顺序，其波形如图 3-38 所示，反之，称为负相序或 UWV 顺序。

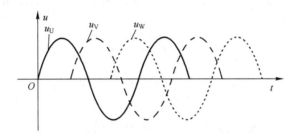

图 3-38　正相序电压波形图

由式（3.6-1）可得到三相对称电压的相量表示，即

$$\begin{aligned} \dot{U}_U &= U_p\angle 0° \\ \dot{U}_V &= U_p\angle -120° \\ \dot{U}_W &= U_p\angle 120° \end{aligned} \tag{3.6-2}$$

对应的相量图如图 3-39 所示。

图 3-39　三相对称电压相量图

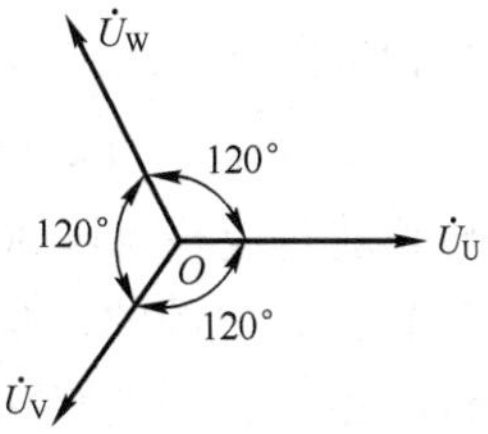

根据三相电压的瞬时表达式，可以得到三相对称电压的一个重要特点，即

$$u_U(t)+u_V(t)+u_W(t)=0 \tag{3.6-3}$$

对应的相量形式为

$$\dot{U}_U+\dot{U}_V+\dot{U}_W=0 \tag{3.6-4}$$

即在任一瞬时，三相对称电压之和恒等于 0。

2. 三相对称电源的连接

三相电路中的三相电源有两种常用连接方式，即星形（Y）联结和三角形（△）联结，如图 3-40 所示。

（1）三相电源的Y联结　图 3-40a 所示这种三相电源连接方式称为Y联结。连在一起的三相定子绕组的末端用 N 表示，这一连接点称为中性点，中性点 N 引出的导线称为中性线，也俗称零线。U、V、W 三端引出的三根导线称为端线。U、V、W 各端线与中线 N 间的电压 $\dot{U}_U$、$\dot{U}_V$、$\dot{U}_W$ 称为相电压，各端线 UV、VW、WU 间的电压 $\dot{U}_{UV}$、$\dot{U}_{VW}$、$\dot{U}_{WU}$ 称为线电压。

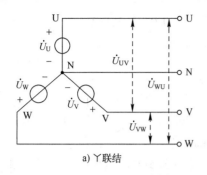
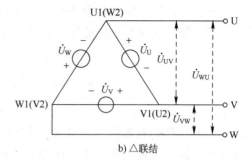

a) 丫联结　　　　　　　　　　　　　　　b) △联结

图 3-40　三相电源两种连接方式

由于各相电压具有相同振幅和频率，相位彼此相差 120°，所以这组相电压是对称的，可表示为

$$\dot{U}_{\mathrm{U}} = U_{\mathrm{p}}\underline{/0°}$$
$$\dot{U}_{\mathrm{V}} = U_{\mathrm{p}}\underline{/-120°} \tag{3.6-5}$$
$$\dot{U}_{\mathrm{W}} = U_{\mathrm{p}}\underline{/120°}$$

根据图 3-40a 所示的丫联结方式，可知线电压分别为

$$\dot{U}_{\mathrm{UV}} = \dot{U}_{\mathrm{U}} - \dot{U}_{\mathrm{V}} = U_{\mathrm{p}}\underline{/0°} - U_{\mathrm{p}}\underline{/-120°} = \sqrt{3}\,U_{\mathrm{p}}\underline{/30°} = U_{\mathrm{l}}\underline{/30°}$$
$$\dot{U}_{\mathrm{VW}} = \dot{U}_{\mathrm{V}} - \dot{U}_{\mathrm{W}} = U_{\mathrm{p}}\underline{/-120°} - U_{\mathrm{p}}\underline{/120°} = \sqrt{3}\,U_{\mathrm{p}}\underline{/-90°} = U_{\mathrm{l}}\underline{/-90°} \tag{3.6-6}$$
$$\dot{U}_{\mathrm{WU}} = \dot{U}_{\mathrm{W}} - \dot{U}_{\mathrm{U}} = U_{\mathrm{p}}\underline{/120°} - U_{\mathrm{p}}\underline{/0°} = \sqrt{3}\,U_{\mathrm{p}}\underline{/150°} = U_{\mathrm{l}}\underline{/150°}$$

式中，U_{p} 和 U_{l} 分别是相电压和线电压的有效值。

相电压和线电压相量图如图 3-41 所示。可以看出线电压也是一组对称的、相位彼此相差 120° 的电压。

从相量图和表达式可以看出，在丫联结的三相对称电源中，相电压 U_{p} 和线电压 U_{l} 均对称，并且 $U_{\mathrm{l}} = \sqrt{3}\,U_{\mathrm{p}}$，线电压超前对应相电压 30°。

（2）三相电源的△联结　如果把三相绕组的始端和末端依次相连，如图 3-40b 所示，再从始端 U、V、W 引出输电线来，这种连接方式就称为△联结。△联结只能引出 3 根线，没有中性点，亦没有中性线。采用△联结时，电源相电压和线电压相等，即 $U_{\mathrm{l}} = U_{\mathrm{p}}$。

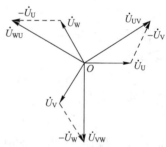

图 3-41　相电压和线电压相量图

需要注意的是，采用△联结时，三相绕组的始端和末端一定要依次相接，如果有任何一相接反，就会造成严重的后果。这是因为在对称电源的△联结中，三相绕组自成一个闭合回路，正常接线时闭合回路中总电动势等于零，回路内不会产生环流。但若将一相绕组接反，则闭合回路内的总电动势将不再为零，由于绕组阻抗很小，回路中将会产生很大的电流并烧坏绕组。所以在进行△联结时，必须认真核对每相绕组的首尾连接是否正确，千万不要发生错误接线事故。

3.6.2　三相对称电路分析

一个电路通常是由电源、负载和中间连接环节 3 部分组成的。与电源的连接方式类似，根据应用场合的不同，三相负载也可连接成星形（丫）联结或三角形（△）联结。当 3 个负载的参数相同时，称为三相对称负载。三相对称负载与三相对称电源连接后就组成了三相对称电路。由于电源和负载的不同接法，因此三相电路可分为 4 种情况，即丫－丫联结、丫－△联结、△－丫联结和△－△联结。本节主要讨论丫－丫联结和丫－△联结三相对称电路。

1. 丫－丫联结电路分析

图 3-42 所示电路中，电源为丫联结三相对称电源，Z 为负载阻抗，由于负载阻抗相等，且连接方式也为丫联结，因此为丫－丫联结。由于存在中性线，故称为对称三相四线制系统。

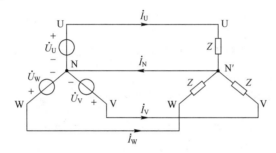

图 3-42　丫－丫联结三相对称电路（三相四线制）

在图 3-42 所示电路中，负载两端的电压称为相电压，其有效值常记为 U_p；负载上的电流称为相电流，其有效值常记为 I_p；端线上的电流称为线电流，其有效值常记为 I_l。可以看出此时负载相电流等于线电流，相电压等于电源的相电压，即有

$$I_p = I_l, \quad U_p = \left(\frac{1}{\sqrt{3}}\right) U_l \tag{3.6-7}$$

从图 3-42 所示电路中也可以看出，每一相负载和其对应的单相电源构成了一个闭合回路。因此线（相）电流可在 U 相回路、V 相回路和 W 相回路中分别求得。这里以如图 3-43 所示的 U 相回路为例进行分析。

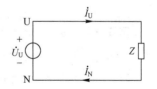

图 3-43　单相回路（U 相）

若设电源电压 $\dot{U}_U = U_p \underline{/0°}$，负载 $Z = R + jX = |Z| \underline{/\varphi}$，则

$$\dot{I}_U = \frac{\dot{U}_U}{Z} = \frac{U_p \underline{/0°}}{|Z| \underline{/\varphi}} = \frac{U_p}{|Z|} \underline{/-\varphi} = I_p \underline{/-\varphi} \tag{3.6-8}$$

由三相电路对称性可知

$$\dot{I}_V = \frac{\dot{U}_V}{Z} = I_p \underline{/(-120° - \varphi)} \tag{3.6-9}$$

$$\dot{I}_W = \frac{\dot{U}_W}{Z} = I_p \underline{/(120° - \varphi)} \tag{3.6-10}$$

对图 3-42 中的节点 N′列写 KCL 方程，可得

$$\dot{I}_{\mathrm{N}}=\dot{I}_{\mathrm{U}}+\dot{I}_{\mathrm{V}}+\dot{I}_{\mathrm{W}}=\frac{\dot{U}_{\mathrm{U}}}{Z}+\frac{\dot{U}_{\mathrm{V}}}{Z}+\frac{\dot{U}_{\mathrm{W}}}{Z}=\frac{\dot{U}_{\mathrm{U}}+\dot{U}_{\mathrm{V}}+\dot{U}_{\mathrm{W}}}{Z}=0 \tag{3.6-11}$$

式（3.6-11）说明丫-丫联结三相对称电路的中性线电流为 0，故可将中性线断开，将图 3-42 所示的三相四线制电路变为图 3-44 所示的三相三线制电路。

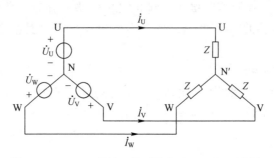

图 3-44　丫-丫联结三相对称电路（三相三线制）

需要说明的是，三相三线制要求负载严格对称，而这在实际应用中比较难以做到，故工程实际中更多地还是使用三相四线制。

根据平均功率的计算方法，U 相负载的平均功率为

$$P_{\mathrm{U}}=U_{\mathrm{p}}I_{\mathrm{p}}\cos\varphi=\frac{1}{\sqrt{3}}U_{\mathrm{l}}I_{\mathrm{l}}\cos\varphi=I_{\mathrm{p}}^{2}R$$

故三相电路的总平均功率为

$$P=3U_{\mathrm{p}}I_{\mathrm{p}}\cos\varphi=\sqrt{3}\,U_{\mathrm{l}}I_{\mathrm{l}}\cos\varphi=3I_{\mathrm{p}}^{2}R \tag{3.6-12}$$

即丫-丫联结三相对称电路的总平均功率等于线电压有效值和线电流有效值乘积的 $\sqrt{3}$ 倍，再乘以负载的功率因数。

对应的无功功率和视在功率分别为

$$Q=3U_{\mathrm{p}}I_{\mathrm{p}}\sin\varphi=\sqrt{3}\,U_{\mathrm{l}}I_{\mathrm{l}}\sin\varphi \tag{3.6-13}$$

$$S=3U_{\mathrm{p}}I_{\mathrm{p}}=\sqrt{3}\,U_{\mathrm{l}}I_{\mathrm{l}} \tag{3.6-14}$$

例 3-14　某丫-丫联结的三相电路，其负载连接如图 3-45 所示。已知 $Z=(2+\mathrm{j}2)\ \Omega$，$\dot{U}_{\mathrm{UV}}=380\underline{/0^{\circ}}$ V。求各相负载的相电流及三相负载的总平均功率 P。

解： 丫-丫联结三相电路的线电压与相电压关系为

$$\dot{U}_{\mathrm{UV}}=\sqrt{3}\,\dot{U}_{\mathrm{U}}\underline{/30^{\circ}}$$

当线电压 $\dot{U}_{\mathrm{UV}}=380\underline{/0^{\circ}}$ V 时，U 相的相电压为

$$\dot{U}_{\mathrm{U}}=220\underline{/-30^{\circ}}\ \mathrm{V}$$

所以 U 相的相电流为

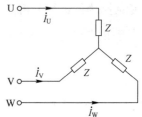

图 3-45　例 3-14 图

$$\dot{I}_{\mathrm{U}}=\frac{\dot{U}_{\mathrm{U}}}{Z}=\frac{220\underline{/-30^{\circ}}}{2+\mathrm{j}2}\ \mathrm{A}=\frac{220\underline{/-30^{\circ}}}{2\sqrt{2}\,\underline{/45^{\circ}}}\ \mathrm{A}=55\sqrt{2}\,\underline{/-75^{\circ}}\ \mathrm{A}$$

根据对称性，得

$$\dot{I}_V = \dot{I}_U \underline{/-120^\circ} = 55\sqrt{2}\underline{/165^\circ}\ \text{A}$$

$$\dot{I}_W = \dot{I}_U \underline{/120^\circ} = 55\sqrt{2}\underline{/45^\circ}\ \text{A}$$

三相负载的总平均功率 P 为每相负载中电阻部分消耗的平均功率之和，故有

$$P = 3I_\text{p}^2 R = 3\times\left(55\sqrt{2}\right)^2\times 2\ \text{W} = 36300\ \text{W}$$

2. 丫–△联结电路分析

三相电源采用丫联结，三相负载采用△联结的方式称为丫–△联结，如图 3-46 所示。与丫–丫联结不同，此时各相负载的相电压等于电源的线电压，即 $U_\text{p} = U_\text{l}$，负载的相电流和线电流不一样。

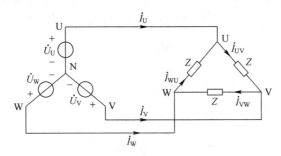

图 3-46　丫–△联结三相电路

设电源线电压 $\dot{U}_{UV} = U_\text{l}\underline{/0^\circ}$，且负载 $Z = |Z|\underline{/\varphi}$，则负载相电流为

$$\dot{I}_{UV} = \frac{\dot{U}_{UV}}{Z} = \frac{U_\text{l}\underline{/0^\circ}}{|Z|\underline{/\varphi}} = I_\text{p}\underline{/-\varphi} \tag{3.6-15}$$

根据对称性，可知

$$\dot{I}_{VW} = \frac{\dot{U}_{VW}}{Z} = \frac{U_\text{l}\underline{/-120^\circ}}{|Z|\underline{/\varphi}} = I_\text{p}\underline{/(-120^\circ-\varphi)} \tag{3.6-16}$$

$$\dot{I}_{WU} = \frac{\dot{U}_{WU}}{Z} = \frac{U_\text{l}\underline{/120^\circ}}{|Z|\underline{/\varphi}} = I_\text{p}\underline{/(120^\circ-\varphi)} \tag{3.6-17}$$

各端线的线电流 $\dot{I}_U$、$\dot{I}_V$、$\dot{I}_W$ 分别为

$$\dot{I}_U = \dot{I}_{UV} - \dot{I}_{WU} = \sqrt{3}I_\text{p}\underline{/(-30^\circ-\varphi)} = I_\text{l}\underline{/(-30^\circ-\varphi)} = \sqrt{3}\dot{I}_{UV}\underline{/-30^\circ}$$

$$\dot{I}_V = \dot{I}_{VW} - \dot{I}_{UV} = \sqrt{3}I_\text{p}\underline{/(-150^\circ-\varphi)} = I_\text{l}\underline{/(-150^\circ-\varphi)} = \sqrt{3}\dot{I}_{VW}\underline{/-30^\circ} \tag{3.6-18}$$

$$\dot{I}_W = \dot{I}_{WU} - \dot{I}_{VW} = \sqrt{3}I_\text{p}\underline{/(90^\circ-\varphi)} = I_\text{l}\underline{/(90^\circ-\varphi)} = \sqrt{3}\dot{I}_{WU}\underline{/-30^\circ}$$

可以看出，负载为△联结时，线电流振幅值是相电流振幅的 $\sqrt{3}$ 倍，即 $I_\text{l} = \sqrt{3}I_\text{p}$，同时线电流滞后于相电流 30°。

对于丫–△联结三相电路，U 相负载的平均功率为

$$P_U = U_{UV}I_{UV}\cos\varphi = U_\text{l}I_\text{p}\cos\varphi \tag{3.6-19}$$

故三相负载的总平均功率为

$$P = 3U_\text{l}I_\text{p}\cos\varphi = \sqrt{3}U_\text{l}I_\text{l}\cos\varphi = 3I_\text{p}^2 R \tag{3.6-20}$$

从上面的分析可知，不论是丫–丫联结还是丫–△联结三相对称电路，其三相总平均功

率都等于线电压有效值与线电流有效值乘积的$\sqrt{3}$倍再乘以负载的功率因数。

其实不论丫-丫联结还是丫-△联结三相对称电路，它们总的瞬时功率也是恒定的，且始终等于其总平均功率 P，即

$$p(t)=p_{\mathrm{U}}(t)+p_{\mathrm{V}}(t)+p_{\mathrm{W}}(t)=\sqrt{3}\,U_{\mathrm{l}}I_{\mathrm{l}}\cos\varphi \tag{3.6-21}$$

所以与单相交流电瞬时功率随时间正弦变化相比，三相电动机提供了恒定的转矩，使得设备运行更加平稳，降低了机械振动和噪声。

例 3-15 已知某丫联结三相对称电源的线电压为 $\dot{U}_{\mathrm{UV}}=180\underline{/-20°}$ V，如果该电源与△联结的负载相连，每相负载为 $Z=20\underline{/40°}$ Ω，则求各相相电流、线电流及总平均功率。

解：负载为△联结时，相电压等于线电压，故 U 相的相电流为

$$\dot{I}_{\mathrm{UV}}=\frac{\dot{U}_{\mathrm{UV}}}{Z}=\frac{180\underline{/-20°}}{20\underline{/40°}}\,\mathrm{A}=9\underline{/-60°}\ \mathrm{A}$$

根据相电流的对称性，可得另外两相的相电流为

$$\dot{I}_{\mathrm{VW}}=9\underline{/-180°}\ \mathrm{A}$$

$$\dot{I}_{\mathrm{WU}}=9\underline{/60°}\ \mathrm{A}$$

再根据相电流和线电流的关系，可得各相线电流为

$$\dot{I}_{\mathrm{U}}=\sqrt{3}\,\dot{I}_{\mathrm{UV}}\underline{/-30°}=15.59\underline{/-90°}\ \mathrm{A}$$

$$\dot{I}_{\mathrm{V}}=\sqrt{3}\,\dot{I}_{\mathrm{VW}}\underline{/-30°}=15.59\underline{/150°}\ \mathrm{A}$$

$$\dot{I}_{\mathrm{W}}=\sqrt{3}\,\dot{I}_{\mathrm{WU}}\underline{/-30°}=15.59\underline{/30°}\ \mathrm{A}$$

总平均功率为

$$P=\sqrt{3}\,U_{\mathrm{l}}I_{\mathrm{l}}\cos\varphi=\sqrt{3}\times180\times15.59\times\cos40°\ \mathrm{W}=3723.3\ \mathrm{W}$$

3.7　电感耦合和理想变压器

在电力系统和电子设备中，变压器是一种利用电磁感应原理改变交流电压的能量变换装置。通常变压器是由两个（或多个）磁耦合绕组组成的四端元件。图 3-47 所示的铁心变压器，主要构件有一次绕组、二次绕组和铁心，一般一次绕组连接电源，二次绕组连接负载。由于时变电源的电流在一次绕组中引起铁心磁通量的改变，在二次绕组输出端便产生了感应电压，即通过磁耦合将能量从一个电路传输到另一个电路。在电力系统中，变压器可用来实现交流电压和电流的升降变换；在收音机和电视机电路中，变压器可用来实现强弱电路的隔离和阻抗的匹配。本节首先介绍自感与互感现象，然后讨论耦合电感的伏安特性及其同名端，最后重点讨论理想变压器。

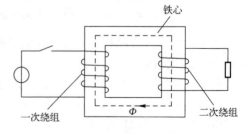

图 3-47　铁心变压器

3.7.1　自感与互感

1. 自感

图 3-48 所示电路包含一个 N 匝线圈，当电流 i 通过线圈时，会产生磁链 Ψ 和磁通 Φ。如果电流是交变电流，磁通 Φ 就会发生变化，从而在线圈上感应出电压。

根据法拉第电磁感应定律，线圈的感应电压 u 与磁链 Ψ 的变化率成正比，即

$$u = \frac{\mathrm{d}\Psi}{\mathrm{d}t} = N\frac{\mathrm{d}\Phi}{\mathrm{d}t} \qquad (3.7\text{-}1)$$

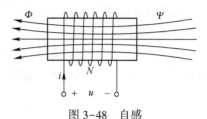

图 3-48　自感

若线圈缠绕在线性磁性材料上，则磁通量和电流成正比，故式（3.7-1）可改写为

$$u = N\frac{\mathrm{d}\Phi}{\mathrm{d}i}\frac{\mathrm{d}i}{\mathrm{d}t} = N\frac{\Phi}{i}\frac{\mathrm{d}i}{\mathrm{d}t} \qquad (3.7\text{-}2)$$

根据线性时不变电感的定义

$$L = \frac{\Psi}{i} = N\frac{\Phi}{i} \qquad (3.7\text{-}3)$$

故有

$$u = L\frac{\mathrm{d}i}{\mathrm{d}t} \qquad (3.7\text{-}4)$$

此电感 L 体现了线圈自身电流与自身感应电压之间的关系，因此称为自感。

2. 互感

如果将匝数分别为 N_1 和 N_2，自感分别为 L_1 和 L_2 的两个线圈相互靠近，如图 3-49 所示，这两个线圈之间会产生什么影响呢？为简化分析，先假设线圈 2 开路，仅线圈 1 通以交变电流 i_1，此时由 i_1 产生的磁通 Φ 不仅通过线圈 1（通常称为自磁通，用 Φ_{11} 表示），而且其中一部分磁通也与线圈 2 有交链，记为 Φ_{21}。

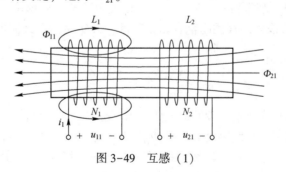

图 3-49　互感（1）

线圈 1 上的感应电压为自感电压，即

$$u_{11} = L_1\frac{\mathrm{d}i_1}{\mathrm{d}t}$$

由法拉第电磁感应定律，此时磁通 Φ_{21} 会在线圈 2 上产生感应电压，故有

$$u_{21} = N_2\frac{\mathrm{d}\Phi_{21}}{\mathrm{d}t} = N_2\frac{\mathrm{d}\Phi_{21}}{\mathrm{d}i_1}\frac{\mathrm{d}i_1}{\mathrm{d}t} = N_2\frac{\Phi_{21}}{i_1}\frac{\mathrm{d}i_1}{\mathrm{d}t} \qquad (3.7\text{-}5)$$

令

$$M_{21} = \frac{\Psi_{21}}{i_1} = N_2 \frac{\Phi_{21}}{i_1} \qquad (3.7\text{-}6)$$

则线圈 2 的感应电压为

$$u_{21} = M_{21} \frac{\mathrm{d}i_1}{\mathrm{d}t} \qquad (3.7\text{-}7)$$

从上面的讨论可以看出，当两个线圈距离很近时，电流在一个线圈中产生的磁通会对另一个线圈产生影响，从而在另一个线圈上产生感应电压，这种现象称为互感现象，即 M_{21} 为线圈 1 对线圈 2 的互感。

同理，若线圈 2 通以交变电流 i_2，线圈 1 开路，则在线圈 2 上产生自感电压的同时，在线圈 1 上也会产生互感电压，如图 3-50 所示。自感电压 u_{22} 和开路互感电压 u_{12} 分别为

$$u_{22} = L_2 \frac{\mathrm{d}i_2}{\mathrm{d}t}, \quad u_{12} = M_{12} \frac{\mathrm{d}i_2}{\mathrm{d}t} \qquad (3.7\text{-}8)$$

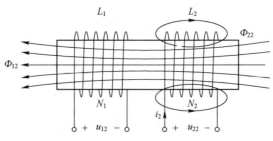

图 3-50 互感（2）

式中，M_{12} 为线圈 2 对线圈 1 的互感，即

$$M_{12} = \frac{\Psi_{12}}{i_2} = N_2 \frac{\Phi_{12}}{i_2} \qquad (3.7\text{-}9)$$

可以证明 M_{12} 和 M_{21} 是相等的，所以统一用 M 表示互感，其单位为亨利（H）。

通常用耦合系数来描述两线圈间耦合紧密程度，其定义为两线圈的互磁链与自磁链之比的几何平均值，用字母 k 表示，即

$$k = \sqrt{\frac{\Psi_{21}\Psi_{12}}{\Psi_{11}\Psi_{22}}} = \sqrt{\frac{\Phi_{21}\Phi_{12}}{\Phi_{11}\Phi_{22}}} \qquad (3.7\text{-}10)$$

耦合系数 k 的大小取决于两线圈间的距离、相对位置、铁心材料以及缠绕方式等。当一个线圈产生的磁通全部与另一个线圈交链，即 $\Phi_{11} = \Phi_{21}$，$\Phi_{22} = \Phi_{12}$ 时，可得耦合系数 $k=1$，两线圈耦合程度最高，称为全耦合；当两线圈磁通互不交链，相互之间无影响时，耦合系数 $k=0$，称为无耦合；当 $0<k<0.5$ 时，称两线圈松耦合；当 $0.5<k<1$ 时，称两线圈紧耦合。在电力系统中使用的变压器，为了更有效地传输功率，大多数都是紧耦合的，一般采用铁磁性材料制成铁心，以期使耦合系数尽量接近于 1。而在射频电路中使用的空心变压器通常是松耦合的。

由自感和互感的定义，式（3.7-10）还可改写为

$$k = \sqrt{\frac{\Psi_{21}\Psi_{12}}{\Psi_{11}\Psi_{22}}} = \sqrt{\frac{Mi_1 Mi_2}{L_1 i_1 L_2 i_2}} = \frac{M}{\sqrt{L_1 L_2}} \qquad (3.7\text{-}11)$$

也就是说，当 L_1 和 L_2 一定时，调节 k 值就相当于改变互感 M。同时互感 $M \leqslant \sqrt{L_1 L_2}$，

即两线圈的互感不大于线圈自感的几何平均值。

3.7.2　耦合电感及其同名端

互感 M 和耦合系数 k 描述了相邻两线圈在对方线圈上感应电压的能力及二者的耦合程度。由于互感现象的存在，线圈上的电压由自感电压和互感电压两部分组成。

图 3-51 所示的两个相邻线圈中，电流 i_1 从 u_1 正极性端流入，电流 i_2 从 u_2 正极性端流入，实线表示线圈 1 产生的磁通，虚线表示线圈 2 产生的磁通。可以看出两线圈电流产生的磁通方向一致，通过两个线圈的磁链分别为

$$\Psi_1 = \Psi_{11} + \Psi_{12} = L_1 i_1 + M i_2$$
$$\Psi_2 = \Psi_{22} + \Psi_{21} = L_2 i_2 + M i_1 \tag{3.7-12}$$

根据法拉第电磁感应定律，两线圈的伏安关系分别为

$$u_1 = \frac{\mathrm{d}\Psi_1}{\mathrm{d}t} = L_1 \frac{\mathrm{d}i_1}{\mathrm{d}t} + M \frac{\mathrm{d}i_2}{\mathrm{d}t}$$

$$u_2 = \frac{\mathrm{d}\Psi_2}{\mathrm{d}t} = L_2 \frac{\mathrm{d}i_2}{\mathrm{d}t} + M \frac{\mathrm{d}i_1}{\mathrm{d}t} \tag{3.7-13}$$

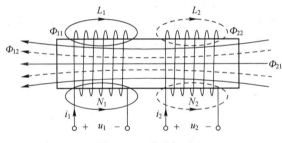

图 3-51　磁通相助

从式（3.7-13）可以看出此时互感电压和自感电压同极性，这加强了线圈的自身磁场，这种情况称为磁通相助。

图 3-52 所示两个线圈中，电流 i_1 从 u_1 正极性端流入，同时电流 i_2 从 u_2 正极性端流入，实线表示线圈 1 产生的磁通，虚线表示线圈 2 产生的磁通。可以看出两线圈电流产生的磁通方向相反，通过两个线圈的磁链分别为

$$\Psi_1 = \Psi_{11} - \Psi_{12} = L_1 i_1 - M i_2$$
$$\Psi_2 = \Psi_{22} - \Psi_{21} = L_2 i_2 - M i_1 \tag{3.7-14}$$

根据法拉第电磁感应定律，两线圈的伏安关系式分别为

$$u_1 = \frac{\mathrm{d}\Psi_1}{\mathrm{d}t} = L_1 \frac{\mathrm{d}i_1}{\mathrm{d}t} - M \frac{\mathrm{d}i_2}{\mathrm{d}t}$$

$$u_2 = \frac{\mathrm{d}\Psi_2}{\mathrm{d}t} = L_2 \frac{\mathrm{d}i_2}{\mathrm{d}t} - M \frac{\mathrm{d}i_1}{\mathrm{d}t} \tag{3.7-15}$$

从式（3.7-15）可以看出此时互感电压和自感电压极性相反，这削弱了线圈的自身磁场。这种情况称为磁通相消。

可以看出，磁耦合的两个线圈可能产生磁通相助，也可能产生磁通相消。自感电压的极

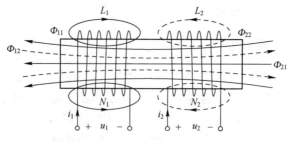

图 3-52 磁通相消

性可由线圈自身的电压和电流参考方向是否关联来判断，方法和列写电感伏安关系一致，但确定互感电压的极性并不容易，需要知道两个线圈的相对位置、导线缠绕方向等。然而在实际应用中，耦合线圈往往是密封的，无法看到线圈或导线的缠绕方向。于是人们定义了一种标记，称为同名端，用"●"或者"＊"来表示。具有标记的两个端子为同名端，否则为异名端。同名端的定义是：当耦合电感元件中的两个电流都从同名端流入时，自感磁通和互感磁通是磁通相助的，此时互感电压的符号和自感电压的符号同号；当耦合电感元件中的两个电流从异名端流入时（即一个从同名端流入，另一个从同名端流出），自感磁通和互感磁通是磁通相消的，此时互感电压的符号和自感电压的符号异号。

由于图 3-51 所示结构产生的磁通相助，所以电流 i_1 和 i_2 是从同名端流入的，图 3-52 所示结构产生的磁通相消，所以电流 i_1 和 i_2 是从异名端流入的。图 3-51 和图 3-52 所示耦合电感的电路模型分别如图 3-53a、b 所示。

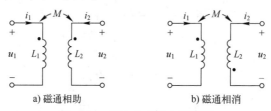

a) 磁通相助   b) 磁通相消

图 3-53 耦合电感的电路模型

3.7.3 理想变压器

变压器是应用很广的一种多端子磁耦合电气设备，常用于实现从一个电路向另一个电路传递能量或信号。常用的实际变压器有空心变压器（松耦合）和铁心变压器（紧耦合）两类。

理想变压器是由铁心变压器抽象出来的一种理想化模型，是一种自感无穷大（$L_1 \to \infty$，$L_2 \to \infty$，$\sqrt{\dfrac{L_1}{L_2}} = \dfrac{N_1}{N_2} = n$）、无损耗且完全耦合（耦合系数 $k=1$，$M = \sqrt{L_1 L_2}$）的变压器。

1. 伏安特性

图 3-53a 所示耦合电感的伏安关系为

$$\begin{cases} u_1 = L_1 \dfrac{\mathrm{d}i_1}{\mathrm{d}t} + M \dfrac{\mathrm{d}i_2}{\mathrm{d}t} \\ u_2 = L_2 \dfrac{\mathrm{d}i_2}{\mathrm{d}t} + M \dfrac{\mathrm{d}i_1}{\mathrm{d}t} \end{cases} \tag{3.7-16}$$

当满足自感无穷大、无损耗且完全耦合条件时，可得

$$\begin{cases} u_1 = L_1 \dfrac{\mathrm{d}i_1}{\mathrm{d}t} + \sqrt{L_1 L_2}\dfrac{\mathrm{d}i_2}{\mathrm{d}t} = \sqrt{L_1}\left(\sqrt{L_1}\dfrac{\mathrm{d}i_1}{\mathrm{d}t} + \sqrt{L_2}\dfrac{\mathrm{d}i_2}{\mathrm{d}t}\right) \\[3mm] u_2 = \sqrt{L_1 L_2}\dfrac{\mathrm{d}i_1}{\mathrm{d}t} + L_2\dfrac{\mathrm{d}i_2}{\mathrm{d}t} = \sqrt{L_2}\left(\sqrt{L_1}\dfrac{\mathrm{d}i_1}{\mathrm{d}t} + \sqrt{L_2}\dfrac{\mathrm{d}i_2}{\mathrm{d}t}\right) \end{cases} \tag{3.7-17}$$

故有

$$\frac{u_1}{u_2} = \sqrt{\frac{L_1}{L_2}} \tag{3.7-18}$$

同时有

$$\begin{cases} \dfrac{u_1}{L_1} = \dfrac{\mathrm{d}i_1}{\mathrm{d}t} + \sqrt{\dfrac{L_2}{L_1}}\dfrac{\mathrm{d}i_2}{\mathrm{d}t} = \dfrac{\mathrm{d}i_1}{\mathrm{d}t} + \dfrac{1}{n}\dfrac{\mathrm{d}i_2}{\mathrm{d}t} \\[3mm] \dfrac{u_2}{L_2} = \dfrac{\mathrm{d}i_2}{\mathrm{d}t} + \sqrt{\dfrac{L_1}{L_2}}\dfrac{\mathrm{d}i_1}{\mathrm{d}t} = \dfrac{\mathrm{d}i_2}{\mathrm{d}t} + n\dfrac{\mathrm{d}i_1}{\mathrm{d}t} \end{cases} \tag{3.7-19}$$

由于 $L_1 \to \infty$，$L_2 \to \infty$，则

$$\frac{\mathrm{d}i_1}{\mathrm{d}t} = -\frac{1}{n}\frac{\mathrm{d}i_2}{\mathrm{d}t}, \quad \frac{\mathrm{d}i_2}{\mathrm{d}t} = -n\frac{\mathrm{d}i_1}{\mathrm{d}t} \tag{3.7-20}$$

对式 (3.7-20) 两边积分，可得

$$i_1 = -\frac{1}{n}i_2, \quad i_2 = -ni_1 \tag{3.7-21}$$

　　从式 (3.7-18) 和式 (3.7-20) 可以看出，理想变压器的唯一参数是匝数比 $n = N_1/N_2$，N_1 和 N_2 分别表示变压器一次、二次绕组的匝数。所以理想变压器的电路模型如图 3-54 所示，点 "●" 表示它的同名端。

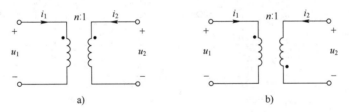

图 3-54　理想变压器的电路模型

　　图 3-54a 所示理想变压器的电路模型中，电流均由同名端流入，则理想变压器的伏安特性为

$$\begin{cases} u_1 = nu_2 \\[2mm] i_1 = -\dfrac{1}{n}i_2 \end{cases} \tag{3.7-22}$$

　　由式 (3.7-22) 可以看出，理想变压器的伏安关系是代数关系，它具有改变电压和改变电流的能力。图 3-54b 所示的理想变压器模型中，同名端的位置发生了变化，则理想变压器的伏安特性为

$$\begin{cases} u_1 = -nu_2 \\ i_1 = \dfrac{1}{n}i_2 \end{cases} \tag{3.7-23}$$

由式（3.7-22）和式（3.7-23）可知，理想变压器在任意时刻所吸收的功率为零，即

$$p(t) = u_1(t)i_1(t) + u_2(t)i_2(t) = 0 \tag{3.7-24}$$

式（3.7-24）说明理想变压器在任意时刻既不消耗电能也不产生电能，仅将一次绕组的能量或信号完全传递给二次绕组的负载。尽管理想变压器的符号中有电感，但它的伏安关系中没有微积分，仅存在一种电压和电流的代数约束关系，对直流也适用。同时由于它不储存磁能，是一种无记忆性元件。

2. 阻抗变换特性

理想变压器除了具有前面分析的变电压和变电流的特性，它还有着阻抗变换的特性。如图 3-55 所示电路中，若在理想变压器的二次侧接负载阻抗 Z_L，则一次侧的输入阻抗为

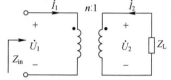

图 3-55　理想变压器阻抗变换特性

$$Z_{in} = \frac{\dot{U}_1}{\dot{I}_1} = \frac{n\dot{U}_2}{-\frac{1}{n}\dot{I}_2} = n^2 \frac{\dot{U}_2}{-\dot{I}_2} = n^2 Z_L \tag{3.7-25}$$

利用理想变压器阻抗变换的特性，可以通过改变匝数比来改变输入阻抗，使之与电源进行阻抗匹配，从而使负载获得最大的传输功率。

例 3-16　图 3-56a 所示含理想变压器电路中，已知一次电压 $\dot{U}_1 = 500\underline{/0°}$ V，求电流 I_2。

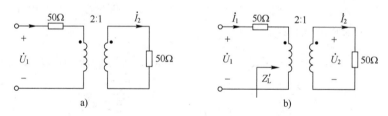

图 3-56　例 3-16 图

解： 如图 3-56b 所示，设一次电流为 $\dot{I}_1$，Z'_L 表示负载从二次侧反映到一次侧的负载值。由理想变压器阻抗变换性质得

$$Z'_L = n^2 Z_L = 2^2 \times 50\ \Omega = 200\ \Omega$$

因此一次电流 $\dot{I}_1$ 为

$$\dot{I}_1 = \frac{\dot{U}_1}{50 + 200} = \frac{500\underline{/0°}}{250}\ A = 2\underline{/0°}\ A$$

由于 I_2 是二次侧流出的同名端的电流，故有

$$I_2 = nI_1 = 2 \times 2\ A = 4\ A$$

例 3-17　图 3-57a 所示电路中，$\dot{U}_S = 10\underline{/0°}$ V，$Z_L = 5\ \Omega$，为使 Z_L 能获得最大功率，求

匝数比 n 和负载 Z_L 吸收的功率。

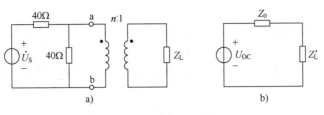

图 3-57　例 3-17 图

解：分别计算 a、b 端以左的戴维南等效电路，以及从二次侧反映到一次侧的负载值 Z_L'，可得图 3-57b 所示电路。由理想变压器阻抗变换特性，负载 Z_L 在一次侧的等效阻抗为

$$Z_L' = n^2 Z_L = 5n^2$$

戴维南等效电路的开路电压和等效阻抗分别为

$$\dot{U}_{OC} = \dot{U}_S \frac{40}{40+40} = 5 \underline{/0°}\ \text{V}$$

$$Z_0 = 40 // 40\ \Omega = 20\ \Omega = R_0$$

由于负载是电阻，根据最大功率传输定理可知，当 $Z_L' = Z_0$，即 $n = 2$ 时，Z_L 获得最大功率，最大功率为

$$P_{Lmax} = \frac{U_{OC}^2}{4R_0} = \frac{5^2}{4 \times 20}\ \text{W} = \frac{5}{16}\ \text{W}$$

理想变压器是一种理想化的模型，为了逼近它的性能，在实际绕制中，常常令一、二次绕组具有足够的匝数（高达几千匝）来保证一、二次绕组自感足够大，同时为了降低损耗，选用导电性能好的金属导线绕制线圈，并选用高磁导率的硅钢片以叠式结构做成铁心。为了提升耦合系数，采用高绝缘层漆包线紧绕、密绕和双线绕，并采用对外磁屏蔽措施，在结构上尽量使一、二次绕组紧密耦合，减少漏磁，使耦合系数尽量接近 1。

习题 3

3-1　正弦电压的振幅 $U_m = 10\ \text{V}$，角频率 $\omega = 100\ \text{rad/s}$，初相位 $\theta_u = 40°$，写出其瞬时表达式，并求电压的有效值 U。

3-2　写出下列正弦电压和电流的瞬时表达式。

（1）$I_m = 5\ \text{V}$，$\omega = 20\ \text{rad/s}$，$\theta_i = 15°$。

（2）$U = 6\ \text{V}$，$f = 30\ \text{Hz}$，$\theta_u = 70°$。

3-3　写出下列正弦量的相量表示。

（1）$u(t) = 50\cos(10t + 20°)$。

（2）$i(t) = 6\sqrt{2}\cos(10t - 45°)$。

3-4　写出下列相量所代表的正弦信号的瞬时表达式，设角频率为 $\omega = 2\pi\ \text{rad/s}$。

（1）$\dot{U} = (3 + j4)\ \text{V}$。

（2）$\dot{I}_m = (4 - j4)\ \text{A}$。

3-5 已知正弦量 $i_1(t)=10\cos(20t+45°)$ A 和 $i_2(t)=8\cos(20t-45°)$ A，写出 $i_1(t)+i_2(t)$ 的相量表示。

3-6 电路模型如图 3-58 所示，已知电流 $i(t)=2\cos(10t-35°)$ A，求电感的稳态电压 $u(t)$。

3-7 电路模型如图 3-59 所示，已知电容电压 $u_C(t)=6\cos(5t-45°)$ V，求端口电压 $u(t)$。

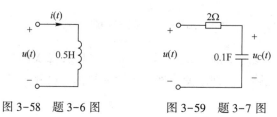

图 3-58 题 3-6 图 　　 图 3-59 题 3-7 图

3-8 已知线性无源二端网络 N 如图 3-60 所示，若端口电压 $u(t)$ 和电流 $i(t)$ 分别为 $u(t)=25\cos(10\pi t+90°)$ V，$i(t)=5\cos10\pi t$ A，求该二端网络的阻抗和导纳。

3-9 已知线性无源二端网络 N 如图 3-61 所示，若端口电压 $\dot{U}=16\underline{/30°}$ V，电流 $\dot{I}=(2+j2)$ A，求该二端网络的阻抗和导纳。

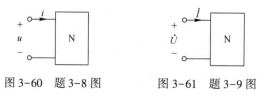

图 3-60 题 3-8 图 　　 图 3-61 题 3-9 图

3-10 在图 3-62 所示电路中，已知 $u(t)=20\cos(100t+75°)$ V，$i(t)=2\sqrt{2}\cos(100t+30°)$ A，求 R 和 L。

3-11 求图 3-63 所示电路 a、b 端的阻抗和导纳，其中 $\omega=2$ rad/s。

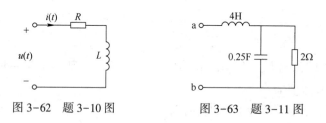

图 3-62 题 3-10 图 　　 图 3-63 题 3-11 图

3-12 图 3-64 所示的电路中，已知 $\dot{I}_1$ 的有效值为 5 A，求 $\dot{I}_2$ 和 $\dot{I}_3$ 的有效值。

3-13 图 3-65 所示二端网络 N 中，若 $u(t)=6\cos(\omega t+10°)$ V，$i(t)=\sqrt{2}\cos(\omega t-35°)$ A，求电路 N 吸收的平均功率 P。

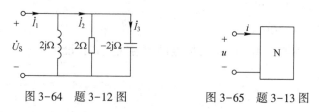

图 3-64 题 3-12 图 　　 图 3-65 题 3-13 图

3-14　图 3-66 所示二端网络 N 中，若 $\dot{U}=8+\text{j}6\,\text{V}$，$\dot{I}=4+\text{j}3\,\text{A}$，求电路 N 吸收的功率 P。

3-15　图 3-67 所示二端网络 N 中，已知 $\dot{U}=12\underline{/0°}\,\text{V}$，求电路的平均功率 P、无功功率 Q 和功率因素 $\cos\varphi$。

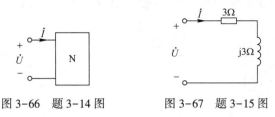

图 3-66　题 3-14 图　　　　图 3-67　题 3-15 图

3-16　图 3-68 所示电路中负载 Z_{L} 的实、虚部单独可调，已知 $\dot{I}_{\text{S}}=3\underline{/0°}\,\text{A}$，问 Z_{L} 为何值时才能获得最大功率，其最大功率为多少？

3-17　图 3-69 所示理想变压器电路中，已知 $\dot{U}_{\text{S}}=100\underline{/0°}\,\text{V}$，求电压 $\dot{U}$。

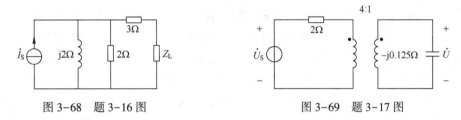

图 3-68　题 3-16 图　　　　图 3-69　题 3-17 图

3-18　图 3-70 所示理想变压器电路中，有 $I_{\text{S}}=2\,\text{A}$，求电压 U 的值。

3-19　理想变压器电路如图 3-71 所示，已知 $\dot{U}_{\text{S}}=10\underline{/0°}\,\text{V}$，求电流 I。

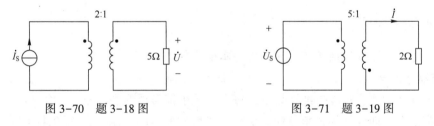

图 3-70　题 3-18 图　　　　图 3-71　题 3-19 图

3-20　丫联结的三相对称电源，若线电压 $u_{\text{UV}}(t)=380\sqrt{2}\cos\omega t\,\text{V}$，试求相电压 $u_{\text{U}}(t)$。

3-21　在丫-丫联结三相对称电路中，已知线电压 $U_{\text{l}}=380\,\text{V}$，每相负载 $Z=(40+\text{j}30)\,\Omega$，求三相电路的总平均功率。

3-22　在丫-△联结三相对称电路中，已知 $\dot{U}_{\text{UV}}=380\underline{/0°}\,\text{V}$，$Z=10\underline{/30°}\,\Omega$，求各相相电流有效值和线电流有效值。

第4章 二极管及其应用

4.1 半导体基础知识

自然界的物质，根据其导电性能的不同大体可分为导体、绝缘体和半导体三大类。

极易导电，电导率大于 10^3 S/cm 的物质称为**导体**，例如铝、金、钨和铜等。物质的导电性能是由其原子结构决定的，导体原子核最外层的电子极易挣脱原子核的束缚成为**自由电子**。像自由电子这种能够自由移动的带电粒子称为**载流子**。导体之所以导电性能极佳，正是因为其内部存在大量载流子，当施加外电场时，载流子将在外电场的作用下产生定向移动，形成电流。

很难导电，电导率小于 10^{-8} S/cm 的物质称为**绝缘体**，例如塑料、橡胶和陶瓷等。绝缘体原子核最外层的电子受原子核束缚力极强，很难成为自由电子。由于所含载流子的数量极少，所以绝缘体的导电性能极差。

导电能力介于导体和绝缘体之间，电导率在 10^{-8} S/cm ~ 10^3 S/cm 范围内的物质称为**半导体**。以目前应用最广的 4 价元素硅（Si）或锗（Ge）为例，它们的最外层电子既不像导体那样容易挣脱原子核的束缚，也不像绝缘体那样被原子核紧紧束缚，所以形成的载流子的数量介于两者之间，并且很大程度上还受到温度、光照和杂质含量的影响。

4.1.1 本征半导体

完全纯净的具有晶体结构的半导体称为**本征半导体**。

1. 晶格与单晶

以硅半导体为例。将硅提纯结晶后，每个硅原子都与周围最近邻的 4 个硅原子牢固地结合，它们都处于正四面体的顶角位置，从而构成所谓的金刚石结构，如图 4-1a 所示，而其等效的二维结构如图 4-1b 所示。

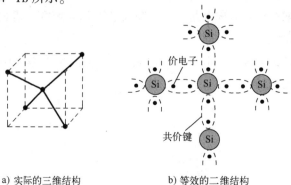

a) 实际的三维结构　　　　　b) 等效的二维结构

图 4-1 结晶硅的结构示意图

这种反映原子排列规律的三维结构称为晶格，每个硅原子都位于晶格上，不能随意移动。如果某一固态物体是由单一的晶格连续组成的，就称为单晶。

2. 自由电子与空穴

每个硅原子的最外层都有 4 个电子，称为**价电子**。价电子受到自身原子核和相邻原子核的双重吸引，其结果是每个硅原子都和相邻的 4 个硅原子共用 4 对价电子，形成 4 对共价键。共价键具有很强的结合力，常温下仅有极少数的价电子能够通过热运动获得足够的能量，从而挣脱共价键的束缚成为自由电子，这时相应的共价键中会留下一个空位，称为空穴。以上过程称为**本征激发**，又称**热激发**。

除自由电子外，空穴也可以被看作带正电的载流子，这是因为每个空穴可视为带一个单位的正电荷，即表示原子本身因本征激发而失去一个价电子后带一个单位的正电荷，并且空穴可以自由运动。如图 4-2 所示，空穴对周围的价电子具有"吸引力"，价电子移动到该空穴上所需要的能量远小于打破其所处共价键成为自由电子需要的能量，所以空穴容易"捕获"附近的价电子而造成"空穴搬家"现象，移动到新位置的空穴继续"捕获"其他价电子，这个过程持续下去，从效果上看，自由电子（负极性）随机填补空穴的运动，就相当于该空穴（正极性）反方向的自由运动。图 4-2 中虚线表示价电子轨迹，实线表示空穴轨迹。

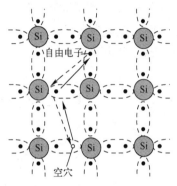

图 4-2　自由电子与空穴

3. 温度的影响

随着本征激发的进行，自由电子和空穴不断地成对产生。如果两者相遇，自由电子就会填补空穴，变为价电子，于是自由电子和空穴同时消失，称为**复合**。如果环境温度不变，本征激发和复合将达到动态平衡，自由电子和空穴两种载流子的浓度相等并保持稳定。当温度升高时，本征激发加剧，载流子浓度增大，导电能力增强。温度降低时，载流子浓度减小，导电能力减弱。这个特性称为半导体的**热敏性**。光照也可以令半导体的导电能力发生类似的变化，这称为半导体的**光敏性**。

4.1.2　杂质半导体

本征半导体中载流子总数很少，导电能力很差，如果掺入微量的其他合适元素——这种做法称为掺入杂质，简称掺杂——则可以使半导体的导电能力有很大提高。这个特性称为半导体的**掺杂性**。即在本征半导体中人为地添加合适的杂质元素，便可得到杂质半导体。杂质含量对半导体电气特性的影响非常显著，通过严格控制杂质含量，可以精确控制杂质半导体的导电性能，也就是通过改变载流子的数量来进一步改变导电能力。由于掺入了杂质，在杂质半导体中两种载流子的浓度是不相等的，其中，浓度高的载流子称为**多数载流子**，简称**多子**；浓度低的载流子称为**少数载流子**，简称**少子**。

1. N 型半导体

如图 4-3a 所示，将磷（P）、锑（Sn）或砷（As）等 5 价元素作为杂质掺入单晶硅中，这些元素的原子将取代晶格中某些位置上的硅原子，但其最外层共有 5 个价电子，除了与周围 4 个硅原子形成共价键外，多余的那个价电子很容易成为自由电子，而该原子也会相应地变为离子（带正电）。由于 5 价元素的原子在生成自由电子的同时并不生成空穴，因此每掺入 1 个 5 价元素的原子就相当于释放 1 个自由电子，以致自由电子数量远大于空穴数量，自由电子成为多数载流子。这种 5 价掺杂，以自由电子为多子的杂质半导体称为 **N 型半导体**（N 代表 "Negative"）。

2. P 型半导体

如图 4-3b 所示，将硼（B）、铟（In）等 3 价元素掺入单晶硅中后，这些元素的原子因最外层缺少 1 个价电子，与第 4 个相邻的硅原子就不能形成完整的共价键，由此便出现 1 个空穴，这个空穴很容易"捕获"周围的价电子来填补，形成"空穴搬家"现象，而该原子也相应地变为离子（带负电）。由于 3 价元素的原子在产生空穴的同时并不产生自由电子，因此每掺入 1 个 3 价元素的原子就相当于释放 1 个空穴，以致空穴数量远大于自由电子数量，空穴成为多数载流子。这种 3 价掺杂，以空穴为多子的杂质半导体就称为 **P 型半导体**（P 代表 "Positive"）。

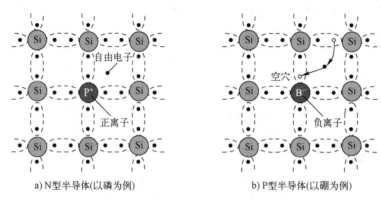

a) N型半导体(以磷为例)　　　　　　b) P型半导体(以硼为例)

图 4-3　杂质半导体

3. 温度的影响

综上所述，杂质半导体的掺杂浓度越高，意味着多子浓度越高，导电能力也越强。不过，杂质半导体中还存在着因本征激发产生的少子，它们对温度非常敏感，当温度改变时，少子浓度将发生显著变化，直接对半导体器件的性能造成影响。

4.1.3　PN 结

PN 结是各种半导体器件的核心基础。所谓 PN 结，是指 P 型半导体和 N 型半导体的交界区域。

1. PN 结的形成

如图 4-4a 所示，在 P 型半导体和 N 型半导体的交界面，P 型半导体中的多子（空穴）和 N 型半导体中的多子（自由电子）会因浓度差而向对方区域运动，称为**扩散运动**；交界面两侧就留下了由不能移动的正、负杂质离子构成的**空间电荷区**，即 **PN 结**。

随着扩散运动的进行，空间电荷区不断加宽，其内部将产生一个方向从 N 区指向 P 区的内建电场。显然，这个内建电场会反过来阻碍两侧多子的扩散运动，却又吸引两侧少子向对方区域定向移动，称为**漂移运动**。于是，扩散运动逐渐减弱，漂移运动逐渐加强，当两者达到动态平衡时，空间电荷区（PN 结）的宽度便不再增加。由于上述两种运动所形成的电流方向相反，最终扩散电流和漂移电流相互抵消，使得流过 PN 结的净电流为零。室温下，硅材料 PN 结内建电场的电位差为 $0.5 \sim 0.7\,\mathrm{V}$；锗材料为 $0.2 \sim 0.3\,\mathrm{V}$。

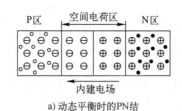

a) 动态平衡时的PN结

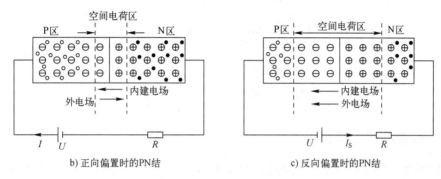

b) 正向偏置时的PN结　　　　　　　　　c) 反向偏置时的PN结

图 4-4　PN 结的单向导电性

2. PN 结的单向导电性

如果在 PN 结两端施加外部电压，动态平衡就被打破了。

（1）PN 结正向偏置　如图 4-4b 所示，当 P 区接高电位、N 区接低电位时，称 PN 结外加正向电压或 PN 结**正向偏置**。此时外电场将两侧的多子推向空间电荷区，中和了内部的正、负杂质离子，使 PN 结变得极窄，多子的扩散运动大大占优，在电源电压作用下，扩散运动将连续不断地进行，形成回路电流。这个在 PN 结正向偏置时形成的回路电流称为**正向电流**，由于 PN 结的导通结压降只有零点几伏，因此必须串联限流电阻 R，防止 PN 结因正向电流过大而损坏。

（2）PN 结反向偏置　如图 4-4c 所示，当 P 区接低电位，N 区接高电位时，称 PN 结外加反向电压或 PN 结**反向偏置**。此时外电场让两侧的多子远离空间电荷区，从而留下更多的正、负杂质离子，使 PN 结加宽，少子的漂移运动占优，两侧少子可以顺利地穿越变宽了的 PN 结，形成回路电流。这个在 PN 结反向偏置时形成的回路电流称为**反向电流**，但由于少子的数目极少，即使施加很大的反向电压令所有的少子都参与漂移运动，反向电流也非常小，因此又称为**反向饱和电流**，记作 I_S，在实际工程计算中，I_S 经常忽略不计。

（3）PN 结的单向导电性　正向偏置时，PN 结的结压降很小，电流得以通过，称为**正向导通**；反向偏置时，PN 结上流过的电流近似为零，称为**反向截止**。这就是 PN 结的**单向导电性**。各种半导体器件的工作原理都是以 PN 结的单向导电性为基础的。

4.2 二极管

半导体器件是构成电子电路的基本器件，分立半导体器件主要包括二极管、晶体管和场效应晶体管等。这里首先讨论二极管。

将 PN 结封装起来并加上电极引线，就是二极管（Diode）。二极管有两个电极（称为管脚或引脚），一个由 P 区引出，称为阳极或正极；另一个由 N 区引出，称为阴极或负极。二极管的结构和电路符号如图 4-5 所示。

a) 结构　　　　　　　　　　b) 电路符号

图 4-5　二极管的结构和电路符号

4.2.1　二极管的伏安特性

元器件的伏安特性是指这个元器件自身端电压和端电流之间的关系，一般表现为函数关系式或曲线。既然二极管内部是一个 PN 结，那么它的伏安特性就可以近似用 PN 结的伏安特性来描述。半导体理论分析证明，PN 结的端电流 i 与端电压 u 之间的函数关系为

$$i = I_S (e^{\frac{u}{U_T}} - 1) \tag{4.2-1}$$

式中，I_S 是 PN 结的反向饱和电流；U_T 是温度的电压当量，$U_T = kT/q$，k 是玻尔兹曼常数，T 是热力学温度，q 是电子的电荷量，常温下 U_T 通常取 26 mV。

显然 i 和 u 之间不满足欧姆定律，二极管（PN 结）是非线性器件。

伏安特性透彻地描述了二极管的外部特性。当 $u \gg U_T$ 时，式（4.2-1）可简化为

$$i \approx I_S e^{\frac{u}{U_T}} \tag{4.2-2}$$

这实际上是二极管正向偏置时的扩散电流，i 随正向电压 u 呈指数规律变化，当 $u<0$ 时，式（4.2-2）可简化为

$$i \approx -I_S \tag{4.2-3}$$

这就是二极管反向偏置时的漂移电流，i 的大小与反向电压 u 几乎无关。

4.2.2　二极管的工作区域和主要参数

如图 4-6a 所示，二极管的工作区域分为正向导通区、反向截止区和反向击穿区。

1. 正向导通区

正向偏置时，正向电流 i 有一个显著的拐点，位于 $u = U_{on}$ 处。当 $u<U_{on}$ 时，i 始终近似为零，只有当 $u>U_{on}$ 后，i 才开始明显增大。U_{on} 称为导通电压，意为需要施加一个这样大小的正向电压才可令二极管明显导通。对于硅管，导通电压约为 0.7 V；对于锗管，导通电压约为 0.3 V。

2. 反向截止区

反向偏置时，如果所施加的反向电压 u 的大小没有超过图 4-6a 中的 U_{BR}，则反向饱和

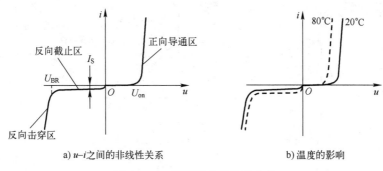

a) u–i 之间的非线性关系   b) 温度的影响

图 4-6 二极管的伏安特性曲线

电流 I_S 很小,二极管截止。

3. 反向击穿区

一旦反向电压 u 的大小超过 U_{BR},反向电流急剧增大,此时二极管被击穿,故 U_{BR} 称为反向击穿电压。普通二极管应尽量避免工作在反向击穿区。

除 U_{on}、I_S 和 U_{BR} 外,二极管的其他参数主要还包括最大整流电流 I_F 和最大反向工作电压 U_R。I_F 是指二极管长期工作时允许通过的最大正向平均电流,实际工作时二极管的正向平均电流不应超过此值,否则将导致管子因过热而损坏;U_R 是指二极管正常工作时允许外加的最大反向电压,超过此值有可能造成二极管反向击穿甚至损坏,U_R 一般规定为 U_{BR} 的 $1/2$。

4.2.3 温度对二极管伏安特性的影响

二极管对温度非常敏感,在分析和设计实际的电子电路时,必须考虑温度对器件性能的影响。如图 4-6b 所示,当温度升高时,二极管正向伏安特性将左移,反向伏安特性将下移;温度降低时变化则相反。定量研究表明,在室温附近,温度每升高 10℃,U_{on} 将减小 $20 \sim 25\,\text{mV}$,I_S 约增大 1 倍。

例 4-1 已知温度为 15℃ 时,PN 结的反向饱和电流 $I_S = 10\,\mu\text{A}$。试求当温度为 35℃ 时,该 PN 结的反向饱和电流 I_S 大约为多少。

解:由于温度每升高 10℃,PN 结的反向饱和电流约增大 1 倍,因此温度为 35℃ 时反向饱和电流为

$$I_S = 10 \times 2^{\frac{35-15}{10}}\,\mu\text{A} = 40\,\mu\text{A}$$

4.2.4 二极管的等效模型

二极管与电阻的简单串联电路如图 4-7a 所示,图中采用了电子电路常用的习惯画法,即只标出电源电压 U_{CC} 对“地”的大小和极性,所谓“地”是指电路的公共端点(参考电位点),电路中任一点的电位都是对“地”而言的。那么,如何求解二极管的端电压 U_D 和端电流 I_D 呢?

由图 4-7a 可知

$$\begin{cases} U_D = U_{CC} - RI_D \\ I_D = I_S(e^{\frac{u_D}{u_T}} - 1) \end{cases} \tag{4.2-4}$$

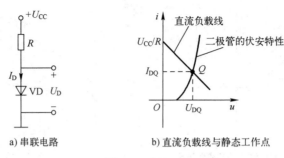

a) 串联电路　　　　　　　　　b) 直流负载线与静态工作点

图 4-7　图解法

由于二极管为非线性器件，式（4.2-4）中含有非线性表达式，求解过程烦琐。实际应用中通常采用如下近似分析法以简化二极管电路的分析。

（1）图解法　即利用二极管的伏安特性曲线，通过作图实现对二极管电路的分析。

将式（4.2-4）中的两个方程画在同一个 $u\text{-}i$ 坐标系中，如图 4-7b 所示，$u = U_{CC} - Ri$ 是一条斜率为 $-1/R$、并过 $(0, U_{CC}/R)$ 的直线，称为**直流负载线**，$i = I_S(e^{\frac{u}{U_T}} - 1)$ 是二极管的伏安特性曲线，两者的交点 Q 就是式（4.2-4）的解，称为**静态工作点**，记作 $Q(U_{DQ}, I_{DQ})$。Q 点处电压和电流的比值称为**静态电阻**（直流电阻）R_D，有

$$R_D = \frac{U_{DQ}}{I_{DQ}} \tag{4.2-5}$$

图解法概念清晰，形象直观，有助于理解电路的工作原理，但只适于定性分析。

（2）等效模型法　即在一定工作条件下，用线性元件构成的等效电路（称为等效模型）代替非线性的二极管，从而将非线性电路分析转换为线性电路分析，这种方法称为等效模型法。等效模型法是一种非常重要的电子电路工程分析方法。

图 4-8a 中，二极管的实际伏安特性（虚线）被两段直线（实线）粗略地替换了。替换后的含义是：$u > 0$ 时二极管导通，且正向压降为零；$u < 0$ 时二极管截止，且反向电流为零。显然，这是一个理想的电子开关，称为**理想模型**。

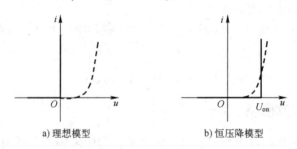

a) 理想模型　　　　　　　　　b) 恒压降模型

图 4-8　等效模型法

图 4-8b 中的两段实线则为**恒压降模型**。其含义是：$u > U_{on}$ 时二极管导通，且正向压降恒为 U_{on}；$u < U_{on}$ 时二极管截止，且反向电流为零。

那么实际电路中应该选用哪个模型呢？

当电源电压 U_{CC} 远大于二极管的导通电压 U_{on} 时，可采用理想模型。此时回路电流为

$$I_{\mathrm{D}} \approx \frac{U_{\mathrm{CC}}}{R}$$

当电源电压不高，忽略 U_{on} 可能带来较大误差时，则应选用恒压降模型（对于硅管，取 $U_{\mathrm{D}} \approx U_{\mathrm{on}} = 0.7\,\mathrm{V}$；对于锗管，取 $U_{\mathrm{D}} \approx U_{\mathrm{on}} = 0.3\,\mathrm{V}$）。此时回路电流为

$$I_{\mathrm{D}} = \frac{U_{\mathrm{CC}} - U_{\mathrm{on}}}{R}$$

理想模型和恒压降模型反映了二极管在正向偏置和反向偏置两种情况下的全部特性，所以也称为大信号模型。它们都是将二极管原来的伏安特性曲线近似为两段直线，只要能够判断当前二极管工作于哪一段直线上（即导通还是截止），就可以用线性电路的分析方法来分析二极管电路了。

例 4-2　理想二极管组成的电路如图 4-9 所示。试判断图中二极管是导通还是截止，并确定各电路的输出电压。

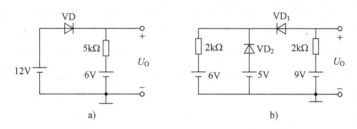

a)　　　　　　　　　　b)

图 4-9　例 4-2 图

解：为确定输出电压，首先必须判断二极管的工作状态，通常采用**假设法**：假设二极管截止，以它的两个电极作为端口，求解端口电压（开路电压）。若该电压使二极管正偏，说明假设不成立，二极管导通；若反偏，说明假设成立，二极管截止。

图 4-9a 所示电路中，假设二极管 VD 截止，则阳极电位为 12 V，阴极电位为 6 V，说明假设不成立，VD 实际上是导通的。根据题意，VD 为理想二极管，故输出电压 $U_{\mathrm{O}} = 12\,\mathrm{V}$。

图 4-9b 所示电路中，假设二极管 VD_1、VD_2 均截止，则 VD_1、VD_2 的阴极电位均为 6 V，而 VD_1 的阳极电位为 9 V、VD_2 的阳极电位为 5 V，注意，当两只二极管的阴极电位相同时，阳极电位更高的管子将优先导通，所以 VD_1 抢先于 VD_2 导通，使得 VD_2 的阴极电位变为 $[2 \times (9-6)/(2+2) + 6]\,\mathrm{V} = 7.5\,\mathrm{V}$，故 VD_2 因反向偏置而截止。输出电压 $U_{\mathrm{O}} = 7.5\,\mathrm{V}$。

例 4-3　图 4-10 所示电路中，设二极管 VD_1、VD_2 的导通压降均为 0.7 V。已知 $U_1 = 12\,\mathrm{V}$，$U_2 = -4\,\mathrm{V}$，试求电流 I_2 的值。

解：假设 VD_1、VD_2 均截止，将两个二极管开路，利用 KCL 方程，有

$$\frac{12 - U_{\mathrm{a}}}{2} = \frac{U_{\mathrm{a}} + 4}{2}$$

故 $U_{\mathrm{a}} = 4\,\mathrm{V}$，说明实际上 VD_1 截止，VD_2 导通。

将 VD_1 开路，VD_2 短路，再次利用 KCL 方程可得

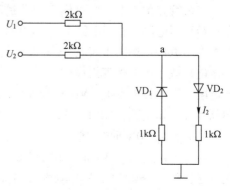

图 4-10　例 4-3 电路图

$$\frac{12-U_a}{2} = \frac{U_a+4}{2} + \frac{U_a-0.7}{1}$$

故 $U_a = 2.35\,\text{V}$，则

$$I_2 = \frac{U_a-0.7}{1} = \frac{2.35-0.7}{1000}\,\text{A} = 1.65\,\text{mA}$$

4.2.5 二极管的基本应用

二极管的核心是一个 PN 结，PN 结的最突出特性是单向导电性，因此二极管也具有单向导电性，这一特性使它在模拟电路和数字电路中都获得了广泛应用，下面介绍几种常见的应用电路。

1. 限幅电路

利用二极管的单向导电性可限制信号的振幅，这就是所谓的限幅电路。

图 4-11a 所示为一种简单的限幅电路，假设输入信号 u_i 为正弦波，二极管的导通电压 $U_{on} \approx 0.7\,\text{V}$，由图可见，当 $u_i > 0.7\,\text{V}$ 时，VD_1 导通、VD_2 截止，$u_o \approx 0.7\,\text{V}$；当 $u_i < -0.7\,\text{V}$ 时，VD_2 导通、VD_1 截止，$u_o \approx -0.7\,\text{V}$；当 $-0.7\,\text{V} \leq u_i \leq 0.7\,\text{V}$ 时，VD_1、VD_2 均截止，$u_o \approx u_i$。u_i、u_o 波形如图 4-11b 所示，无论 u_i 振幅如何变化，u_o 始终被限制在 $\pm 0.7\,\text{V}$ 以内。

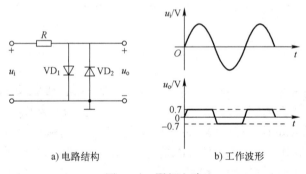

a) 电路结构　　　　　　b) 工作波形

图 4-11　限幅电路

限幅电路常接在集成运算放大器的输入端，目的是限制集成运算放大器的输入电压，防止过高的输入电压造成器件损坏。

2. 逻辑门电路

二极管在数字电路中可用于构造逻辑门电路。逻辑门电路是指能够实现逻辑运算的电路，简称门电路。在门电路中，人们对输入端和输出端的电位做出一定的逻辑规定，例如 3 V 左右的高电位用逻辑 1 表示，0 V 左右的低电位用逻辑 0 表示。在这样的规定下，图 4-12a 所示电路就是由二极管组成的"与"门电路，图中 A 和 B 是输入端，Y 是输出端，R 是限流电阻。设二极管 VD_1、VD_2 的导通电压 $U_{on} \approx 0.7\,\text{V}$，根据输入信号 u_A、u_B 的取值组合，共包括 4 种工作情况，如图 4-12b 所示。

当 $u_A = u_B = 0\,\text{V}$ 时，VD_1、VD_2 同时导通，故 $u_Y \approx 0.7\,\text{V}$。

当 $u_A = 0\,\text{V}$、$u_B = 3\,\text{V}$ 时，由于 VD_1、VD_2 阳极电位相同，因此阴极电位更低的 VD_1 将优先导通，故 $u_Y \approx 0.7\,\text{V}$，$VD_2$ 则因反向偏置而截止。

当 $u_A = 3\,\text{V}$、$u_B = 0\,\text{V}$ 时，同理，VD_2 优先导通，故 $u_Y \approx 0.7\,\text{V}$，$VD_1$ 因反向偏置而截止。

u_A	u_B	u_Y		A	B	Y
0V	0V	0.7V		0	0	0
0V	3V	0.7V		0	1	0
3V	0V	0.7V		1	0	0
3V	3V	3.7V		1	1	1

a) 电路　　　　　　b) 输入端和输出端的电位　　　　　　c) 真值表

图 4-12　"与"门电路

当 $u_A = u_B = 3\,V$ 时，VD_1、VD_2 同时导通，故 $u_Y \approx 3.7\,V$。

可见，只要有一个输入为低电位，输出就为低电位；只有当两个输入端都为高电位时，输出才为高电位。按照逻辑 1 代表 3V 左右高电位、逻辑 0 代表 0V 左右低电位的规定，图 4-12b 可"翻译"为图 4-12c，称为**真值表**，该表反映 $Y = A \cdot B$ 的"**与逻辑**"关系。

4.2.6　特殊二极管

除普通二极管外，利用 PN 结的特性还可以制作不同功能的二极管。这些二极管具有某项特殊的性质，适用于特殊的场合，例如稳压二极管、发光二极管、光电二极管等。

1. 稳压二极管

（1）稳压二极管的电路符号和伏安特性　稳压二极管的电路符号、伏安特性曲线和实物如图 4-13 所示。

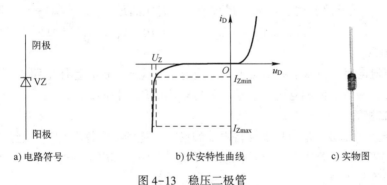

a) 电路符号　　　　　　b) 伏安特性曲线　　　　　　c) 实物图

图 4-13　稳压二极管

由图可见，稳压二极管的正向特性与普通二极管类似，但反向击穿特性十分陡峭。当反向电压超过某一特定值 U_Z 时，反向电流急剧增大而两端的端电压几乎不变，此时稳压二极管工作在反向击穿区。稳压二极管工作在反向击穿区时具有良好的稳压作用，可以将端电压稳定在 U_Z 上，U_Z 称为稳定电压。

稳压二极管击穿后，为确保其能够正常工作，反向击穿电流 I_Z 必须满足

$$I_{Zmin} < I_Z < I_{Zmax} \qquad (4.2-6)$$

式中，I_{Zmin} 是最小稳定电流，I_{Zmax} 是最大稳定电流。如果 $I_Z < I_{Zmin}$，稳压二极管将不能正常稳压；如果 $I_Z > I_{Zmax}$，稳压二极管则可能因电流过大而损坏。

（2）稳压二极管的工作原理　稳压二极管之所以具有上述稳压特性，是因为其 P 区和 N 区的杂质掺杂浓度很高，因而空间电荷区的正、负离子密度很大，但 PN 结很窄，所以只

要在外部施加不大的反向电压就可以形成很强的电场，直接破坏共价键，使价电子脱离共价键束缚，产生电子-空穴对，于是反向电流急剧增大，即 PN 结击穿，这种击穿称为**齐纳击穿**。

齐纳击穿是可逆的，前提是保证反向击穿发生后，反向电流和反向电压的乘积不超过 PN 结所允许的耗散功率。

（3）稳压二极管的主要参数

1）稳定电压 U_Z。U_Z 是稳压二极管反向击穿后的稳定电压值。由于制造工艺的分散性，同一型号的稳压二极管的稳定电压可允许有一定的变化范围。

2）稳定电流 I_{DZ}。I_{DZ} 是稳压二极管工作在稳压状态时的参考电流。当反向击穿电流低于此值时，稳压效果变差，故又记作 I_{Zmin}。

（4）稳压二极管的基本应用 简单的稳压电路可以采用稳压二极管实现，如图 4-14 所示，只需将负载与稳压二极管并联即可。

例 4-4 已知图 4-14 所示电路中，输入电压 U_I 为 25 V，稳压二极管 VZ 的 $U_Z = 10$ V，$I_{Zmin} = 10$ mA，$I_{Zmax} = 60$ mA。试问：

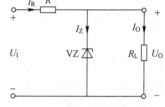

图 4-14 稳压二极管稳压电路

如果要求最大负载电流 I_O 为 10 mA，那么 R 应如何选取？

解：由图 4-14 可见，稳压二极管的反向击穿电流为

$$I_Z = \frac{U_I - U_Z}{R} - I_O$$

当 $I_O = 0$（负载开路）时，I_Z 获得最大值，此时应满足 $I_Z < I_{Zmax} = 60$ mA，即 $R > 250 \Omega$；当 $I_O = 10$ mA 时，I_Z 获得最小值，此时应满足 $I_Z > I_{Zmin} = 10$ mA，即 $R < 750 \Omega$。因此，R 的取值范围为 $250 \sim 750 \Omega$。

R 称为**限流电阻**。由以上分析可见，限流电阻是稳压二极管稳压电路必不可少的组成部分，它与稳压二极管之间相互配合，达到稳定输出电压的目的。

2. 发光二极管

发光二极管（LED）是一种能够将电能转换为光能的半导体器件，广泛应用于各种指示灯、七段数码管、大屏幕矩阵式显示器以及照明设备中，其电路符号如图 4-15 所示。

发光二极管与普通二极管一样，具有单向导电性。当对其施加正向电压使得正向电流足够大（10~30 mA）时，管子便会发光，发光颜色取决于所用材料，亮度则与正向电流成正比。需要注意的是，发光二极管的开启电压比普通二极管大，为 1.5~2.0 V。

图 4-15 发光二极管的电路符号

3. 光电二极管

光电二极管是一种能够将光能转换为电能的半导体器件。图 4-16 所示为光电二极管的电路符号和伏安特性。

光电二极管同样具有单向导电性，但其正常工作时却应当施加反向电压。无光照时，只有很小的反向饱和电流，称为暗电流；有光照时，因光激发而产生大量的自由电子-空穴对，形成较大的反向电流，称为光电流。当光电流大于几十微安后，其数值大小与照度之间即可形成良好的线性关系，这种特性被广泛用于遥控、报警以及光电传感器中。

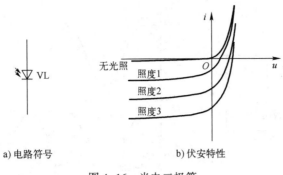

a) 电路符号   b) 伏安特性

图 4-16　光电二极管

4.3　直流稳压电源

目前电力系统供给的大多是交流电，但在某些场合却需要直流电，例如电解工业、直流电动机和大多数电子设备等。除利用干电池、蓄电池和直流发电机等获得直流电外，目前广泛采用的方法是使用可将交流电变换为直流电的直流稳压电源。

4.3.1　直流稳压电源的组成

电子电路及设备一般都需要稳定的直流电源供电，直流稳压电源可将电网电压（220 V，50 Hz 的交流电压）变换为稳定且大小合适的直流电压。直流稳压电源一般由电源变压器、整流电路、滤波电路和稳压电路组成，如图 4-17 所示。

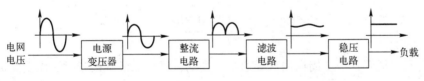

图 4-17　直流稳压电源的组成

直流稳压电源中，电源变压器将电网电压变换为适合整流的低压交流电压输出，一般为十几伏到几十伏；整流电路将低压交流电压变换为单向脉动电压；滤波电路可滤除整流后单向脉动电压中的高频成分，得到比较平滑的直流电压输出；稳压电路能进一步去除滤波后直流电压中残存的交流成分，并保证输出的直流电压不受电网电压波动和负载变化的影响，可以稳定地输出直流电压。

4.3.2　整流电路

整流是指将交流电转换成直流电，完成这一转换的电路称为整流电路。

现以如图 4-18a 所示的单相桥式整流电路为例来说明整流电路的工作原理，它是目前应用最为广泛的整流电路，图中由 4 个二极管 $VD_1 \sim VD_4$ 构成桥式结构，也称为整流桥。在分析整流电路的工作原理时，可将二极管当作理想二极管来处理。

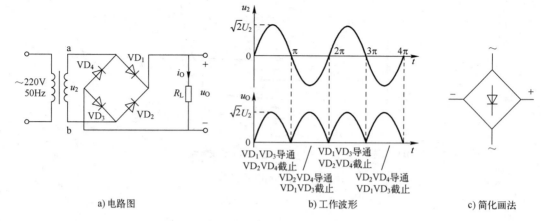

a) 电路图　　　　　　　　　　b) 工作波形　　　　　　　　c) 简化画法

图 4-18　单相桥式整流电路

在 u_2 正半周，a 端电位高于 b 端电位，故 VD_1、VD_3 导通，VD_2、VD_4 截止，电流路径为 a 端 $\rightarrow VD_1 \rightarrow R_L \rightarrow VD_3 \rightarrow$ b 端，电流方向自上而下，$u_0 = u_2 = \sqrt{2}\,U_2\sin\omega t$；在 u_2 负半周，b 端电位高于 a 端电位，VD_2、VD_4 导通，VD_1、VD_3 截止，电流路径为 b 端 $\rightarrow VD_2 \rightarrow R_L \rightarrow VD_4 \rightarrow$ a 端，电流方向仍然自上而下，$u_0 = -u_2 = -\sqrt{2}\,U_2\sin\omega t$，$u_0$ 的波形如图 4-18b 所示。u_0 为单一方向的直流电压，且整个周期内都有输出波形。

单相桥式整流电路的输出电压平均值 U_0 为

$$U_0 = \frac{1}{\pi}\int_0^\pi \sqrt{2}\,U_2\sin\omega t\,\mathrm{d}(\omega t) = \frac{2\sqrt{2}}{\pi}U_2 = 0.9U_2 \qquad (4.3-1)$$

负载电流 i_0 的平均值 I_0 为

$$I_0 = \frac{U_0}{R_L} = \frac{0.9U_2}{R_L} \qquad (4.3-2)$$

由于每只二极管在一个周期内只导通半个周期，每只二极管截止时所承受的最大反向电压也等于 $\sqrt{2}\,U_2$。

单相桥式整流电路有时也用图 4-18c 所示的简化画法表示，交流电压接 "~" 引脚，"+" 和 "-" 引脚引出整流后的直流电压。

4.3.3　滤波电路

整流电路输出的是脉动的直流电压，而大多数电子电路或设备需要的是平滑的直流电压，因此整流电路之后，还需接入滤波电路以滤除高频成分。滤波电路通常有电容滤波、电感滤波、LC 滤波及 RC 滤波等多种形式，其中电容滤波是最常见、最简单的。

图 4-19a 所示为带电容滤波的桥式整流电路。一开始，u_2 按正弦规律从 0 开始上升，二极管 $VD_1 \sim VD_4$ 均反向截止，电容 C 经 R_L 放电，电容两端电压 u_C 按指数规律从初始电压开始下降，即图 4-19b 中的 ab 段；一旦 $u_2 > u_C$，VD_1、VD_3 导通，u_2 经二极管向电容 C 充电，u_C 随 u_2 升高到峰值 $\sqrt{2}\,U_2$，即图 4-19b 中的 bc 段；到达峰值后，起初 u_2 按正弦规律下降速度慢，u_C 按指数规律下降速度快，VD_1、VD_3 仍导通，$u_C = u_2$，即图 4-19b 中的 cd 段；随后 u_2

下降速度越来越快，u_C 下降速度变慢，当 $u_2 < u_C$ 时，VD_1、VD_3 反向截止，电容又经 R_L 放电，即图 4-19b 中的 de 段；电容周而复始地重复进行上述充、放电过程，负载 R_L 上即得到如图 4-19b 中实线所示的输出电压波形。

滤波电路的效果主要取决于电容 C 的放电时间常数 τ（$\tau = R_L C$），$R_L C$ 越大，放电过程越缓慢，输出电压 U_0 越大，滤波效果越好。为了得到平滑的负载电压，一般取

$$R_L C \geqslant (3 \sim 5) \frac{T}{2} \tag{4.3-3}$$

式中，T 是 u_2 的周期。

空载时输出电压的平均值 U_0 为

$$U_0 = \sqrt{2}\, U_2 \tag{4.3-4}$$

经理论推导，有负载时输出电压的平均值 U_0 近似为

$$U_0 \approx 1.2 U_2 \tag{4.3-5}$$

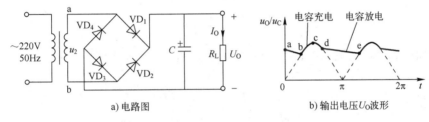

a) 电路图　　　　　　　　　　　b) 输出电压 U_0 波形

图 4-19　带电容滤波的桥式整流电路

例 4-5　在图 4-19a 所示电路中，已知变压器二次电压的有效值 U_2 为 10 V。若测得的输出电压平均值 U_0 分别为 14 V、12 V、9 V 和 7 V，试说明哪种测量结果是正常的，并对不正常的结果进行故障分析。

解：图 4-19a 所示单相桥式整流滤波电路正常工作时，$U_0 \approx 1.2 U_2 = 12 \text{ V}$，因此 14 V、9 V 和 7 V 是不正常的。

若 $U_0 = 14 \text{ V}$，即 $U_0 \approx \sqrt{2}\, U_2$，电容没有放电回路，说明负载开路。

若 $U_0 = 9 \text{ V}$，即 $U_0 = 0.9 U_2$，这是单相桥式整流电路的输出电压，说明电容开路。

若 $U_0 = 7 \text{ V}$，即 $0.45 U_2 < U_0 < 0.9 U_2$，说明单相桥式整流电路中有整流二极管开路。

4.3.4　稳压二极管稳压电路

整流电路和滤波电路将交流电转换成了比较平滑的直流电，但实际上这个直流输出电压仍然会随着电网电压和负载电流的波动而波动，因此通常还需接入稳压二极管稳压电路，如图 4-20 所示。

图 4-20 中，U_I 是单相桥式整流滤波电路的输出，稳压二极管稳压电路由稳压二极管 VZ 和限流电阻 R 组成，负载 R_L 并联在稳压二极管两端，输出电压 U_0 等于稳压二极管的稳定电压 U_Z，可知

$$\begin{cases} U_I = R I_R + U_0 \\ I_R = I_Z + I_0 \end{cases} \tag{4.3-6}$$

稳压电路稳压的过程如下：当 R_L 一定时，若 U_I 增大，则 U_Z 和 U_0 增大。稳压二极管电

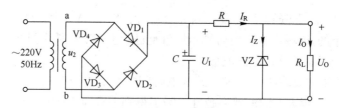

图 4-20　带稳压二极管稳压电路的直流稳压电源

压 U_Z 只要少许增大，电流 I_Z 就会急剧增大，会使电流 I_R 也显著增大，那么 R 上压降 RI_R 的增大量会大于 U_I 的增大量，从而使 U_O 减小，达到稳定 U_O 的目的；当 U_I 一定时，若 R_L 减小，I_O 增大，会使 I_R 也增大，R 上压降增大，那么 U_Z 减小，I_Z 会急剧减小，I_Z 的减小量大于 I_O 的增大量，使得 I_R 几乎不变，达到稳定 U_O 的目的。

可见，限流电阻 R 是稳压二极管稳压电路必不可少的组成部分，当电网电压波动或者负载电流变化时，通过调节 R 上的压降，达到稳定输出电压的目的。式（4.3-6）可整理成

$$I_Z = I_R - I_O = \frac{U_I - U_O}{R} - I_O \tag{4.3-7}$$

要使稳压二极管正常工作，式（4.3-7）中 I_Z 需要满足式（4.3-6），因此可得 R 的取值范围为

$$\frac{U_{Imax} - U_Z}{I_{Zmax} + I_{Omin}} < R < \frac{U_{Imin} - U_Z}{I_{Zmin} + I_{Omax}} \tag{4.3-8}$$

例 4-6　图 4-21 所示电路中，稳压二极管 VZ 的稳定电压值 $U_Z = 8\,\text{V}$，最小稳定电流 $I_{Zmin} = 5\,\text{mA}$，最大稳定电流 $I_{Zmax} = 20\,\text{mA}$。试分别计算 U_I 为 10 V 和 30 V 时输出电压 U_O 的值。

解：稳压二极管电路的分析，跟普通二极管电路的分析方法类似。首先断开稳压二极管，看稳压二极管的两端电压，若该电压能使稳压二极管正偏，则稳压二极管导通；若稳压二极管反偏，反偏电压小于稳压值时稳压二极管反向截止，否则稳压二极管反向击穿。判断稳压二极管击穿稳压时，反向击穿电流 I_Z 必须满足式（4.3-7）。

如图 4-21 中，U_I 为正电压，稳压二极管 VZ 反接，因此稳压二极管反偏。

$U_I = 10\,\text{V}$ 时，断开稳压二极管，稳压二极管两端电压 $\dfrac{R_1}{R + R_L}U_I = 5\,\text{V} < U_Z$，稳压二极管反向截止，$U_O = 5\,\text{V}$。

$U_I = 30\,\text{V}$ 时，断开稳压二极管，稳压二极管两端电压为 15 V，大于 U_Z，稳压二极管反向击穿，$U_O = 8\,\text{V}$，稳压二极管击穿电流 $I_Z = \left(\dfrac{30-8}{1000} - \dfrac{8}{1000}\right)\text{A} = 14\,\text{mA}$，介于 I_{Zmin} 和 I_{Zmax} 之间，稳压二极管能安全可靠工作，$U_O = 8\,\text{V}$。

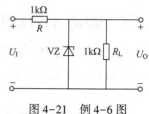

图 4-21　例 4-6 图

习题 4

4-1　在本征半导体中，空穴浓度_____自由电子浓度；在 N 型半导体中，空穴浓度_____自由电子浓度；在 P 型半导体中，空穴浓度_____自由电子浓度。

A. 大于　　　　　　B. 小于　　　　　　C. 等于

4-2　在保持二极管的正向电流不变的条件下，其正向导通电压随温度升高而_____。

A. 增大　　　　　　B. 减小　　　　　　C. 不变

4-3　设二极管的端电压为 U，则二极管的电流方程是_____。

A. $I_S e^U$　　　　　B. $I_S e^{U/U_T}$　　　　　C. $I_S(e^{U/U_T}-1)$

4-4　电路如图 4-22 所示，$u_i = 5\sin\omega t$，二极管可视为理想二极管。分析以下 3 种情况中 u_o 的波形，从 A~D 4 种波形中选择正确答案填空。

(1) $U_{DC} = 10\,\mathrm{V}$，波形如图_____所示。

(2) $U_{DC} = -10\,\mathrm{V}$，波形如图_____所示。

(3) $U_{DC} = 0\,\mathrm{V}$，波形如图_____所示。

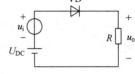

图 4-22　题 4-4 图

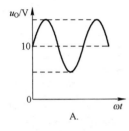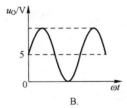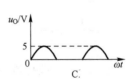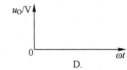

4-5　下列器件中，_____通常工作在反向击穿状态。

A. 发光二极管　　　　B. 稳压二极管　　　　C. 光电二极管

4-6　理想二极管组成的电路如图 4-23 所示，试判断图中各二极管是导通还是截止，并确定各电路的输出电压。

4-7　电路如图 4-24 所示，已知 $u_i = 10\sin\omega t$，二极管的导通电压 $U_D = 0.7\,\mathrm{V}$，试画出 u_o 的波形，并标出振幅。

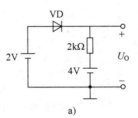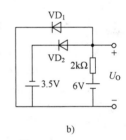

图 4-23　题 4-6 图

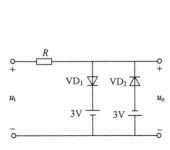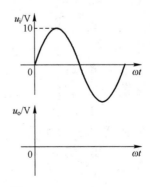

图 4-24　题 4-7 图

4-8　分析图 4-25 电路，填写理想二极管状态和 u_Y 电压值。

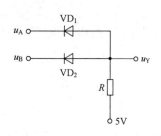

u_A/V	u_B/V	VD$_1$	VD$_2$	u_Y/V
0	0			
0	5			
5	0			
5	5			

图 4-25　题 4-8 图

4-9　已知稳压二极管的稳压值 $U_Z = 6\text{ V}$，稳定电流的最小值 $I_{Zmin} = 5\text{ mA}$。求图 4-26 所示电路中 U_{O1} 和 U_{O2} 各为多少？

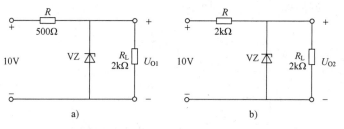

图 4-26　题 4-9 图

4-10　如图 4-27 所示电路，当电路某一参数变化时其余参数不变，选择正确答案填空。

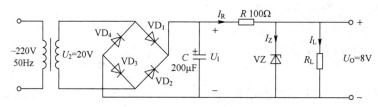

图 4-27　题 4-10 图

（1）正常工作时，$U_I \approx$ _____。

A. 9 V　　　　　　B. 18 V　　　　　　C. 24 V

（2）R 开路时，$U_I \approx$ _____。

A. 18 V　　　　　　B. 24 V　　　　　　C. 28 V

（3）电网电压降低时，I_Z 将_____。

A. 增大　　　　　　B. 减小　　　　　　C. 不变

（4）负载电阻 R_L 增大时，I_Z 将_____。

A. 增大　　　　　　B. 减小　　　　　　C. 不变

第5章 基本放大电路

5.1 双极型晶体管

5.1.1 双极型晶体管的结构和符号

双极型晶体管（Bipolar Junction Transistor，BJT）因有自由电子和空穴两种极性的载流子参与导电，且有 3 个电极而得名，简称晶体管。按照极性区分，晶体管分为两大类，即 NPN 型和 PNP 型，如图 5-1 所示。

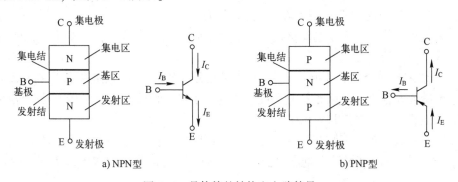

a) NPN型   b) PNP型

图 5-1　晶体管的结构和电路符号

NPN 型晶体管在两个 N 区（集电区和发射区）之间夹有一层 P 区（基区），PNP 型晶体管在两个 P 区（集电区和发射区）之间夹有一层 N 区（基区）。它们都含两个 PN 结，基区与发射区之间的 PN 结称为发射结，基区与集电区之间的 PN 结称为集电结。3 个电极分别从发射区、基区和集电区引出，称为发射极 E（Emitter）、基极 B（Base）和集电极 C（Collector）。

各电极电流分别为发射极电流 I_E、基极电流 I_B 和集电极电流 I_C，NPN 型晶体管的 I_E 是流出的，PNP 型晶体管的 I_E 是流进的。无论哪种管型，均有

$$I_E = I_B + I_C \qquad (5.1\text{-}1)$$

5.1.2 晶体管的电流放大原理

晶体管内部有两个 PN 结，这两个 PN 结的相互作用和影响使得晶体管可以实现电流放大，从而令 PN 结的应用发生了质的飞跃。首先需要说明的是，晶体管的内部并不是对称的，其实际结构要比图 5-1 给出的复杂得多。3 个区域的特点可概括为：发射区掺杂浓度很高，基区很薄且掺杂浓度很低，集电结面积很大。

晶体管的外特性与上述 3 个区域的特点是紧密相关的，下面以 NPN 型晶体管为例说明

晶体管的电流放大原理，如图 5-2 所示，U_{BB} 为基极电源，U_{CC} 为集电极电源，R_B 和 R_C 分别为基极电阻和集电极电阻。

1. 内部载流子运动

（1）发射区向基区注入大量非平衡少子　由图 5-2 可见，在 U_{BB} 作用下，发射结因正向偏置而变薄，由于发射区掺杂浓度很高，所以有大量的自由电子扩散到基区，形成电子电流 I_{EN}。为了与基区原有的少子（自由电子）相区别，将这部分扩散到基区的自由电子称为**非平衡少子**（基区原有的本征激发产生的少子，称为**平衡少子**）。与此同时，基区空穴也向发射区扩散，但基区掺杂浓度很低，形成的空穴电流 I_{EP} 非常小，近似分析时可忽略不计。从外部电流看，$I_E = I_{EN} + I_{EP} \approx I_{EN}$。

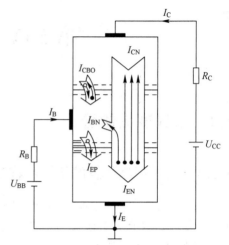

图 5-2　晶体管的电流放大原理

（2）基区空穴与极少数非平衡少子相复合　由于基区很薄且掺杂浓度很低，因而在穿越基区的过程中，只有极少数非平衡少子与基区的空穴发生复合，被复合掉的空穴则由 U_{BB} 源源不断地补充，形成复合电流 I_{BN}。

（3）其余未被复合的非平衡少子由集电区充分收集　此时，如果集电结为反向偏置，则由于集电结面积很大，基区未被复合的非平衡少子可以很顺利地穿过集电结，漂移到集电区，被充分地收集，形成漂移电流 I_{CN}。

需要说明的是，集电区和基区的平衡少子也同时参与漂移运动，形成电流 I_{CBO}，方向与 I_{CN} 相同，称为集电极-基极反向饱和电流。因此从外部电流看（空穴电流 I_{EP} 非常小），$I_C = I_{CN} + I_{CBO}$，$I_B = I_{BN} + I_{EP} - I_{CBO} \approx I_{BN} - I_{CBO}$。

2. 外部电流分配

在图 5-2 中，晶体管的结构、参数一旦确定，其基区宽度及掺杂浓度就确定了，那么非平衡少子在基区被空穴复合的比例就是确定的，通常表示为

$$\bar{\beta} = \frac{I_{CN}}{I_{BN}} \tag{5.1-2}$$

$\bar{\beta}$ 称为直流电流放大系数，即漂移电流 I_{CN} 与复合电流 I_{BN} 的比值。也就是说，由发射区注入到基区的非平衡少子中，每被空穴复合掉一个，就同时有 $\bar{\beta}$ 个穿过集电结被集电区收集。将 $I_{CN} = I_C - I_{CBO}$ 和 $I_{BN} \approx I_B + I_{CBO}$ 代入式（5.1-2），有

$$\bar{\beta} = \frac{I_C - I_{CBO}}{I_B + I_{CBO}}$$

整理可得

$$I_C = \bar{\beta} I_B + (1 + \bar{\beta}) I_{CBO} = \bar{\beta} I_B + I_{CEO} \tag{5.1-3}$$

式中，I_{CEO} 是**穿透电流**，就是当 $I_B = 0$（基极开路）时，在 U_{CC} 作用下集电极和发射极之间形成的电流。

小功率硅晶体管的 I_{CEO} 小于 1 微安，小功率锗晶体管的 I_{CEO} 小于几十微安，近似分析时 I_{CEO} 一般可忽略不计，故有

$$I_{\mathrm{C}} \approx \bar{\beta} I_{\mathrm{B}} \qquad\qquad (5.1\text{-}4)$$

$$I_{\mathrm{E}} = I_{\mathrm{B}} + I_{\mathrm{C}} \approx (1+\bar{\beta}) I_{\mathrm{B}} \qquad\qquad (5.1\text{-}5)$$

5.1.3　晶体管的工作区域

从晶体管的放大原理可以看出，无论哪一种管型，也无论管子怎样连接，只要保证发射结正偏、集电结反偏，其内部载流子的传输过程都是相同的，都具有电流放大作用，称晶体管工作在放大区。除此之外，如果对晶体管的两个 PN 结施加其他方式的偏置，还会令晶体管处于其他工作区域，呈现出不同的外部特性，概括如下（设发射结导通电压为 U_{on}，管压降为 U_{CE}）：

（1）放大区　发射结正偏（$|U_{\mathrm{BE}}| = U_{\mathrm{on}}$），集电结反偏（$|U_{\mathrm{CE}}| > U_{\mathrm{on}}$）。

在这个区域，$I_{\mathrm{C}} \approx \bar{\beta} I_{\mathrm{B}}$，$I_{\mathrm{E}} \approx (1+\bar{\beta}) I_{\mathrm{B}}$，晶体管能够实现近似线性的电流放大。即只要设法在基极引脚上产生一个微小电流，就可在集电极或发射极引脚上获得较大电流。

（2）饱和区　发射结正偏（$|U_{\mathrm{BE}}| = U_{\mathrm{on}}$），集电结正偏（$|U_{\mathrm{CE}}| < U_{\mathrm{on}}$）。

在这个区域，集电结对基区非平衡少子的收集能力减弱，即发射有余而收集不足，使得 $I_{\mathrm{C}} < \bar{\beta} I_{\mathrm{B}}$；相应的管压降称为饱和管压降 $U_{\mathrm{CE,sat}}$，$U_{\mathrm{CE,sat}}$ 的数值很小，因此集电极 C 与发射极 E 之间近似短路。

（3）截止区　发射结反偏（或者虽然正偏但小于导通电压，即 $|U_{\mathrm{BE}}| < U_{\mathrm{on}}$），集电结反偏（$|U_{\mathrm{CE}}| > U_{\mathrm{on}}$）。

在这个区域，由于发射结不导通，因而基极电流 $I_{\mathrm{B}} = 0$，集电极电流 $I_{\mathrm{C}} = I_{\mathrm{CEO}} \approx 0$，集电极 C 与发射极 E 之间近似断路。

根据上述不同工作区域的特点，晶体管的基本应用有两种：一是放大信号，二是开关。放大应用时，晶体管工作在放大区，多用于模拟电路；开关应用时，晶体管工作在饱和区和截止区，多用于数字电路。

为使晶体管正常工作，必须给晶体管的两个 PN 结加上合适的直流电压，或者说，两个 PN 结必须有合适的偏置。因为每个 PN 结可以有两种偏置方式（正偏和反偏），所以两个 PN 结共有 4 种偏置方式，从而导致晶体管有 3 种不同的工作状态，见表 5-1。

表 5-1　晶体管的 3 种偏置方式

发射结偏置方式	集电结偏置方式	晶体管的工作区域
正偏	反偏	放大区
正偏	正偏	饱和区
反偏	反偏	截止区

在模拟电子技术中，晶体管常作为放大器件使用，因此晶体管除具有实现放大的内部结构条件外，还必须有实现放大的外部条件，即保证**发射结正偏**，**集电结反偏**。要实现该外部条件，NPN 管 3 个电极的电位关系应是集电极电位 U_{C} 最高，基极电位 U_{B} 次之，发射极电位 U_{E} 最低，即 $U_{\mathrm{C}} > U_{\mathrm{B}} > U_{\mathrm{E}}$，PNP 管 3 个电极的电位关系则应和 NPN 管正好相反，即 $U_{\mathrm{C}} < U_{\mathrm{B}} < U_{\mathrm{E}}$。

5.1.4　晶体管的伏安特性和主要参数

将图 5-2 所示的 NPN 管的内部结构用电路符号替代，并增加 4 只测试仪表，用于测试

输入电压 U_{BE}、输入电流 I_B、输出电压 U_{CE} 以及输出电流 I_C，即可得到如图 5-3 所示的晶体管伏安特性曲线测试电路，测得的晶体管伏安特性曲线是输入特性和输出特性，下面分别加以讨论。

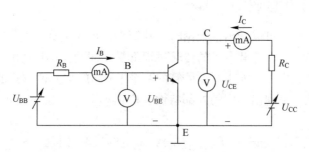

图 5-3　晶体管伏安特性曲线测试电路

1. 输入特性

晶体管的输入特性是指当管压降 U_{CE} 不变时，基极电流 i_B 与发射结电压 u_{BE} 之间的函数关系，即

$$i_B = f(u_{BE})\,|_{U_{CE}=常数} \tag{5.1-6}$$

由于每一个确定的 U_{CE}，都对应一条 $i_B = f(u_{BE})$ 曲线，所以输入特性是一族曲线，如图 5-4a 所示，曲线与 PN 结的伏安特性相似，呈指数关系。以 $U_{CE} = U_{on}$（集电结零偏）的那条曲线为界，分析如下：

随着 U_{CE} 的增大，集电结转为反向偏置，收集基区非平衡少子的能力增强，导致基区参与复合运动的非平衡少子减少，而在相同的 U_{BE} 作用下，发射区向基区注入的自由电子的数量不变，故 I_B 减小，曲线右移。实际上对于确定的 U_{BE}，当 U_{CE} 增大到一定数值后，集电结的电场已足够强，可以将绝大部分非平衡少子都收集到集电区，因而即便再增大 U_{CE}，I_B 也几乎不变了，所以当 U_{CE} 超过一定数值后，曲线不再明显右移而是基本重合。

反之，随着 U_{CE} 的减小，集电结转为正向偏置，出现发射有余而收集不足的情形，导致多余的非平衡少子在基区和集电区的边界堆积，增加了它们与基区空穴复合的机会，基极复合电流增大。因此在相同的 U_{BE} 作用下，I_B 增大，曲线左移。

测试表明，晶体管一旦导通，即使 I_B 在一个相当宽广的范围内变化，U_{BE} 也只在 U_{on} 左右做微小变化，可认为硅管的发射结正向压降约为 0.7 V 左右，锗管约为 0.3 V 左右。

2. 输出特性

晶体管的输出特性是指当基极电流 I_B 不变时，集电极电流 i_C 与管压降 u_{CE} 之间的函数关系，即

$$i_C = f(u_{CE})\,|_{I_B=常数} \tag{5.1-7}$$

对于每一个确定的 I_B，同样都有一条对应的 $i_C = f(u_{CE})$ 曲线，所以输出特性也是一族曲线，如图 5-4b 所示，晶体管的 3 个工作区域见图中标注。

（1）截止区　即 $I_B = 0$ 以下的区域。当 $I_B = 0$ 时，$I_C = I_{CEO} \approx 0$。

（2）放大区　即虚线以右的区域。在这个区域，集电极电流几乎仅取决于基极电流而与管压降无关，也就是说基极电流表现出了对集电极电流的控制作用。如果基极电流在 I_B 的基础上叠加动态电流 i_b，则集电极电流将在 I_C 基础上叠加动态电流 i_c，i_c 与 i_b 之比称为

交流电流放大系数，记作 β，即

$$\beta \approx \frac{i_c}{i_b} \qquad (5.1\text{-}8)$$

理想情况下，当基极电流等差变化时，输出特性会是一族横轴的等距离平行线，这说明若穿透电流 I_{CEO} 忽略不计，则可以认为 $\beta \approx \bar{\beta}$。因此，本书在今后的近似分析中不再对晶体管在某一直流量下的 $\bar{\beta}$ 和在此基础上叠加动态信号时的 β 加以区分，而统一用 β 表示。

另外需要指出的是，当晶体管工作在放大区时，若 I_B 不变，i_c 实际上随 u_{CE} 的增加而有所增加，也就是说输出特性的每条曲线都是微微上翘的，称为基区宽度调制效应。这是因为随着集电结上反向电压的增加，集电结变得更宽，导致基区宽度相应减小，基区内非平衡少子的复合机会减小，因而 β 增大，集电极电流增大。

（3）饱和区　即虚线以左的区域。此时各条曲线陡直上升，且几乎重叠在一起，表明基极电流对集电极电流失去控制作用，集电极电流不仅与基极电流有关，还随着管压降的增大而迅速增大。这是因为当晶体管处于饱和状态时，其集电结已转为正向偏置，对电子的收集作用减弱，I_C 不能再随 I_B 而线性增长。不过一旦管压降稍有增加，集电结收集电子的能力就明显增强，所以集电极电流受管压降的影响较大，曲线很陡。

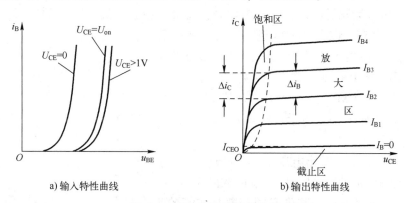

a) 输入特性曲线　　　　b) 输出特性曲线

图 5-4　晶体管伏安特性曲线

例 5-1　测得某电路中各晶体管的电极电位如图 5-5 所示，试判断管子的工作状态（饱和、放大、截止或已损坏）。

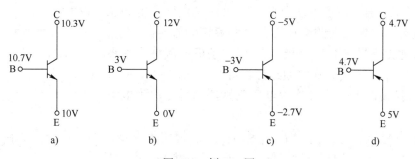

图 5-5　例 5-1 图

解：图 5-5a 中，NPN 管的 $U_{BE}=0.7\,V$，且 $U_B>U_C$，说明发射结和集电结均正偏，故晶体管处于饱和状态。

图 5-5b 中，NPN 管的 $U_{BE} = 3\,V$，远大于正常的发射结导通电压 U_{on}，说明发射结已断路，晶体管损坏。

图 5-5c 中，PNP 管的 $U_{EB} = 0.3\,V$，且 $U_C < U_B$，说明发射结正偏，集电结反偏，故晶体管处于放大状态。

图 5-5d 中，PNP 管的 $U_{EB} = 0.3\,V$，且 $U_C = U_B$，说明发射结正偏，集电结零偏，故晶体管处于临界饱和（临界放大）状态。

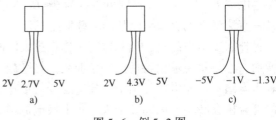

例 5-2 测得放大状态下晶体管各个电极的对地静态电位如图 5-6 所示，试判断各晶体管的类型（NPN 型、PNP 型、硅管、锗管），并注明电极 E、B、C 的位置。

图 5-6 例 5-2 图

解： 根据题意，晶体管处于放大状态，故发射结正偏、集电结反偏。那么对于 NPN 管，3 个电极电位的关系是 $U_C > U_B > U_E$；对于 PNP 管，则有 $U_E > U_B > U_C$。可见，无论哪种管型，电位居中的电极都是基极；确定基极后，若某个电极与基极之间的电位差值约为 0.7 V 或 0.3 V，说明该电极为发射极，且前者为硅管，后者为锗管；最后剩下的电极必为集电极，若该电极的电位最高，说明为 NPN 管，反之为 PNP 管。

图 5-6a 所示为 NPN 型硅管，从左起依次为 E、B、C。

图 5-6b 所示为 PNP 型硅管，从左起依次为 C、B、E。

图 5-6c 所示为 PNP 型锗管，从左起依次为 C、E、B。

例 5-3 电路如图 5-7 所示。已知 $U_{CC} = 10\,V$，$R_C = 5\,k\Omega$，$\beta = 100$，$U_{BE} = 0.7\,V$，$U_{CES} = 0.2\,V$，I_{CEO} 忽略不计，求：

（1）$R_B = 60\,k\Omega$ 时，输出电压 U_O 的数值。

（2）$R_B = 100\,k\Omega$ 时，输出电压 U_O 的数值。

解： 为确定输出电压，首先必须判断晶体管的工作状态。具体步骤为：

1）判断管子是否导通。当发射结压降大于导通电压时，管子导通，否则截止。

2）若管子导通，再进一步判断是放大还是饱和。饱和状态与放大状态的临界点上的管压降称为临界饱和管压降 U_{CES}，集电极电流称为临界饱和集电极电流 I_{CS}，基极电流称为临界饱和基极电流 I_{BS}。因此只需将通过计算得到的 U_{CE} 与 U_{CES} 或者 I_B 与 I_{BS} 进行比较即可。前者称为电压判别法，后者称为电流判别法。

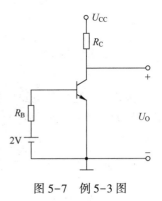

图 5-7 例 5-3 图

所谓电压判别法，是指若 $|U_{CE}| > |U_{CES}|$，说明集电结反偏，管子工作在放大状态；若 $|U_{CE}| < |U_{CES}|$，说明集电结正偏，管子工作在饱和状态。

所谓电流判别法，是指若 $|I_B| < |I_{BS}|$，说明 I_C 尚未达到 I_{CS}，还有随 I_B 的增加而增加的潜力，即管子工作在放大状态；若 $|I_B| > |I_{BS}|$，说明 I_C 已趋于恒流，不能再随 I_B 的增加而增加，即管子工作在饱和状态。这里采用电压判别法进行判别。

（1）当 $R_B = 60\,\text{k}\Omega$ 时，基极电流为

$$I_B = \frac{2 - U_{BE}}{R_B} = \frac{2 - 0.7}{60}\,\text{mA} \approx 0.022\,\text{mA}$$

假设晶体管工作在放大区，则

$$U_{CE} = U_{CC} - \beta I_B R_C = (10\,\text{V} - 100 \times 0.023 \times 5)\,\text{V} = -1.5\,\text{V}$$

即 $U_{CE} < 0.7\,\text{V}$，说明假设不成立，晶体管实际上并不工作在放大区，而是工作在饱和区。因此，$U_0 \approx U_{CE,sat} = 0.2\,\text{V}$。

（2）当 $R_B = 100\,\text{k}\Omega$ 时，基极电流为

$$I_B = \frac{2 - 0.7}{100}\,\text{mA} = 0.013\,\text{mA}$$

假设晶体管处于放大状态，则

$$U_{CE} = (10\,\text{V} - 100 \times 0.013 \times 5)\,\text{V} = 3.5\,\text{V}$$

即 $U_{CE} > 0.7\,\text{V}$，假设成立，晶体管确实工作在放大区，故 $U_0 = U_{CE} = 3.5\,\text{V}$。

5.2　共发射极放大电路

晶体管的一个应用就是构成基本放大电路。而所谓基本放大电路，是指由一个晶体管组成的单管放大电路。

晶体管有三个电极：发射极、基极和集电极。用作四端网络时，任何一个电极都可以作为输入和输出端口的公共端。因此，晶体管有 3 种连接方式，也称 3 种**组态**，如图 5-8 所示。以发射极作为信号输入和输出公共端的电路，称为共发射极电路，即共射组态；以集电极作为信号输入和输出公共端的电路，称为共集电极电路，即共集组态；以基极作为信号输入和输出公共端的电路，称为共基极电路，即共基组态。下面以应用最广泛的共发射极放大电路（简称共射放大电路）为例，说明其工作原理。

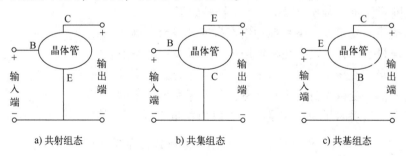

a) 共射组态　　　　b) 共集组态　　　　c) 共基组态

图 5-8　晶体管 3 种组态的示意图

5.2.1　直流分析和交流分析

放大电路中都有两种"源"，如图 5-9 所示，一种是直流电源（大直流），用于为放大电路提供能量，另一种是交流信号源（小交流），是需要被放大的交流小信号（电压或电流）。由于正弦量是最简单

图 5-9　放大电路的两种"源"

的、不能再分解的交流量，并且放大电路一般采用稳态分析方法，所以通常用正弦波来表示放大电路的信号源。

在上述两种"源"的共同作用下，放大电路既不是纯粹的直流电路也不是纯粹的交流电路，而是一种交直流混合电路。其中，仅在直流电源作用下的直流电流所流经的路径称为**直流通路**；而仅在交流信号源作用下的交流电流所流经的路径称为**交流通路**。直流分析又称静态分析，就是根据直流通路求解电路的各项直流参数（静态参数），即静态工作点 Q；交流分析又称动态分析，就是根据交流通路求解电压放大倍数、输入电阻、输出电阻以及最大不失真输出电压等各项交流参数（动态参数）。

在晶体管组成的基本放大电路中，以**共射放大电路**最为常见。典型的单管共射放大电路如图 5-10a 所示，U_{CC} 为直流电源，u_s 为信号源，其内阻为 R_S；u_i 为放大电路的实际输入电压，u_o 为负载上获得的输出电压。电容 C_1 用于连接信号源与放大电路，电容 C_2 用于连接放大电路与负载。这种利用电容连接电路的方式称为**阻容耦合**，起连接作用的电容 C_1、C_2 称为**耦合电容**。

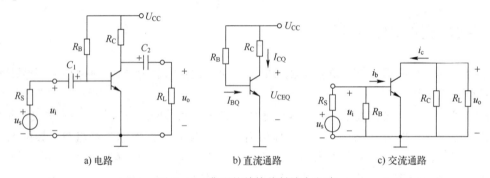

a) 电路　　　　　　　b) 直流通路　　　　　　　c) 交流通路

图 5-10　典型的单管共射放大电路

图 5-10a 说明，在 U_{CC} 和 u_s 的共同作用下，电路中实际的电压或者电流的瞬时值应为直流量与交流量的叠加。为方便标识，统一符号如下：

（1）直流量　变量及其下角标均用大写字母表示，例如 U_{BE}、I_B。

（2）交流量　变量及其下角标均用小写字母表示，例如 u_{be}、i_b。

（3）瞬时量　变量本身为小写字母，下角标为大写字母，例如 u_{BE}、i_{BE}。

（4）有效值　变量本身为大写字母，下角标为小写字母，例如 U_{be}、I_{be}。

（5）相量　当瞬时量为正弦量时，可以用相量来表示，变量本身为大写字母（上方加点），下角标为小写字母，例如 $\dot{U}_o$、$\dot{U}_i$，采用相量形式便于单一频率正弦信号作用下电路的计算。

u_i 尚未加入时，仅有直流电源 U_{CC} 单独作用，故 u_i 视为短路（$u_i = 0$），C_1、C_2 开路，得到直流通路如图 5-10b 所示，由图可见，只要适当选择元器件参数的值，就可将晶体管偏置在放大区。晶体管的发射结压降、管压降、基极电流和集电极电流这 4 个直流参数合称晶体管的**静态工作点 Q**，分别记作 U_{BEQ}、U_{CEQ}、I_{BQ} 和 I_{CQ}。

u_i 加入后，针对交流信号而言，U_{CC} 上不产生交流压降，故 U_{CC} 相当于交流接地点，同时 C_1、C_2 对交流信号均可视为短路，于是得到交流通路如图 5-10c 所示，由图可见，信号从基极输入，从集电极输出，因此发射极是输入、输出回路的公共电极，这种连接方式即**共**

射组态。

交流通路是不能单独运行的，其成立的前提是假设电路已有合适的静态工作点 Q，以保证在 u_i 的整个周期内晶体管始终在放大区。

5.2.2　共发射极放大电路的工作原理

假设图 5-11 所示电路中的参数和晶体管的特性能保证晶体管工作在放大区，下面阐述共发射极放大电路的工作原理。

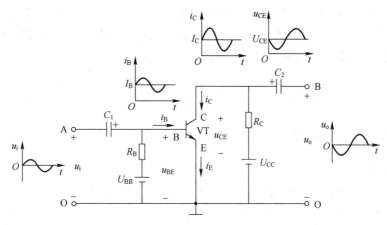

图 5-11　共发射极放大电路

当输入信号 $u_i = 0$ 时，放大电路中只有直流信号，放大电路的输入端 AO 等效为短路。这时，C_1 与发射结并联，C_1 两端的直流电压 $U_{C1} = U_{BE}$，极性为**左负右正**。同理，C_2 两端的电压 $U_{C2} = U_{CE}$，极性为**左正右负**。

当输入信号加入放大电路时，输入的交流电压 u_i 通过电容 C_1 加在晶体管的发射结上，因此发射结上的瞬时电压 u_{BE} 是在原来直流分量 U_{BE} 的基础上叠加一个正弦交流分量 u_i，即

$$u_{BE} = U_{BE} + u_i \tag{5.2-1}$$

式（5.2-1）表明晶体管发射结上的电压是直流电压和交流电压的叠加，也就是说这是在直流信号基础之上叠加了一个交流信号。

在 u_{BE} 的作用下，基极电流 i_B 为

$$i_B = I_B + i_b \tag{5.2-2}$$

由于晶体管集电极电流 i_C 受基极电流 i_B 的控制，根据 $i_C = \beta i_B$，则有

$$i_C = \beta I_B + \beta i_b = \beta I_B + i_c \tag{5.2-3}$$

式中，i_c 是被放大了的集电极交流电流，i_c 将在电阻 R_C 上产生一个交变电压 u_{ce}，且

$$u_{ce} = -i_c R_C \tag{5.2-4}$$

显然，u_{ce} 与 i_c 变化方向相反。

从图 5-11 可以看出集电极和发射极之间的电压 u_{CE} 为

$$u_{CE} = U_{CE} + u_{ce} = U_{CC} - i_c R_C \tag{5.2-5}$$

由式（5.2-5）可知，u_{CE} 与 i_c 的变化方向也相反。

瞬时电压 u_{CE} 中的交流分量经电容 C_2 耦合到放大电路的输出端，于是在输出端得到一个

被放大了的交流电压 u_o，该电压为

$$u_o = u_{CE} = -i_C R_C \qquad (5.2\text{-}6)$$

通过上述分析可知，晶体管会对输入信号的变化量进行放大，即在输入端添加一个微小的变化量，通过基极电流对集电极电流的控制作用，在输出端得到一个被放大了的变化量，此过程中放大部分的能量由直流电源提供。晶体管各电极的电压、电流波形如图 5-11 所示。

需放大的输入信号 u_i 从电路的 A、O 两点（称为放大电路的输入端）输入，放大电路的输出电压 u_o 由 B、O 两点（称为放大电路的输出端）输出。输入端的交流电压 u_i 通过电容 C_1，加到晶体管的发射结，从而引起基极电流 i_B 的变化。i_B 的变化使集电极电流 i_C 随之变化。i_C 的变化量在集电极电阻 R_C 上产生压降。集电极电压 $u_{CE} = U_{CC} - i_C R_C$，当 i_C 的瞬时值增加时，u_{CE} 就要减小，所以 u_{CE} 的变化恰与 i_C 相反。u_{CE} 的变化量经过电容 C_2 传送到输出端，成为输出电压 u_o。如果电路参数选择适当，u_o 的振幅将比 u_i 大得多，从而达到放大目的。

5.2.3 共发射极放大电路的分析

1. 静态分析

根据直流通路的画法，得到图 5-10a 所示电路的直流通路，如图 5-10b 所示。由图 5-10b 可见，此时只有直流电源单独作用，称放大电路处于静态（$u_i = 0$），通过合理选择元器件参数，可将晶体管工作在放大区。

静态分析的目的是求解晶体管的**静态工作点 Q**，其中包括 U_{BEQ}、U_{CEQ}、I_{BQ} 和 I_{CQ}。对于图 5-10b 所示直流通路，有

$$I_{BQ} = \frac{U_{CC} - U_{BEQ}}{R_B}$$

$$I_{CQ} \approx \beta I_{BQ} \qquad (5.2\text{-}7)$$

$$U_{CEQ} = U_{CC} - I_{CQ} R_C$$

式中，U_{BEQ} 在近似估算中通常作为已知量，硅管取约 0.7 V，锗管取约 0.3 V。

2. 动态分析

分析放大电路交流参数（电压放大倍数、输入电阻和输出电阻等）的过程称为动态分析或交流分析，通常使用小信号模型分析法。

当输入信号 u_i 加入放大电路后，称放大电路处于动态，为使放大电路能够不失真地放大信号，必须有合适的静态工作点来保证。在此前提条件下，叠加在静态工作点 Q 之上的交流信号的振幅还必须足够小，以保证晶体管的各电极电流和极间电压的方向始终不变，同时保证交流信号之间的线性关系，这就是所谓的"小信号"。此时，晶体管在静态工作点 Q 附近的小范围内可等效为线性的小信号模型，从而可以利用线性电路的分析方法来定量分析放大电路的相关交流参数，人们通常将这种方法称为**小信号模型分析法**或**微变等效电路分析法**。

（1）晶体管的小信号模型 仍以图 5-10 所示电路为例，现将其重画于图 5-12，下面介绍如何将图 5-12b 所示交流通路中的晶体管等效为小信号模型。

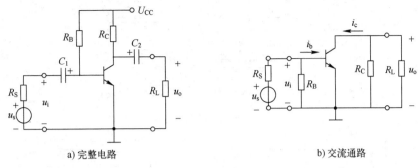

a) 完整电路　　　　　　　　　　　b) 交流通路

图 5-12　原电路

1）B-E 极之间的等效电路。如图 5-13a 所示，交流输入电压为 u_{be}，交流输入电流为 i_b，因此 B-E 极之间可用动态电阻 r_{be} 来近似表示。式（5.2-8）给出了 r_{be} 的定义，r_{be} 的估算如图 5-13b 所示。

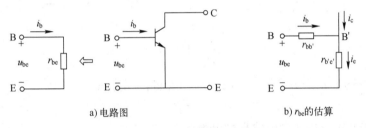

a) 电路图　　　　　　　　　　　b) r_{be} 的估算

图 5-13　B-E 极之间的等效电路

B′ 称为**内基极**，通过 B′ 可将 r_{be} 分成了两个部分：$r_{bb'}$ 为基区体电阻，由于基区掺杂浓度较低，故 $r_{bb'}$ 数值较大，为几十到几百欧姆（如无特别说明，$r_{bb'}$ 一般取 300 Ω）；$r_{b'e'}$ 为发射结动态电阻，即

$$r_{b'e'} \approx \frac{u_{b'e}}{i_e} \approx \frac{U_T}{I_{EQ}} \approx \frac{26\,\text{mV}}{I_{EQ}} \tag{5.2-8}$$

这里忽略了发射区体电阻，因为发射区掺杂浓度高，该区域的等效电阻数值很小。

由图 5-13b 可知

$$u_{be} = i_b r_{bb'} + i_e r_{b'e'} = i_b r_{bb'} + (1+\beta) i_b r_{b'e'}$$

故有

$$r_{be} = \frac{u_{be}}{i_b} = r_{bb'} + (1+\beta) r_{b'e'} = r_{bb'} + r_{b'e} \tag{5.2-9}$$

式中，$r_{b'e}$ 为发射结动态电阻 $r_{b'e'}$ 折算到基极回路的等效电阻，$r_{b'e} = (1+\beta) r_{b'e'}$。

将式（5.2-8）代入式（5.2-9）可得

$$r_{be} = r_{bb'} + (1+\beta) \frac{U_T}{I_{EQ}} \tag{5.2-10}$$

由式（5.2-10）可见，r_{be} 的大小与 I_{EQ}，即 Q 点的位置密切相关，Q 点越高，r_{be} 越小。

2）C-E 极之间的等效电路。如图 5-14a 所示，交流输出电压为 u_{ce}，交流输出电流为 i_c。

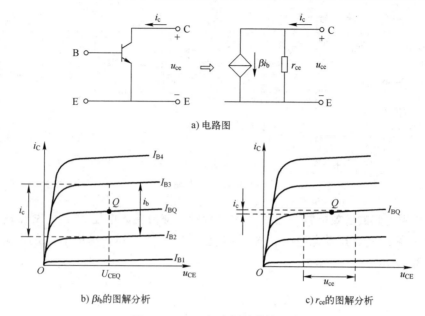

a) 电路图

b) βi_b 的图解分析

c) r_{ce} 的图解分析

图 5-14　C-E 极之间的等效电路

图 5-14b 描述了 $u_{CE} = U_{CEQ}$ 时 i_b 对 i_c 具有的控制作用，即

$$i_c = \beta i_b \qquad (5.2\text{-}11)$$

这种控制关系可以用一个电流控制电流源 βi_b 来表示。

图 5-14c 描述了 $i_B = I_{BQ}$ 时曲线的上翘程度，可以通过 C-E 极之间的动态电阻 r_{ce} 来表示，即

$$r_{ce} = \left. \frac{u_{ce}}{i_c} \right|_{i_B = I_{BQ}} \qquad (5.2\text{-}12)$$

式中，r_{ce} 又称为晶体管的交流输出电阻，对应 $i_B = I_{BQ}$ 这条输出特性曲线 Q 点处切线斜率的倒数，r_{ce} 越大，表示曲线越平坦。

3）简化 H 参数小信号模型。综合图 5-13 和图 5-14，并近似认为曲线平行于横轴，即 $r_{ce} \to \infty$，于是得到晶体管的小信号模型或称简化 H 参数小信号等效模型，如图 5-15 所示。

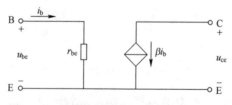

图 5-15　晶体管的简化 H 参数小信号模型

其中，H（即混合，Hybrid）意指 r_{be} 和 βi_b 的参数量纲不同。需要指出的是，由于晶体管的小信号模型是用来描述叠加在直流量之上的交流量之间的依存关系的，与直流量的极性或流向无关，因此图 5-15 所示电路的小信号模型对 NPN 管和 PNP 管都适用。

（2）共发射极放大电路的小信号模型分析法　用简化的晶体管的小信号模型取代图 5-10c 所示电路中的晶体管，即可得到**小信号等效电路**，也称**微变等效电路**，如图 5-16a 所示。

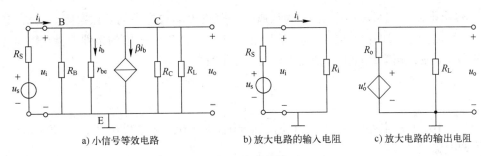

a) 小信号等效电路　　　　b) 放大电路的输入电阻　　　c) 放大电路的输出电阻

图 5-16　小信号模型

下面讨论如何利用该电路定量估算放大电路的主要性能指标。

1) 电压放大倍数（电压增益）。定义电压放大倍数 A_u 是输出电压 u_o 与输入电压 u_i 之比，即

$$A_u = \frac{u_o}{u_i} \tag{5.2-13}$$

因此，A_u 反映了电路电压放大能力的大小。

在图 5-16a 中，有

$$\begin{cases} u_o = -i_c(R_C /\!/ R_L) = -\beta i_b(R_C /\!/ R_L) \\ u_i = i_b r_{be} \end{cases} \tag{5.2-14}$$

故

$$A_u = \frac{-\beta i_b(R_C /\!/ R_L)}{i_b r_{be}} = -\beta \frac{R_C /\!/ R_L}{r_{be}} \tag{5.2-15}$$

式中，负号表示 u_o 与 u_i 反相，这是共射放大电路的特点。

2) 输入电阻。定义输入电阻 R_i 为从放大电路输入端看进去的等效电阻，其值等于输入电压 u_i 与输入电流 i_i 之比，即

$$R_i = \frac{u_i}{i_i} \tag{5.2-16}$$

对图 5-16a 所示电路，有

$$R_i = \frac{i_i(R_B /\!/ r_{be})}{i_i} = R_B /\!/ r_{be} \tag{5.2-17}$$

对于信号源 u_s 来说，它的负载就是放大电路的输入电阻 R_i。因此，**R_i 反映了放大电路获取 u_i 的能力**。由图 5-16b 所示电路可见，经信号源内阻 R_S 和 R_i 分压后，放大电路的实际输入电压为

$$u_i = \frac{R_i}{R_i + R_S} u_s \tag{5.2-18}$$

由此可得源电压放大倍数为

$$A_{us} = \frac{u_o}{u_s} = \frac{u_o}{u_i} \frac{u_i}{u_s} = \frac{R_i}{R_i + R_S} A_u \tag{5.2-19}$$

显然，$|A_{us}|$ 总是小于 $|A_u|$，且 R_i 越大，R_S 对 u_s 的衰减越小，u_i 越接近 u_s，$|A_{us}|$ 也越接近 $|A_u|$。

3）输出电阻。定义输出电阻 R_o 为从放大电路输出端看进去的等效电阻。对 R_o 进行估算时，可令 $u_s = 0$，但保留其内阻 R_S，然后在负载开路（$R_L \to \infty$）的条件下，在输出端外加正弦测试电压 u_t，相应地产生一个测试电流 i_t，则有

$$R_o = \frac{u_t}{i_t} \bigg|_{\substack{u_s = 0 \\ R_L \to \infty}} \tag{5.2-20}$$

在图 5-16a 所示电路中，当 $u_s = 0$ 时，$i_b = 0$，$\beta i_b = 0$，此时断开 R_L，外加测试电压 u_t，产生测试电流 i_t，故

$$R_o = \frac{u_t}{i_t} \bigg|_{\substack{u_s = 0 \\ R_L \to \infty}} = R_C \tag{5.2-21}$$

对于负载 R_L 来说，它的信号源就是放大电路的输出，可等效为开路电压 u_o' 和内阻 R_o 的串联，这个内阻就是放大电路的输出电阻 R_o。因此，R_o **反映了放大电路带负载能力的强弱**。所谓带负载能力，是指放大电路输出量随负载变化而变化的程度，负载变化时输出量的变化越小，放大电路带负载的能力就越强。由图 5-16c 所示电路可见，经 R_o 和 R_L 分压后，放大电路的实际输出电压为

$$u_o = \frac{R_L}{R_L + R_o} u_o' \tag{5.2-22}$$

显然，R_o 越小，当 R_L 变化时对 u_o 产生的影响越小，也就是电路的带负载能力越强。

例 5-4 放大电路如图 5-17a 所示。已知 $R_B = 430\,k\Omega$，$R_C = R_L = 5\,k\Omega$，$R_S = 300\,\Omega$，晶体管的 $U_{BEQ} = 0.7\,V$，$\beta = 50$，$r_{bb'} = 300\,\Omega$。

（1）画出电路的直流通路，并估算电路的静态工作点。

（2）画出电路的交流通路和小信号等效电路，并估算电路的电压放大倍数 A_u、输入电阻 R_i、输出电阻 R_o 和源电压放大倍数 A_{us}。

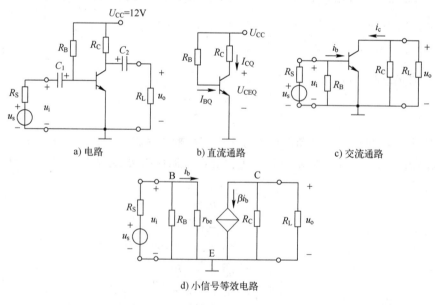

a) 电路　　　　　b) 直流通路　　　　　c) 交流通路

d) 小信号等效电路

图 5-17　例 5-4 图

解：

（1）直流通路如图 5-17b 所示，由图可知，静态工作点 Q 为

$$I_{BQ} = \frac{U_{CC} - U_{BEQ}}{R_B} \approx 26\,\mu A$$

$$I_{CQ} \approx \beta I_{BQ} = 1.3\,mA$$

$$U_{CEQ} = U_{CC} - I_{CQ}R_C = 5.5\,V$$

（2）交流通路和小信号等效电路如图 5-17c、d 所示，由图可知，各项动态参数分别为

$$r_{be} = r_{bb'} + (1+\beta)\frac{U_T}{I_{EQ}} \approx 1.32\,k\Omega$$

$$A_u = -\beta\frac{R_C // R_L}{r_{be}} \approx -94.7$$

$$R_i = R_B // r_{be} \approx 1.32\,k\Omega$$

$$R_o = R_C = 5\,k\Omega$$

$$A_{us} = \frac{R_i}{R_S + R_i}A_u \approx -77.2$$

5.3　晶体管放大电路的三种组态

除共射组态外，晶体管在接入电路时还有共集组态和共基组态，三种组态的组成原则和分析方法完全相同，使用时可根据需求合理选用。前面已经对共射组态进行了详细讨论，下面简要分析另外两种组态。

5.3.1　共集电极放大电路

共集电极放大电路及其直流通路与交流通路分别如图 5-18a、b、c 所示。静态工作点的估算与例 5-4 类似，此处从略。由图 5-18c 所示电路可见，共集组态的输出信号从发射极引出，故又称射极输出器。

共集电极放大电路小信号等效电路如图 5-18d 所示，根据小信号模型分析法，估算动态参数如下：

（1）电压放大倍数

$$A_u = \frac{u_o}{u_i} = \frac{(1+\beta)i_b \times (R_E // R_L)}{r_{be}i_b + (1+\beta)i_b \times (R_E // R_L)} = \frac{(1+\beta)R_L'}{r_{be} + (1+\beta)R_L'} \quad (5.3-1)$$

式中，$R_L' = R_E // R_L$。

通常 $r_{be} \ll (1+\beta)R_L'$，则 $A_u \approx 1$，即 $u_o \approx u_i$，因此共集组态也称为电压跟随器。

需要指出的是，虽然共集组态没有电压放大能力，但输出电流 i_e 远大于输入电流 i_b，因而具有电流放大能力。放大不仅仅是指电压放大，**放大的基本特征是功率放大**，即负载上总是获得比输入信号大得多的电压或电流，也可以兼而有之。

（2）输入电阻

由于

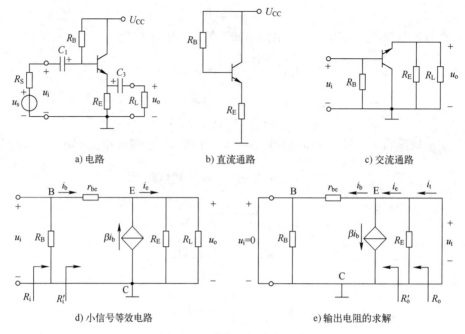

a) 电路　　　　　　　　b) 直流通路　　　　　　　　c) 交流通路

d) 小信号等效电路　　　　　　　　　e) 输出电阻的求解

图 5-18　共集电极放大电路

$$R_i' = \frac{u_i}{i_b} = \frac{i_b r_{be} + (1+\beta) i_b R_L'}{i_b} = r_{be} + (1+\beta) R_L' \tag{5.3-2}$$

故

$$R_i = R_B // R_i' = R_B // [r_{be} + (1+\beta) R_L'] \tag{5.3-3}$$

由式（5.3-3）可见，由于发射极回路电阻 $R_L' = R_E // R_L$ 折算到基极回路时增大了 $(1+\beta)$ 倍，所以共集组态的输入电阻比共射组态大得多。

（3）输出电阻

共集电极放大电路输出电阻的求解如图 5-18e 所示。将 R_L 开路，u_i 短路，然后外加测试电压 u_t，产生测试电流 i_t，同时 u_t 也会在基极回路产生 i_b，故

$$R_o' = \frac{u_t}{i_e} = \frac{i_b r_{be}}{(1+\beta) i_b} = \frac{r_{be}}{1+\beta} \tag{5.3-4}$$

总的输出电阻为

$$R_o = R_E // R_o' = R_E // \frac{r_{be}}{1+\beta} \tag{5.3-5}$$

由式（5.3-5）可见，由于基极回路电阻 r_{be} 折算到发射极回路时减小为原来的 $1/(1+\beta)$，故共集组态的输出电阻很小。

例 5-5　射极输出器如图 5-19a 所示。已知 $R_B = 560\,\text{k}\Omega$，$R_E = 5.6\,\text{k}\Omega$，晶体管的 $\beta = 100$，$r_{be} = 2.7\,\text{k}\Omega$。

（1）画出其交流通路和小信号等效电路。

（2）推导电压放大倍数 A_u、输入电阻 R_i、输出电阻 R_o 的估算公式，说明输出电压 u_o 与输入电压 u_i 的相位关系。

（3）求解 $R_L = 1.2\,\text{k}\Omega$ 时的 A_u、R_i 和 R_o。

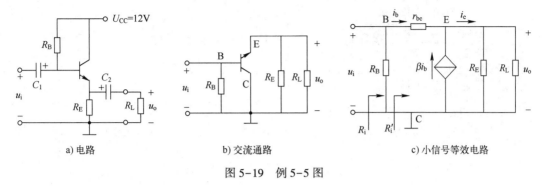

a) 电路　　　　　　b) 交流通路　　　　　　c) 小信号等效电路

图 5-19　例 5-5 图

解：

（1）交流通路和小信号等效电路如图 5-19b、c 所示。

（2）电压放大倍数为

$$A_u = \frac{u_o}{u_i} = \frac{(1+\beta)\,i_b(R_E/\!/R_L)}{r_{be}\,i_b + (1+\beta)\,i_b \times (R_E/\!/R_L)} = \frac{(1+\beta)(R_E/\!/R_L)}{r_{be} + (1+\beta)(R_E/\!/R_L)}$$

且式（5.3-6）说明 u_o 与 u_i 同相。

由于

$$R_i' = \frac{u_i}{i_b} = \frac{i_b r_{be} + (1+\beta)\,i_b(R_E/\!/R_L)}{i_b} = r_{be} + (1+\beta)(R_E/\!/R_L)$$

故
$$R_i = R_B/\!/R_i' = R_B/\!/[\,r_{be} + (1+\beta)(R_E/\!/R_L)\,]$$

又由于
$$R_o' = \frac{r_{be}}{1+\beta}$$

故
$$R_o = R_E/\!/R_o' = R_E/\!/\frac{r_{be}}{1+\beta}$$

（3）当 $R_L = 1.2\,\text{k}\Omega$ 时，各项动态参数分别为

$$A_u = \frac{101 \times (5.6/\!/1.2)}{2.7 + 101 \times (5.6/\!/1.2)} \approx 0.97$$

$$R_i = 560/\!/[\,2.7 + 101 \times (5.6/\!/1.2)\,]\,\text{k}\Omega \approx 86.6\,\text{k}\Omega$$

$$R_o = 5.6/\!/\frac{2.7}{101}\,\text{k}\Omega \approx 0.027\,\text{k}\Omega = 27\,\Omega$$

5.3.2　共基极放大电路

共基极放大电路（简称共基放大电路）及其直流通路与交流通路分别如图 5-20a、b、c 所示。

小信号等效电路如图 5-20d 所示。

（1）电压放大倍数

$$A_u = \frac{u_o}{u_i} = \frac{\beta i_b(R_C/\!/R_L)}{i_b r_{be}} = \beta\frac{R_L'}{r_{be}} \tag{5.3-6}$$

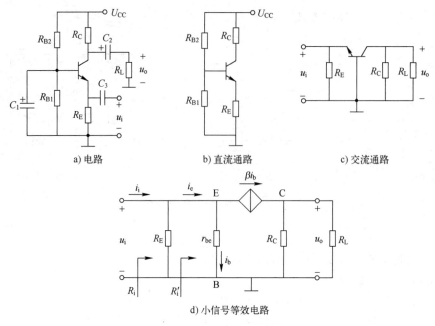

a) 电路　　　　　　　　　b) 直流通路　　　　　　　　c) 交流通路

d) 小信号等效电路

图 5-20　共基极放大电路

式中，$R_L' = R_C // R_L$。

式 (5.3-6) 表明，共基组态具有足够大的电压放大能力，且输出电压与输入电压同相。不过，由于输入电流为 i_e，输出电流为 i_c，因此共基组态没有电流放大能力，属于电流跟随器。

（2）输入电阻

因为

$$R_i' = \frac{u_{eb}}{i_e} = \frac{i_b r_{be}}{(1+\beta)i_b} = \frac{r_{be}}{1+\beta} \tag{5.3-7}$$

所以总的输入电阻为

$$R_i = R_E // R_i' = R_E // \frac{r_{be}}{1+\beta} \tag{5.3-8}$$

由式 (5.3-8) 可见，基极回路电阻 r_{be} 折算到发射极回路时减小为原来的 $1/(1+\beta)$，故共基组态的输入电阻很小。

（3）输出电阻

$$R_o = \frac{u_t}{i_t}\bigg|_{\substack{u_s=0 \\ R_L \to \infty}} = R_C \tag{5.3-9}$$

5.3.3　三种组态电路的性能比较

将共射、共集和共基三种组态电路的性能特点归纳如下：

1）共射组态既能放大电流又能放大电压，输入电阻居中，其输出电阻较大，频带较窄，常作为低频电压放大电路的单元电路。

2）共集组态只能放大电流不能放大电压，具有电压跟随的特点，其输入电阻大、输出电阻小，常作为多级放大电路的输入级和输出级，或者起隔离作用的缓冲级。

3）共基组态只能放大电压不能放大电流，具有电流跟随的特点，其输入电阻小，输出电阻较大，高频特性好，常用于宽频带放大电路。

5.4　场效应晶体管概述

场效应晶体管（Field Effect Transistor，FET）是电子电路中另一种重要的三端器件。场效应晶体管与晶体管有许多相似的地方，既可以用于小信号放大，也可以作为电子开关使用；同时场效应晶体管又具有许多和晶体管互补的特性，而且其与生俱来的高输入阻抗还使它在某些应用场合中更优于晶体管。

5.4.1　场效应晶体管的类型与符号

场效应晶体管也有 3 个电极，即源极 S（Source）、栅极 G（也叫门极 Gate）以及漏极 D（Drain），分别与晶体管的发射极 E、基极 B 以及集电极 C 相对应。此外，场效应晶体管还有 1 个衬底引脚 B，通常与源极 S 相连。

按基本结构分，场效应晶体管有结型（Junction Field Effect Transistor，JFET）和绝缘栅型（Insulated Gate Field Effect Transistor，IGFET）两大类，其中 IGFET 又称 MOS 管（Metal-Oxide-Semiconductor Field Effect Transistor，MOSFET）。尽管 JFET 比 MOS 管出现得早，但是目前 MOS 管的应用范围已经远远超过了 JFET，因此本书主要介绍 MOS 管。MOS 管按导电沟道分，可分为 N 沟道和 P 沟道；按导电沟道是否事先存在，又分为增强型和耗尽型。MOS 管的名称和电路符号如图 5-21 所示。

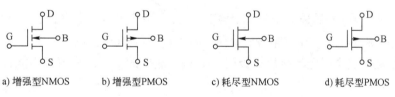

a) 增强型NMOS　　　b) 增强型PMOS　　　c) 耗尽型NMOS　　　d) 耗尽型PMOS

图 5-21　MOS 管的名称和电路符号

电路符号中的虚线表示事先不存在导电沟道，即增强型；实线表示事先就存在导电沟道，即耗尽型。箭头指向沟道的为 N 沟道型；箭头背向沟道的为 P 沟道型。

5.4.2　MOS 管的结构

MOS 管由导体、绝缘体和杂质半导体 3 层材料叠加而成，该结构的主要作用是在杂质半导体表面感应出与原来掺杂类型相反的载流子，从而形成导电沟道。这里以增强型 MOS 管为例。

增强型 NMOS 管的纵向剖面如图 5-22a 所示。在 P 型衬底上制作两个高掺杂的 N^+ 型区（源区和漏区），并分别引出源极 S 和漏极 D；衬底引出 B 极；栅极 G 一般由高掺杂的多晶硅（不良导体）构成。此外，一层薄 SiO_2（称为栅氧化层）将栅极与衬底相隔离，使栅极处于绝缘状态，栅极电流基本为零。也正因如此，高掺杂多晶硅的使用对 MOS 管的性能是无影响的，并在工艺实现上有利于保证 MOS 管具有良好的电学特性。

增强型 PMOS 管则是在 N 型衬底上制作两个 P$^+$型区（源区和漏区）和隔离栅极，如图 5-22b 所示，其工作原理与 NMOS 管完全相同，只不过导电沟道类型相反，电压极性不同而已。

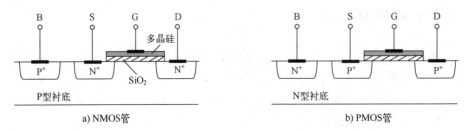

图 5-22 增强型 MOS 管的纵向剖面示意图

由图 5-22 可见，栅极为控制极，源区和漏区之间为导电沟道。源区和漏区是对称的，可以互换，当这两个区之间有电流流过时，导电沟道中的载流子必然从一端流向另一端，因此将提供载流子的一端称为源，收集载流子的一端称为漏。对于 NMOS 管而言，漏极电流从漏极流进、源极流出，漏极电位不低于源极电位；对于 PMOS 管则相反。当栅极、源极和漏极这 3 个电极之间加电后，栅极和衬底之间形成了以栅氧化层（二氧化硅）为介质的等效电容器结构，这个电容器结构是 MOS 管的核心，极间电压所产生的电场效应将会按照某种方式对导电沟道施加影响，从而控制漏极电流（源极电流）的大小，使管子呈现出不同的特性，这也是场效应晶体管名称的由来。

5.4.3 MOS 管的阈值电压

图 5-23a 中，在栅-源极电压 U_{GS} 的作用下，介质中产生了一个垂直于半导体表面的、由栅极指向 P 型衬底的电场。由于绝缘层很薄，即使 U_{GS} 只有几伏，也可产生高达 $10^5 \sim 10^6$ V/cm 数量级的强电场。这个强电场排斥栅极附近 P 型衬底中的空穴，只留下不能移动的负离子，形成耗尽层。

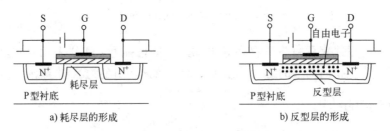

图 5-23 增强型 NMOS 管的导电沟道

图 5-23b 中，随着 U_G 的上升，上述电场将排斥更多的空穴，使得耗尽层厚度增加，同时吸引 N$^+$区的自由电子到达绝缘层下方的衬底表面，当这个区域聚积了足够数量的自由电子时，就形成一个 N 型薄层，称为反型层。反型层把同为 N$^+$型的源区和漏区连为一体，从而构成了从漏极到源极的导电沟道，此时的 U_{GS} 称为**开启电压**，记作 $U_{GS,th}$。可见，对于增强型 NMOS 管，欲使管子导通，所加 G_{GS} 必须为正值，且 $U_{GS} \geq U_{GS,th}$。

PMOS 管的导通现象类似于 NMOS 管，但所有极性都是相反的，如图 5-24 所示。只要 U_{GS} 足够"负"，在栅氧化层和 N 型衬底之间就会形成一个由空穴组成的连接漏-源极的 P 型导电沟道，因此其开启电压 $U_{GS,th}$ 为负值。

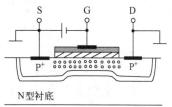

图 5-24　增强型 PMOS 管的导电沟道

由此可见，所谓增强型 MOS 管就是在 $U_{GS}=0$ 时没有导电沟道，必须依靠 U_{GS} 的作用生成导电沟道的 MOS 管。那么，如果制造 NMOS 管（PMOS 管）时在栅氧化层中掺入大量的正离子（负离子），则即使 $U_{GS}=0$，漏区和源区之间也存在原始反型层，而只有当 U_{GS} 为某个负值（正值）时，原始反型层才会消失，此时的 U_{GS} 称为**夹断电压**，记作 $U_{GS,off}$，这类 MOS 管就是耗尽型 MOS 管。

综上所述，根据 $U_{GS}=0$ 时导电沟道是否存在，MOS 管分为增强型和耗尽型两种。开启电压 $U_{GS,th}$ 是增强型 MOS 管特有的参数，夹断电压 $U_{GS,off}$ 则是耗尽型 MOS 管特有的参数。开启电压或夹断电压都可称为 MOS 管的**阈值电压**，有时统一记作 U_T，不过应注意与温度的电压当量 U_T 相区别。

5.4.4　场效应晶体管的伏安特性和主要参数

场效应晶体管种类繁多，但由于互补 MOS（简称 CMOS）集成电路技术中全部采用增强型 MOS 管，故这里以增强型 NMOS 管为例对场效应晶体管的伏安特性和主要参数进行讨论。

1. 输出特性

场效应晶体管的输出特性是指当栅-源极电压 U_{GS} 不变时，漏极电流 i_D 与漏-源极电压 u_{DS} 之间的函数关系，即

$$i_D = f(u_{DS})\big|_{U_{GS}=常数} \tag{5.4-1}$$

增强型 NMOS 管的输出特性曲线如图 5-25a 所示，由图可见，场效应晶体管的正常工作区域可分为截止区、恒流区和可变电阻区三个部分。

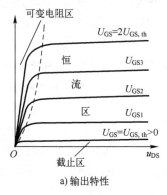

a) 输出特性

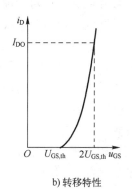

b) 转移特性

图 5-25　增强型 NMOS 管的伏安特性曲线

（1）截止区　该区即 $U_{GS}=U_{GS,th}$ 以下的区域。如前所述，当 $U_{GS}<U_{GS,th}$ 时，导电沟道不存在，即使在漏区和源区之间施加 u_{DS}，漏极电流 i_D 也基本为零，管子截止。

（2）可变电阻区　当 $U_{GS} \geq U_{GS,th}$ 后，两个 N^+ 区被连通，导电沟道形成。此时若 $u_{DS} = 0$，则栅极与沟道中各点之间的电位差处处相等，因此沟道厚度处处相等，图 5-23b 描述的正是这种情形。但由于 $u_{DS} = 0$，沟道内的电子不会产生定向运动，故漏极电流 i_D 仍然为零。需要指出的是，MOS 管一旦形成了导电沟道，即使在无电流流过时也可以认为是导通的。

当 $u_{DS} > 0$ 时，沟道内的电子将产生定向运动，形成 i_D，方向为从漏极流向源极。由于从漏极到源极电位不断降低，使得栅极与沟道中各点之间的电位差不再相等，于是沟道厚度将变得不再均匀，如图 5-26a 所示。其中，栅极与源极之间的电位差最大，为 U_{GS}，故此处的导电沟道最厚；栅极与漏极之间的电位差最小，为 $U_{GD} = U_{GS} - u_{DS}$，故此处的导电沟道最薄。

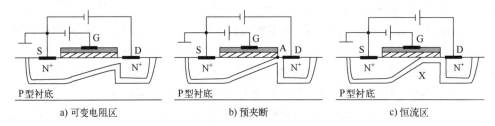

a) 可变电阻区　　　　　　　b) 预夹断　　　　　　　c) 恒流区

图 5-26　增强型 NMOS 管的可变电阻区和恒流区

随着 u_{DS} 的增大，靠近漏极一侧的导电沟道越来越薄，一旦 u_{DS} 增大到使得 $U_{GD} = U_{GS} - u_{DS} = U_{GS,th}$，即 $u_{DS} = U_{GS} - U_{GS,th}$，则该处反型层消失，出现夹断点，称为**预夹断**，如图 5-26b 所示。

预夹断发生前，管子的工作区域就称为可变电阻区。在可变电阻区，导电沟道未被夹断，i_D 将随 u_{DS} 的增大而增大。由于对应每一个不同的 U_{GS}，沟道的厚度是不同的，也都有一条 i_D 随 u_{DS} 变化的曲线，因此输出特性是一族曲线。

（3）恒流区　在预夹断发生后，管子的工作区域称为恒流区。此后若 u_{DS} 继续增大，夹断点将从漏极开始向源极方向移动，从而出现一个夹断区，也就是反型层消失后的耗尽区，如图 5-26c 所示。设夹断区延长至 X 点，则有 $U_{GX} = U_{GS} - u_{XS} = U_{GS,th}$，即 $u_{XS} = U_{GS} - U_{GS,th}$。说明未被夹断的导电沟道上的压降基本维持在 $(U_{GS} - U_{GS,th})$，而 u_{DS} 增大的部分则几乎全部降落在夹断区上，以克服夹断区对漏极电流形成的阻力，所以，尽管 u_{DS} 不断增加，i_D 却基本不变，呈现出恒流特性。此时要想改变 i_D，就只能改变 U_{GS}，因此对应每一条输出特性曲线，都有一个确定的 U_{GS}。

综上所述，$u_{DS} = U_{GS} - U_{GS,th}$ 是可变电阻区与恒流区的分界点，称为预夹断点 A，记作 $u_{DS,A}$，如图 5-26b 所示，即 $u_{DS,A} = (U_{GS} - U_{GS,th})$。$u_{DS} < (U_{GS} - U_{GS,th})$ 的区域为可变电阻区，$u_{DS} > (U_{GS} - U_{GS,th})$ 的区域为恒流区。

2. 转移特性

由于栅极电流为零，故场效应晶体管不存在输入特性，取而代之的是转移特性。转移特性是指在恒流区内漏-源极电压 U_{DS} 不变时，漏极电流 i_D 与栅-源极电压 u_{GS} 之间的函数关系，即

$$i_D = f(u_{GS}) \mid_{U_{DS} = C} \tag{5.4-2}$$

增强型 NMOS 管的转移特性曲线如图 5-25b 所示。由图可见，当 $U_{GS} \geq U_{GS,th}$ 后管子导通，这与前述输出特性是一致的。该曲线可以近似描述为

$$i_D = I_{DO}\left(\frac{u_{GS}}{U_{GS,th}} - 1\right)^2 \tag{5.4-3}$$

式中，I_{DO} 是 $U_{GS} = 2U_{GS,th}$ 时的漏极电流。

3. 其他类型 MOS 管的伏安特性曲线

其他类型 MOS 管的伏安特性不再一一进行分析，为便于比照，将它们全部列于表 5-2。其中 I_{DSS} 为耗尽型 MOS 管当 $U_{GS} = 0$ 时的漏极电流，称为饱和漏极电流。

需要说明的是：第一，表 5-2 中 i_D 的参考方向以流进漏极为正，故曲线位于横轴上方的为 N 沟道管，曲线位于横轴下方的为 P 沟道管；第二，对于耗尽型 MOS 管，其可变电阻区与恒流区的分界线满足

$$u_{DS,A} = U_{GS} - U_{GS,off} \tag{5.4-4}$$

其转移特性曲线可近似描述为

$$i_D = I_{DSS}\left(1 - \frac{u_{GS}}{U_{GS,off}}\right)^2 \tag{5.4-5}$$

表 5-2　不同类型 MOS 管的伏安特性曲线

分　类		电 路 符 号	转换特性曲线	输出特性曲线
增强型	N 沟通	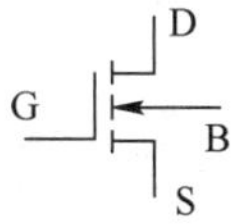	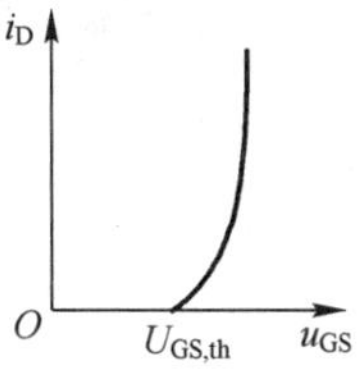	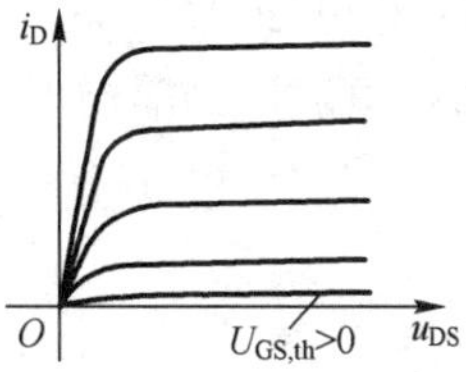
	P 沟通	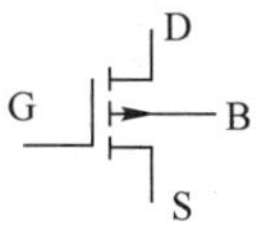	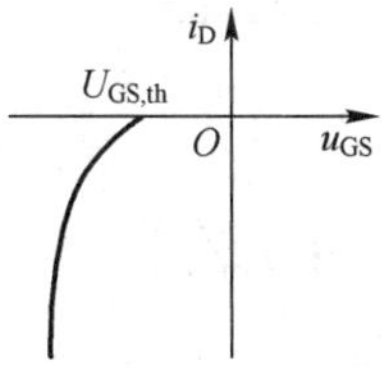	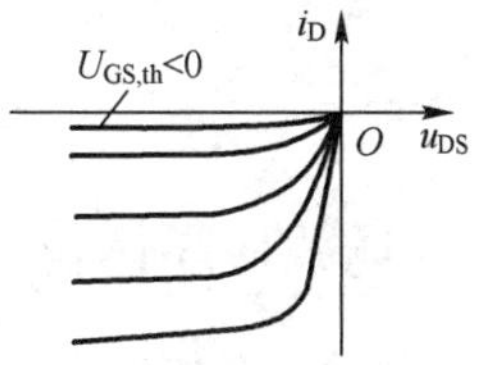
耗尽型	N 沟通	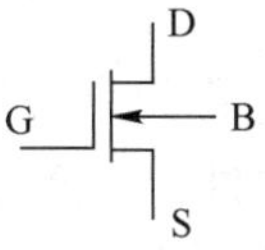	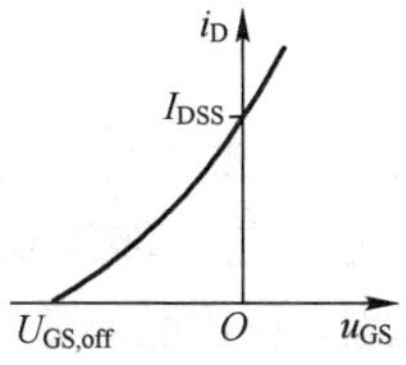	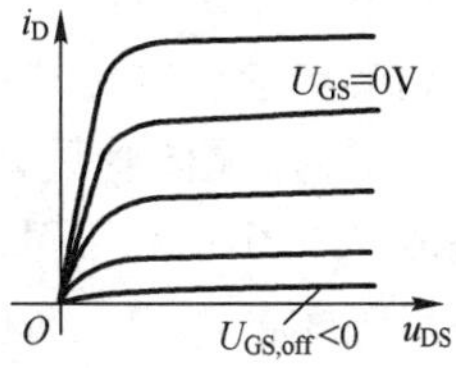
	P 沟通	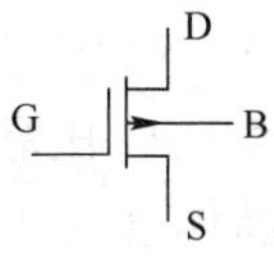	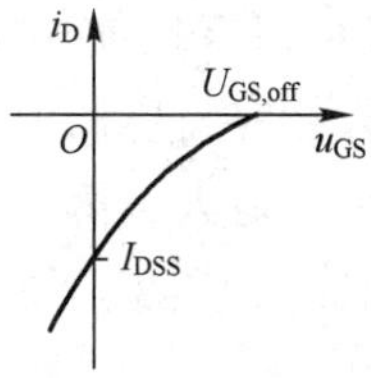	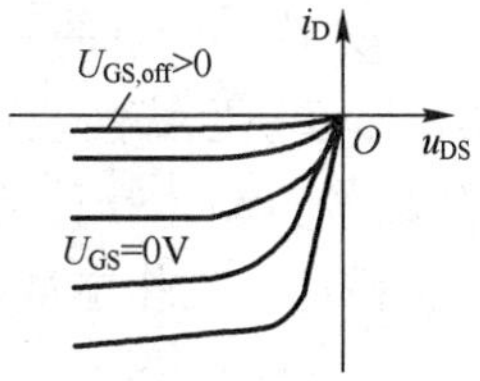

例5-6 已知某 N 沟道耗尽型 MOS 管的夹断电压 $U_{GS,off}=-3\,V$，其三个极①、②和③的电位分别为 4 V、8 V、12 V，试分别判断图 5-27 所示两种情况下该管的工作区域。

解： 该管为 N 沟道耗尽型 MOS 管。

由图 5-27a 可知，$U_G=8\,V$，$U_S=4\,V$，$U_D=12\,V$，故 $U_{GS}=(8-4)\,V=4\,V>U_{GS,off}$，说明管子导通。又 $U_{DS}=(12-4)\,V=8\,V$，$U_{GS}-U_{GS,off}=[4-(-3)]\,V=7\,V$，即 $U_{DS}>U_{GS}-U_{GS,off}$，说明该管工作在恒流区。

由图 5-27b 可知，$U_G=4\,V$，$U_S=8\,V$，故 $U_{GS}<U_{GS,off}$，说明管子截止。

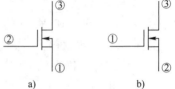

图 5-27　例 5-6 图

例5-7 场效应晶体管电路如图 5-28 所示。已知 $R_D=3\,k\Omega$，$R_G=1\,M\Omega$，当 U_{DD} 逐渐增大时，R_D 两端电压也不断增大，但当 $U_{DD}\geq20\,V$ 后，R_D 两端电压固定为 15 V，不再增大。试求该管的 $U_{GS,th}$ 和 I_{DO}。

解： 该管为增强型 NMOS 管。

根据题意，当 $U_{DD}<20\,V$ 时，随着 U_{DD} 的增大，R_D 两端电压不断增大，说明管子工作在可变电阻区。当 $U_{DD}\geq20\,V$ 后，R_D 两端电压固定为 15 V，说明漏极电流变为恒流，管子进入恒流区。因此，$U_{DD}=20\,V$ 是可变电阻区与恒流区的交界点，即预夹断点 A 的 $u_{DS,A}=5\,V$。由图 5-28 可知，$U_{GS}=10\,V$，则 $U_{GS,th}=U_{GS}-U_{DSS}=5\,V$。

由于恒流区的漏极电流有

$$I_D=\frac{15\,V}{R_D}=\frac{15}{3}\,mA=5\,mA$$

因此可得

$$I_{DO}=\frac{I_D}{\left(\frac{10}{5}-1\right)^2}=5\,mA$$

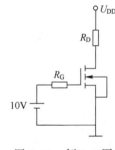

图 5-28　例 5-7 图

5.4.5　场效应晶体管与晶体管的比较

1）场效应晶体管利用栅-源极电压控制漏极电流，栅极基本不取电流，而晶体管的基极总要索取一定的电流。因此，要求输入电阻高的电路应选用场效应晶体管，如果信号源可提供一定的电流，则可选用晶体管。

2）场效应晶体管只有一种载流子（多子）参与导电，称为单极型器件，而晶体管中有两种载流子（多子和少子）同时参与导电，称为双极型器件。由于少子数量易受温度、辐射等外界因素的影响，所以场效应晶体管比晶体管的温度稳定性好，抗辐射能力强。在环境条件变化剧烈的情况下应选用场效应晶体管。

3）场效应晶体管的源极和漏极可以互换使用，互换后特性变化不大，而晶体管的发射极和集电极互换后特性差异很大，只能在特殊需要时才互换，称为倒置状态。

4）场效应晶体管种类多，选择余地大，因而在组成电路时比晶体管灵活，更因工艺简单、功耗低、工作电源电压范围宽等优点，使场效应晶体管成为当今集成电路的主流器件。

5.5　场效应晶体管放大电路

场效应晶体管通过栅-源极电压来控制漏极电流，因此它和晶体管一样能够构成放大电路。由于此类放大电路输入电阻很高，常作为高输入阻抗放大器的输入级。

5.5.1　直流偏置电路及其静态工作点的估算

场效应晶体管用于构成放大电路时，首要解决的问题仍然是直流偏置问题，即如何令场效应晶体管工作在恒流区的某一个合适的静态工作点上。由于栅极电流近似为零，故场效应晶体管不需偏置电流，只需建立合适的栅-源极偏置电压即可。两种常见的直流偏置电路如图 5-29 所示。

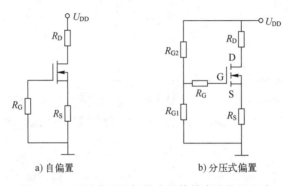

a) 自偏置　　　　　　　　　b) 分压式偏置

图 5-29　两种常见的场效应晶体管直流偏置电路

图 5-29a 所示称为**自偏置**，由图可知

$$U_{GSQ} = U_G - U_S = -R_S I_{DQ}$$

自偏置适合于耗尽型场效应晶体管。

图 5-29b 所示称为**分压式偏置**，由图可知

$$U_{GSQ} = \frac{R_{G1}}{R_{G1}+R_{G2}} U_{DD} - R_S I_{DQ}$$

可见，只要合理选择各个电阻的阻值，就可以使得 U_{GSQ} 为正值、负值或零值，因此分压式偏置适用于所有类型的场效应晶体管。

确定 U_{GSQ} 后，将其代入相应管型的转移特性方程 $i_D = f(u_{GS})|_{U_{DS}=常数}$，即可通过求解二次方程并舍去一个不合理的根的方法来得到 I_{DQ}。

当 U_{GSQ} 和 I_{DQ} 都确定后，由图 5-29 可知

$$U_{DSQ} = U_{DD} - I_{DQ}(R_D + R_S)$$

5.5.2　场效应晶体管放大电路的三种基本组态

组成放大电路时，场效应晶体管的 3 种基本组态与晶体管的 3 种基本组态之间存在着以下对应关系：

共源组态 ←——→ 共射组态

共漏组态 ←——→ 共集组态

共栅组态 ←——→ 共基组态

其交流通路示意如图 5-30 所示。

图 5-30a 中，信号从场效应晶体管的栅极输入，漏极输出，源极是输入、输出回路的公共电极，这种连接方式称为**共源组态**；图 5-30b 中，信号从场效应晶体管的栅极输入，源极输出，漏极是输入、输出回路的公共电极，这种连接方式称为**共漏组态**；图 5-30c 中，信号从场效应晶体管的源极输入，漏极输出，栅极是输入、输出回路的公共电极，这种连接方式称为**共栅组态**。

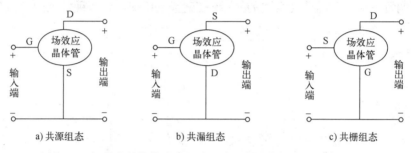

a) 共源组态   b) 共漏组态   c) 共栅组态

图 5-30　场效应晶体管放大电路 3 种基本组态的交流通路示意图

1. 场效应晶体管的小信号模型

当场效应晶体管工作在恒流区时，无论接成哪种组态，只要输入信号足够小，都可以和晶体管放大电路一样，通过小信号模型法进行动态分析。因此，首先必须建立场效应晶体管的小信号模型。

以图 5-31a 所示的增强型 NMOS 管为例。由于栅极电流基本为零，栅-源极之间相当于开路，故等效为开路电压 u_{gs}；漏-源极之间则与晶体管的小信号模型类似，是一个受控电流源 $g_m u_{gs}$ 与一个动态电阻 r_{ds} 的并联电路。小信号模型如图 5-31b 所示。

g_m 称为**跨导**，反映动态情况下栅-源极电压对漏极电流控制作用的强弱。图 5-31c 所示为增强型 NMOS 管 $u_{GS} = U_{GSQ}$ 时的转移特性曲线，所谓 g_m 是指当 $u_{GS} = U_{GSQ}$ 时，i_d 随 u_{gs} 的变化关系，即

$$g_m = \frac{i_d}{u_{gs}}\bigg|_{u_{GS} = U_{GSQ}} \tag{5.5-1}$$

可见，g_m 对应转移特性曲线上 Q 点处切线的斜率，Q 点的位置越高，g_m 越大，表示管子越灵敏，即 u_{gs} 对 i_d 的控制作用越强。g_m 具有电导的量纲，单位为毫西门子（mS，即 mA/V）。

r_{ds} 为漏-源极之间的动态电阻，又称为场效应晶体管的交流输出电阻。对于图 5-31d 所示的输出特性曲线，有

$$r_{ds} = \frac{u_{ds}}{i_d}\bigg|_{u_{DS} = U_{DSQ}} \tag{5.5-2}$$

它对应 $u_{DS} = U_{DSQ}$ 这条输出特性曲线 Q 点处切线斜率的倒数。可见，r_{ds} 与晶体管的 r_{ce} 一样，描述曲线上翘的程度，r_{ds} 越大，曲线越平坦。理想情况下认为曲线平行于横轴，即

$r_{ds} \to \infty$，则漏-源极之间只等效为一个受控电流源。

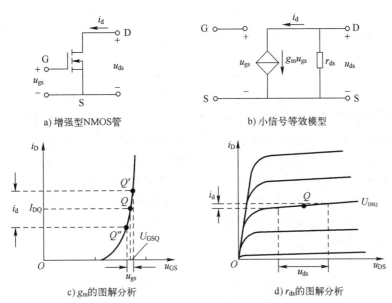

a) 增强型NMOS管　　　　　　　　b) 小信号等效模型

c) g_m的图解分析　　　　　　　　d) r_{ds}的图解分析

图 5-31　场效应晶体管的小信号模型

　　由于场效应晶体管的小信号模型是用来描述叠加在直流量之上的交流量之间的依存关系的，与直流量的极性或流向无关，因此图 5-31b 所示的小信号模型对所有类型的场效应晶体管都适用。

　　对于增强型场效应晶体管，g_m 的估算公式为

$$g_m = \frac{2I_{DO}}{U_{GS,th}} \left(\frac{U_{GSQ}}{U_{GS,th}} - 1 \right) \Bigg|_{u_{DS}=U_{DSQ}} \approx \frac{2}{|U_{GS,th}|} \sqrt{I_{DO}I_{DQ}} \tag{5.5-3}$$

　　对于耗尽型场效应晶体管，g_m 的估算公式为

$$g_m = \frac{2I_{DSS}}{U_{GS,off}} \left(1 - \frac{U_{GSQ}}{U_{GS,off}} \right) \Bigg|_{u_{DS}=U_{DSQ}} \approx \frac{2}{|U_{GS,off}|} \sqrt{I_{DSS}I_{DQ}} \tag{5.5-4}$$

2. 共源放大电路的动态分析

　　分压式偏置的共源放大电路及其交流通路分别如图 5-32a、b 所示。与单管共射放大电路相类似，同样可以通过两种方法分析该电路，即图解分析法和小信号模型分析法，这里主要介绍小信号模型分析法。

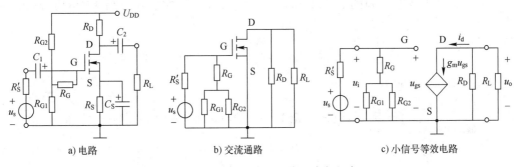

a) 电路　　　　　　　b) 交流通路　　　　　　　c) 小信号等效电路

图 5-32　分压式偏置的共源放大电路

图 5-32c 所示为小信号等效电路，图中采用了 MOS 管的简化模型，即 $r_{ds} \to \infty$。由图可见

$$A_u = \frac{u_o}{u_i} = -\frac{g_m u_{gs}(R_L // R_D)}{u_{gs}} = -g_m(R_L // R_D) = -g_m R'_L \quad (5.5-5)$$

$$R_i = R_G + R_{G1} // R_{G2} \quad (5.5-6)$$

$$R_o = R_D \quad (5.5-7)$$

与共射放大电路类似，共源放大电路具有一定的电压放大能力，且输出电压与输入电压反相，只是共源放大电路的输入电阻比共射放大电路的输入电阻大得多。由式（5.5-6）还可看出，改变 R_G 可以在不影响 R_{G1} 和 R_{G2} 分压的情况下方便地调整输入电阻的数值，例如可以选择较小阻值的 R_{G1} 和 R_{G2} 进行分压，再选择较大阻值的 R_G 来满足输入电阻的要求。

例 5-8 已知图 5-33a 所示放大电路中，场效应晶体管的 $U_{GS,off} = -6\,V$，$I_{DSS} = 5\,mA$，$g_m = 0.82\,mS$，静态漏极电流 $I_{DQ} = 1.2\,mA$，电容器对交流可视为短路。

（1）估算电路的静态工作点 U_{GSQ}、U_{DSQ}。

（2）画出小信号等效电路。

（3）估算电压放大倍数 A_u、输入电阻 R_i 和输出电阻 R_o。

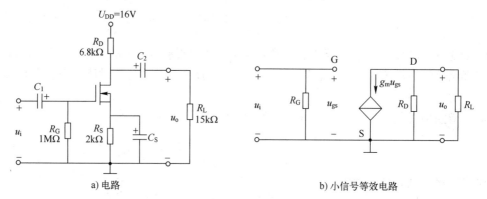

a) 电路   b) 小信号等效电路

图 5-33　例 5-8 图

解：

（1）电路的静态工作点

$$U_{GSQ} = -I_{DQ}R_S = -1.2 \times 2\,V = -2.4\,V$$

$$U_{DSQ} = U_{DD} - I_{DQ}(R_D + R_S) = [16 - 1.2 \times (6.8 + 2)]\,V = 5.44\,V$$

（2）小信号等效电路如图 5-33b 所示（设 $r_{ds} \to \infty$）。则场效应晶体管 Q 点附近的跨导为

$$g_m = \frac{2}{|U_{GS,off}|}\sqrt{I_{DSS}I_{DQ}} = \frac{2}{|-6|}\sqrt{5 \times 1.2}\,mS \approx 0.82\,mS$$

（3）各项动态参数为

$$A_u = \frac{u_o}{u_i} = -g_m(R_D // R_L) = -0.82 \times (6.8 // 15) \approx -3.84$$

$$R_i = R_G = 1\,M\Omega$$

$$R_o = R_D = 6.8\,k\Omega$$

3. 共漏放大电路的动态分析

分压式偏置共漏放大电路及其交流通路分别如图 5-34a、b 所示，图 5-34c 所示为小信号等效电路（设 $r_{ds} \to \infty$）。由图可见

$$A_u = \frac{u_o}{u_i} = \frac{g_m u_{gs}(R_S//R_L)}{u_{gs} + g_m u_{gs}(R_S//R_L)} = \frac{g_m(R_S//R_L)}{1 + g_m(R_S//R_L)} \tag{5.5-8}$$

$$R_i = R_G + R_{G1}//R_{G2} \tag{5.5-9}$$

输出电阻的求解如图 5-34d 所示。将 u_i 短路，R_L 开路并外加测试电压 u_t，产生测试电流 i_t，由于 u_t 会产生 u_{gs}，故受控源 $g_m u_{gs}$ 依然存在，由图可见

$$R_o' = \frac{u_t}{-g_m u_{gs}} = \frac{-u_{gs}}{-g_m u_{gs}} = \frac{1}{g_m} \tag{5.5-10}$$

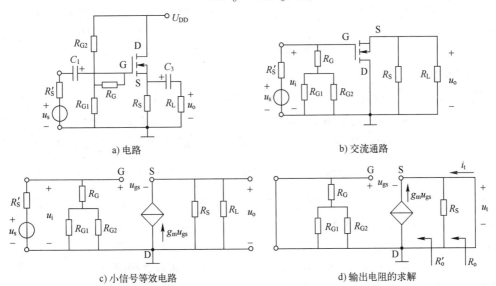

a) 电路　　　　　　　　　　　　b) 交流通路

c) 小信号等效电路　　　　　　　d) 输出电阻的求解

图 5-34　分压式偏置共漏放大电路

故

$$R_o = R_S//R_o' = R_S//\frac{1}{g_m} \tag{5.5-11}$$

与共集组态类似，共漏组态的电压放大倍数小于 1，具有电压跟随的特点，但其输出电阻比共集组态输出电阻大得多，同时又比共源组态输出电阻小得多。

4. 放大电路的功能归纳

根据输出量与输入量之间的大小与相位关系特征，由晶体管或场效应晶体管构成的 6 种组态的基本放大电路可进一步归纳为以下 3 种类型的功能电路。在进行电子电路设计时，应根据功能和技术指标要求选择组态，确定器件，最后设计电路。

（1）反相电压放大器　它包括共射和共源单管放大电路。反相电压放大器的电压增益高，输入电阻和输入电容均较大，适用于多级放大电路的中间级。

（2）电压跟随器　它包括共集和共漏单管放大电路。电压跟随器具有电压跟随的特点，且输入电阻高，输出电阻低，适合阻抗变换，可用于输入级、输出级或缓冲级。

（3）电流跟随器　它包括共基和共栅单管放大电路。电流跟随器具有电流跟随的特点，输入电阻和输入电容小，适用于高频和宽带电路。

5.6　多级放大电路

通过研究分析基本放大电路的主要性能指标可知，不管何种组态的基本放大电路，都不能同时满足放大倍数大、输入电阻大和输出电阻小的设计要求。因此，为满足各种设计需求，必须将两个或多个基本放大电路合理地连接起来，构成两级或多级放大电路。

5.6.1　耦合方式

多级放大电路之间的连接方式称为耦合方式，即信号源与放大电路之间、两级放大电路之间和放大电路与负载之间。对耦合电路的设计要求是：静态设计时保证各级有合适的静态工作点；动态设计时能够不失真地传递信号，使得信号传输的压降损耗小。

1. 阻容耦合

如图 5-35 所示，两级放大电路之间采用耦合电容 C_1、C_2 和 C_3 连接，称为**阻容耦合**。其优点是由于耦合电容的隔直流作用，静态时各级静态工作点互不影响，为电路设计和调试带来了很大的方便。其缺点是低频特性差，不能放大直流信号或变化缓慢的信号。根据电容容抗 $\left(X_C = \dfrac{1}{\omega C}\right)$ 可知，当输入信号频率较低时，电容呈现较大的容抗，使输入信号在电容上有较大的衰减。若选择大容量的电容来达到减小容抗的目的，会使得集成电路的设计很困难，因此阻容耦合不易于电路集成化。

2. 直接耦合

如图 5-36 所示，两级放大电路之间采用直接连接，称为**直接耦合**。其优点是既能放大交流信号，也能放大变化缓慢的信号。由于没有大容量的电容，因此易于集成，在实际使用的集成电路中一般都采用直接耦合。其缺点是各级静态工作点不再彼此独立，而是相互影响，若设计不合理，会使放大电路无法正常工作。因此直接耦合放大电路在设计时，应首先解决级间匹配问题，保证各级都有合适的静态工作点，其次是消除零点漂移问题。

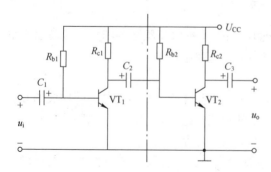

图 5-35　阻容耦合放大电路

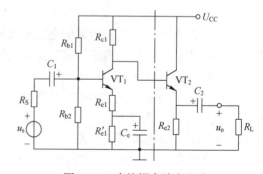

图 5-36　直接耦合放大电路

由于温度对晶体管参数的影响，当直接耦合放大电路受温度、电源电压波动以及元器件老化等因素影响时，各级静态工作点将随之缓慢变化。这种输入电压 $u_i = 0$，但输出电压

$u_o \neq 0$ 且缓慢变化的现象称为**零点漂移**，由于主要受温度影响，也可称**温漂**。温漂的危害表现在，第一级放大电路产生的温漂会直接传输到第二级放大电路，若级数更多，会被逐级放大并传输到下一级，造成有用信号传输失真，甚至使温漂电压淹没有用信号，导致在输出端无法区分有用信号与温漂电压，造成放大电路不能正常工作。因此通常在第一级采用差分放大电路来抑制温漂。

3. 变压器耦合

如图 5-37 所示，两级放大电路之间采用变压器连接，称为变压器耦合。其优点是各级静态工作点相互独立，便于分析、设计和调试，并且利用阻抗变换，可选择适当的匝数比满足放大倍数的设计要求，使负载电阻上获得足够大的电压和足够大的功率。因此几乎所有的功率放大电路都采用变压器耦合。但随着集成功率放大电路的出现，由于变压器体积大、造价高、不易于集成，目前集成功放也较少采用变压器耦合了。

4. 光电耦合

图 5-38 所示为光电耦合放大电路示意，它以光电耦合器来实现电信号的耦合和传递。光电耦合器由发光器件（如发光二极管）与光电器件（如光电晶体管）组合在一起（必须相互绝缘）而成，发光二极管作为第一级放大电路的负载，将电能转换成光能，光电晶体管则为输出回路，将光能转换成电能，该结构实现了两级之间的电气隔离，安全性高，从而有效抑制了电干扰。光电耦合可以放大变化缓慢的信号，集成度高，因此应用越来越广泛。

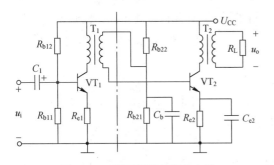
图 5-37　变压器耦合放大电路

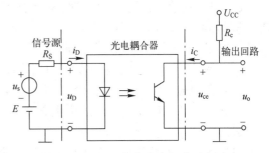
图 5-38　光电耦合放大电路示意图

5.6.2　多级放大电路的分析

图 5-39 所示为两级放大电路的双端等效图。左边为输入端，外接正弦信号源 u_s，R_S 是信号源内阻，与信号源相连接的电路称为第一级；右边为输出端，外接负载 R_L，与负载相连接的电路称为第二级。两级之间的连接关系为：

1) 第一级的输出信号作为第二级的输入信号，即 $u_{o1} = u_{i2}$。
2) 第二级的输入电阻是第一级的负载，即 $R_{L1} = R_{i2}$。
3) 第一级的输出电阻是第二级的信号源内阻，即 $R_{S2} = R_{o1}$。

两级放大电路的主要性能指标仍是电压放大倍数、输入电阻和输出电阻，其具体的含义和参数要求也与基本放大电路相同。

1) 电压放大倍数：根据定义，电压放大倍数等于各级放大倍数的乘积，即

$$A_u = \frac{u_o}{u_i} = \frac{u_{o2}}{u_{i1}} = \frac{u_{o2}}{u_{i2}} \frac{u_{o1}}{u_{i1}} = A_{u1} A_{u2} \tag{5.6-1}$$

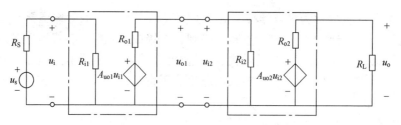

图 5-39　两级放大电路的双端等效图

因此求放大倍数时只要分别求解基本放大电路的 A_{u1} 和 A_{u2} 即可。**请注意**：求解 A_{u1} 时，第一级的负载 R_{L1} 是第二级的输入电阻 R_{i2}，即 $R_{L1} = R_{i2}$。

2）输入电阻：根据定义，两级放大电路的输入电阻等于第一级的输入电阻，即

$$R_i = R_{i1} \tag{5.6-2}$$

请注意：当共集放大电路作为两级放大电路的输入级时，输入电阻与其负载，即第二级的输入电阻 R_{i2} 有关。

3）输出电阻：根据定义，两级放大电路的输出电阻等于第二级的输出电阻，即

$$R_o = R_{o2} \tag{5.6-3}$$

请注意：当共集放大电路作为两级放大电路的输出级时，输出电阻与信号源内阻，即第一级的输出电阻 R_{o1} 有关。

例 5-9　阻容耦合放大电路如图 5-35 所示。晶体管 VT_1 和 VT_2 特性相同，已知 $U_{CC} = 12\,V$，$R_{b1} = R_{b2} = 500\,k\Omega$，$R_{c1} = R_{c2} = 3\,k\Omega$，$\beta_1 = \beta_2 = 29$，$r_{bb'1} = r_{bb'2} = 300\,\Omega$，$U_{BE1} = U_{BE2} = 0.7\,V$，耦合电容 C_1、C_2 和 C_3 电容量均足够大。试计算：

（1）晶体管 VT_1 和 VT_2 基本放大电路构成哪种组态。

（2）各级静态工作点的电流和电压，即 I_{BQ1}、I_{CQ1}、U_{CEQ1} 和 I_{BQ2}、I_{CQ2}、U_{CEQ2}。

（3）电压放大倍数 A_u、输入电阻 R_i 和输出电阻 R_o。

解：

（1）VT_1、VT_2 所组成的基本放大电路均为共射组态。

（2）由于采用阻容耦合，各级静态工作点相互独立，直流通路均为固定偏置电路，因此有

$$I_{BQ1} = I_{BQ2} = \frac{U_{CC} - U_{BE}}{R_{b1}} = 22.6\,\mu A$$

$$I_{CQ1} = I_{CQ2} = \beta I_{BQ1} \approx 0.66\,mA$$

$$U_{CEQ1} = U_{CEQ2} = U_{CC} - I_{CQ} R_{c1} = 10.02\,V$$

（3）两级放大电路性能指标计算的关键是求解各级基本放大电路的性能指标，以及两级之间的参数关系，这里有

$$r_{be1} = r_{be2} = r_{bb'} + (1+\beta)\frac{26}{I_{EQ}} \approx 1.5\,k\Omega$$

由于第一级的负载是第二级的输入电阻，第二级为共射放大电路，即

$$R_{L1} = R_{i2} = R_{b2} /\!/ r_{be2}$$

$$A_{u1} = \frac{u_{o1}}{u_i} \approx -\frac{\beta R_{c1} /\!/ R_{L1}}{r_{be1}} = -\frac{\beta [R_{c1} /\!/ (R_{b2} /\!/ r_{be2})]}{r_{be1}} \approx -19.3$$

由于第二级也为共射放大电路，电路空载，因此有

$$A_{u2} = \frac{u_o}{u_{i2}} \approx -\frac{\beta R_{c2}}{r_{be2}} \approx -58$$

两级放大电路的放大倍数为

$$A_u = A_{u1}A_{u2} \approx 1120$$

输入电阻为

$$R_i = R_{i1} = R_{b1}//r_{be1} \approx r_{be1} = 1.5\,\mathrm{k\Omega}$$

输出电阻为

$$R_o = R_{o2} \approx R_{c2} = 3\,\mathrm{k\Omega}$$

5.7　差分放大电路

5.7.1　差分放大电路的结构

集成电路中一般采用直接耦合，因此第一级受到的干扰信号必然与有用信号一起传递到第二级，并且逐级放大，由温度造成的零点漂移现象也会逐级被放大，甚至将有用信号淹没，导致电路无法正常工作。因此第一级可采用差分放大电路来抑制干扰信号以及零点漂移现象。

电路设计时采用工艺制作一致匹配的两只晶体管 VT_1 和 VT_2，构成两边电路参数完全一样的单管共射放大电路，通过射极电阻 R_e 耦合，即成为如图 5-40 所示的射极耦合差分放大电路。电路通常采用正、负电源供电，且 $U_{CC} = U_{EE}$。

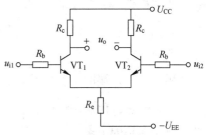

图 5-40　射极耦合差分放大电路

5.7.2　差分放大电路的静态分析

图 5-41 所示是差分放大电路的直流通路。采用估算法，基极回路中 R_b 阻值很小，I_{BQ1} 也很小，故 R_b 上的压降可忽略不计。发射极电位 $U_{EQ} \approx -U_{BEQ} = -0.7\,\mathrm{V}$，$I_{EQ1}$ 是发射极电阻 R_e 上电流的一半，则发射极的静态电流为

$$I_{EQ} = I_{EQ1} = I_{EQ2} = \frac{1}{2}\frac{U_{EE}-U_{BEQ}}{R_e} \quad (5.7\text{-}1)$$

静态工作点为

$$I_{BQ} = I_{BQ1} = I_{BQ2} \approx \frac{I_{EQ}}{1+\beta} \quad (5.7\text{-}2)$$

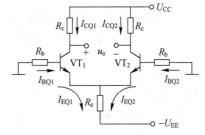

图 5-41　差分放大电路的直流通路

$$I_{CQ} = I_{CQ1} = I_{CQ2} \approx I_{EQ1} = I_{EQ2} \quad (5.7\text{-}3)$$

$$U_{CEQ} = U_{CEQ1} = U_{CEQ2} = U_{CQ1} - U_{EQ1} = U_{CC} - I_{CQ1}R_c + U_{BEQ} \quad (5.7\text{-}4)$$

5.7.3 差分放大电路的动态分析

1. 共模信号和差模信号

在实际应用中，差分放大电路输入信号 u_{i1}、u_{i2} 通常是任意信号，可将其分解为

$$u_{i1} = \frac{u_{i1}+u_{i2}}{2} + \frac{u_{i1}-u_{i2}}{2} = u_{ic} + \frac{u_{id}}{2} \tag{5.7-5}$$

$$u_{i2} = \frac{u_{i1}+u_{i2}}{2} - \frac{u_{i1}-u_{i2}}{2} = u_{ic} - \frac{u_{id}}{2} \tag{5.7-6}$$

观察式（5.7-5）和式（5.7-6）可发现，第一项 $\frac{u_{i1}+u_{i2}}{2}$ 是一对振幅相等、相位相同的信号，称为共模信号，记作 u_{ic}，共模信号 $u_{ic} = \frac{u_{i1}+u_{i2}}{2}$ 同时作用在两个输入端，如图 5-42 所示。u_{ic} 为两输入端同时受到的干扰信号，即无用信号，应将其抑制，理想情况下可完全抑制，共模放大倍数 $A_{uc}=0$。第二项分别为 $\frac{u_{i1}-u_{i2}}{2}$ 和 $-\frac{u_{i1}-u_{i2}}{2}$，是一对振幅相等、相位相反的信号，称为差模信号，差模输入电压为

$$u_{id} = \left(\frac{u_{i1}-u_{i2}}{2}\right) - \left(-\frac{u_{i1}-u_{i2}}{2}\right) = u_{i1} - u_{i2} \tag{5.7-7}$$

作用在两输入端的差模信号分别为 $\frac{u_{id}}{2}$ 和 $-\frac{u_{id}}{2}$，如图 5-43 所示。u_{id} 是有用信号，需要被放大，显然差模电压放大倍数 A_{ud} 越大越好，而抑制共模信号，放大差模信号的性质正是差分放大电路名称的由来。

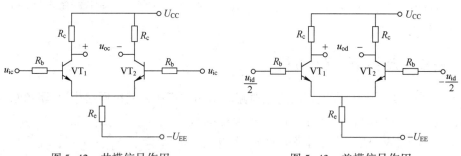

图 5-42　共模信号作用　　　　　　图 5-43　差模信号作用

根据叠加定理，当差分放大电路任意信号作用在两输入端时，可以单独分析共模信号作用时的共模输出电压 u_{oc} 和差模信号作用时的差模输出电压 u_{od}，再将 u_{oc} 和 u_{od} 叠加，便得到任意信号作用时的输出电压 u_{o}，即

$$u_{o} = u_{od} + u_{oc} = A_{ud}u_{id} + A_{uc}u_{ic} \tag{5.7-8}$$

常用共模抑制比来衡量差分放大电路放大差模信号、抑制共模信号的能力，即

$$K_{CMR} = \left|\frac{A_{ud}}{A_{uc}}\right| \tag{5.7-9}$$

若用分贝来描述，则为

$$K_{\mathrm{CMR,dB}} = 20\lg\left|\dfrac{A_{\mathrm{ud}}}{A_{\mathrm{uc}}}\right| \tag{5.7-10}$$

K_{CMR} 越大，表明差分放大电路抑制共模信号、放大差模信号的性能越好，理想情况下该值趋于 ∞。

2. 对共模信号的抑制作用

（1）双端输出　共模信号 u_{ic} 即干扰信号和无用信号（噪声），图 5-42 所示电路共模信号作用的交流通路如图 5-44a 所示。由于两边输入信号完全相同，两管发射极的变化电流 $i_{\mathrm{e1}} = i_{\mathrm{e2}}$，发射极电阻 R_{e} 上的变化电流等于 $2i_{\mathrm{e}}$。发射极和地之间的电压 $u_{\mathrm{e}} = 2i_{\mathrm{e}} \cdot R_{\mathrm{e}} = i_{\mathrm{e}} \cdot 2R_{\mathrm{e}}$，因此图 5-44a 所示电路等效变换为图 5-44b 所示电路。

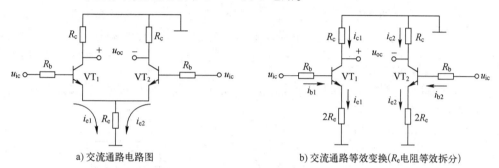

a) 交流通路电路图　　　　　　　　b) 交流通路等效变换(R_{e}电阻等效拆分)

图 5-44　共模信号作用的交流通路（双端输出）

由图 5-44b 可知，电路两边对称，在共模信号 u_{ic} 作用下，两管产生的变化电流 $i_{\mathrm{b1}} = i_{\mathrm{b2}}$，$i_{\mathrm{c1}} = i_{\mathrm{c2}}$，$i_{\mathrm{e1}} = i_{\mathrm{e2}}$，因此集电极输出电压 $u_{\mathrm{oc1}} = u_{\mathrm{oc2}}$，可见输出也是一对共模信号，从而使得双端输出时 $u_{\mathrm{oc}} = u_{\mathrm{oc1}} - u_{\mathrm{oc2}} = 0$。

在共模信号作用下，共模输出电压 u_{oc} 与共模输入电压 u_{ic} 之比定义为共模电压放大倍数 A_{uc}，双端输出时的共模电压放大倍数为

$$A_{\mathrm{uc}} = \dfrac{u_{\mathrm{oc}}}{u_{\mathrm{ic}}} = 0 \tag{5.7-11}$$

双端输出时，差分放大电路能够将共模信号（噪声）抵消，不会对输出端信号造成波形失真。前面讨论的温度漂移，可看作是共模信号 $u_{\mathrm{ic1}} = u_{\mathrm{ic2}} = 0$ 的情况，因此能够完全抑制温度漂移现象。

（2）单端输出　图 5-45a 所示是共模信号作用时，单端输出带负载的差分放大电路，其等效电路如图 5-45b 所示，每边电路仍为单管共射放大电路，单端输出时的共模电压放大倍数为

$$A_{\mathrm{uc1}} = \dfrac{u_{\mathrm{oc1}}}{u_{\mathrm{ic}}} = \dfrac{-\beta(R_{\mathrm{c}}//R_{\mathrm{L}})}{R_{\mathrm{b}} + r_{\mathrm{be}} + (1+\beta)2R_{\mathrm{e}}} \approx \dfrac{-(R_{\mathrm{c}}//R_{\mathrm{L}})}{2R_{\mathrm{e}}} \tag{5.7-12}$$

显然，要提高对共模信号的抑制能力，应增大发射极电阻 R_{e}，但 R_{e} 增大的同时，静态工作电流 I_{EQ} 会减少。为保证放大电路有合适的静态工作点，也要相应增大电源 U_{CC}，这在实际应用中显然是不可行的。因此，必须同时考虑静态和动态两个方面，使电路在静态时能提供合适的静态电流，而在动态时等效为无穷大的电阻。人们通常采用恒流源式差分放大电路来实现这一要求，即用恒流源电路替代 R_{e}，恒流源电路在静态时能够提供恒定的直流电

流，满足静态电流的需求；其动态等效电阻的值也很大。因此无论在双端输出还是单端输出时，恒流源式差分放大电路都能有效地抑制共模信号。

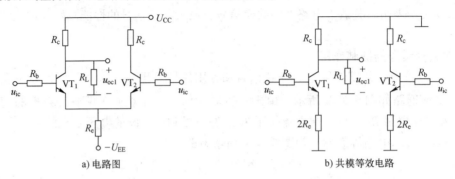

a) 电路图　　　　　　　　　　　　b) 共模等效电路

图 5-45　共模信号作用时带负载的差分放大电路（单端输出）

3. 对差模信号的放大作用

（1）双端输出　差模信号即有用信号，图 5-43 所示电路差模信号作用的交流通路，如图 5-46a 所示。

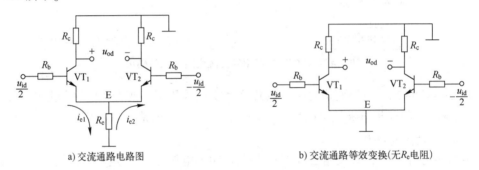

a) 交流通路电路图　　　　　　　　b) 交流通路等效变换(无 R_e 电阻)

图 5-46　差模信号作用的交流通路（双端输出）

由于差模信号振幅相等，相位相反，且两边电路完全对称。若 VT_1 管的发射极电流 i_{e1} 增大时，VT_2 管的发射极电流 i_{e2} 则减小，增大量等于减小量，即 $i_{e1}=-i_{e2}$，R_e 上流过的变化电流等于 0，变化压降也为 0，R_e 相当于被短路，因此 E 点电位相当于接地，等效电路如图 5-46b 所示。由于输入的是差模信号，在两管的集电极输出电位中，若 u_{od1} 升高，则 u_{od2} 降低，且升高量等于降低量，即 $u_{od1}=-u_{od2}$。可见输出电压也是振幅相等、相位相反的差模信号。

在差模信号作用下，人们将差模输出电压 u_{od} 与差模输入电压 u_{id} 之比，定义为差模电压放大倍数 A_{ud}，双端输出时有

$$A_{ud}=\frac{u_{od}}{u_{id}}=\frac{u_{od1}-u_{od2}}{u_{id1}-u_{id2}}=\frac{2u_{od1}}{2u_{id1}}=\frac{-2u_{od2}}{-2u_{id2}}=\frac{-\beta R_c}{R_b+r_{be}} \quad (5.7\text{-}13)$$

结论： 双端输出时，差分放大电路的差模电压放大倍数仅等于单管共射放大电路的电压放大倍数。采用两边对称的共射放大电路结构，初衷是消除温度漂移，因而可以理解为牺牲一边的电压放大倍数来抑制温漂。在理想情况下，差分放大电路对差模信号（有用信号）放大，具有较高的差模电压放大倍数，对共模信号抑制，共模电压放大倍数为 0，在抑制共模信号方面作用突出。

（2）单端输出　图 5-47a 所示的是差模信号作用时，单端输出带负载的差分放大电路，等效电路如图 5-47b 所示。单端输出时，差模电压放大倍数为

$$A_{ud1} = \frac{u_{od1}}{u_{id}} = \frac{u_{od1}}{u_{id1} - u_{id2}} = \frac{u_{od1}}{2u_{id1}} = -\frac{1}{2} \frac{\beta(R_c // R_L)}{r_{be} + R_b} \tag{5.7-14}$$

若负载连接在 VT_2 管集电极和地之间，则单端输出时，差模电压放大倍数为

$$A_{ud2} = \frac{u_{od2}}{u_{id}} = \frac{u_{od2}}{u_{id1} - u_{id2}} = \frac{u_{od2}}{-2u_{id2}} = \frac{1}{2} \frac{\beta(R_c // R_L)}{r_{be} + R_b} \tag{5.7-15}$$

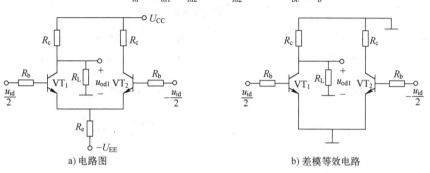

a）电路图　　　　　　　　　　b）差模等效电路

图 5-47　差模信号作用时带负载的差分放大电路（单端输出）

结论：单端输出时的差模电压放大倍数等于单管共射放大电路电压放大倍数的一半，且极性与信号取出端极性一致。

例 5-10　射极耦合差分放大电路如图 5-48 所示，电路由两个理想对称的单管共射放大电路通过 R_e 直接耦合而成，VT_1 和 VT_2 两个管子的特性与参数完全相同。$\beta_1 = \beta_2 = 50$，$r_{bb'} = 0$，$U_{BE1} = U_{BE2} = 0.7\,V$。试分析：

（1）静态时，VT_1、VT_2 管的静态工作点。

（2）动态时，估算双端输出时的差模电压放大倍数 A_{ud} 和共模电压放大倍数 A_{uc}。

（3）若从 VT_1 管集电极与地之间取输出，求差模电压放大倍数 A_{ud1}、共模电压放大倍数 A_{uc1} 和共模抑制比 K_{CMR}。

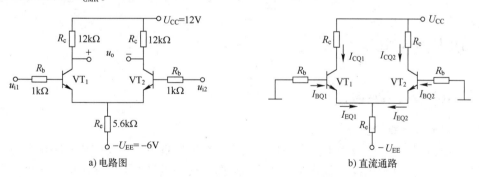

a）电路图　　　　　　　　　　b）直流通路

图 5-48　例 5-10 图

解：图 5-48a 所示电路为典型的双端输入，双端输出差分放大电路，且由发射极电阻 R_e 耦合连接，输入信号为任意信号 u_{i1} 和 u_{i2}，其直流通路如图 5-48b 所示，令 $u_{i1} = u_{i2} = 0$。

（1）由于两管参数相同，电路对称，因此 $I_{CQ1} = I_{CQ2} = I_{CQ}$，$I_{BQ1} = I_{BQ2} = I_{BQ}$

对每只管子的基极回路，列写 KVL 方程可得

$$I_{BQ}R_b + U_{BE} + 2I_{EQ}R_e = U_{EE}$$

$$I_{CQ} \approx I_{EQ} = \frac{U_{EE} - U_{BE}}{\left(\dfrac{R_b}{1+\beta}\right) + 2R_e} \approx \frac{U_{EE} - U_{BE}}{2R_e} = \frac{6-0.7}{2\times5.6}\,\text{mA} = 0.47\,\text{mA}\,(\text{忽略}\ R_b)$$

$$I_{BQ} = \frac{I_{EQ}}{1+\beta} \approx \frac{0.47}{51}\,\text{mA} = 0.0092\,\text{mA} = 9.2\,\mu\text{A}$$

$$U_{CEQ} = U_{CC} - I_{CQ}R_c - U_{EQ} \approx U_{CC} - I_{CQ}R_c + U_{BE}$$

$$= (12 - 0.47\times12 + 0.7)\,\text{V} = 7.06\,\text{V}$$

（2）要计算 A_{ud} 需先求出管子的 r_{be}，双端输出时，差模电压放大倍数等于单管电压放大倍数，基极电流流过的总电阻是 $R_b + r_{be}$，且注意 $R_L = \infty$，因此有

$$r_{be} = r_{bb'} + (1+\beta)\frac{U_T}{I_{EQ}} = 51\times\frac{26}{0.47}\,\Omega = 2821\,\Omega \approx 2.82\,\text{k}\Omega$$

$$A_{ud} = \frac{u_{od}}{u_{id}} = \frac{u_{od1}}{u_{i1}} = \frac{u_{od2}}{u_{i2}} = -\frac{\beta R_c}{R_b + r_{be}} \approx -\frac{50\times12}{1+2.82} \approx -157.1$$

双端输出时，共模电压放大倍数为

$$A_{uc} = 0$$

（3）若从 VT_1 管的集电极与地之间取出信号，则为单端输出，因此单端输出时，差模电压放大倍数为

$$A_{ud1} = \frac{1}{2}A_{ud} = -\frac{\beta R_c}{2(R_b + r_{be})} \approx -78.5$$

共模电压放大倍数为（注意：发射极等效电阻为 $2R_e$）

$$A_{uc1} = \frac{u_{oc1}}{u_{ic}} = \frac{u_{oc1}}{u_{ic1}} = -\frac{\beta R_c}{R_b + r_{be} + 2(1+\beta)R_e} = \frac{-50\times12}{1+2.82+2\times51\times5.6} \approx -1.04$$

共模抑制比为

$$K_{CMR} = \left|\frac{A_{ud}}{A_{uc}}\right| \approx \frac{78.5}{1.04} \approx 75.5$$

5.8 功率放大电路

5.8.1 功率放大电路概述

1. 功率放大电路的任务

一个实际应用的多级放大电路，最后一级往往是连接负载的。要使负载能够在安全条件下工作且失真在允许范围内，电路应当高效率地向负载提供足够大的输出信号功率，或者具有较大的输出动态摆幅，因此最后一级采用功率放大电路。

2. 功率放大电路的特点

功率放大电路与晶体管构成的小信号放大电路相比，具有如下**相同点**：

1）从电路组成来看，都是以晶体管为核心。

2）从能量控制和转换的角度看，都是在输入信号的作用下，将直流电源提供的功率转

换为输出信号的功率（交流）。

为向负载提供尽可能大的功率，就必须减小损耗，因此提高功率放大电路的能量转换效率是一个重要问题。

功率放大电路与晶体管构成的小信号放大电路的主要**不同点**是：

1）追求不同：小信号放大电路追求的是单纯的高输出电压或高输出电流，而功率放大电路追求的是在电源电压确定的情况下，输出尽可能大的信号功率。

2）主要技术指标不同：小信号放大电路的主要性能指标是电压放大倍数、输入电阻和输出电阻，而功率放大电路的主要技术指标是最大输出功率 P_{omax}、直流电源消耗的功率 P_V 和转换效率 η 等。

3）分析方法不同：由于功率放大电路的输出电压和输出电流均很大，功放管特性中的非线性不可忽略，因此分析功放电路时只能采用图解法和估算法，而不能采用仅适用于小信号放大电路的微变等效电路法。

3. 功率放大电路的分类

根据功率放大电路静态工作点 Q 的位置不同，按照输入信号在整个周期内使得晶体管导通时间的长短，功率放大电路分为以下 3 种类型：

（1）A 类放大电路　即输入信号在整个周期内都有电流流过晶体管，即 $i_C \geqslant 0$，如图 5-49a 所示，有合适的静态工作点 Q，$I_{CQ} \neq 0$，此时不产生饱和失真、截止失真。A 类放大电路的效率最高只能达到 50%。

（2）B 类放大电路　即将静态工作点下移至 $I_{CQ} = 0$，一个周期内晶体管只有半个周期有电流流过，如图 5-49b 所示。B 类放大电路将静态管耗减小至零，转换效率理论上可达 78.5%，但只能输出半个周期的信号。

（3）AB 类放大电路　即将静态工作点 Q 下移，使晶体管静态时处于微导通状态。一个周期内晶体管在半个多周期内有电流流过，如图 5-49c 所示。

AB 类和 B 类放大电路均将静态工作点下移，当输入信号等于 0 时，电源的输出功率也等于 0（或很小），信号增大时电源供给的功率也随之增大，这样电源所提供的功率和管耗都会随着输出功率的大小而变化。这两类放大电路虽减小了静态管耗，提高了效率，但是由于静态工作点靠近截止区，会出现严重的波形失真。因此，既要减小静态管耗，又要保证波形不失真，就必须改进电路结构，而不能直接采用小信号放大电路作为功率放大电路。

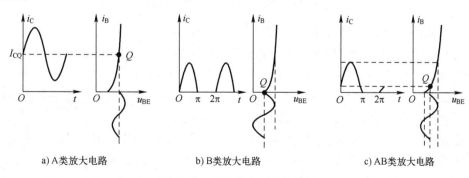

a) A类放大电路　　b) B类放大电路　　c) AB类放大电路

图 5-49　功率放大电路的分类

5.8.2 互补对称功率放大电路

1. B 类互补对称功率放大电路

B 类互补对称功率放大电路如图 5-50 所示。由于无大容量的电容,易于集成电路,因此也称为无输出电容的功率放大电路,即 OCL 功率放大电路。电路结构采用双电源供电,NPN 和 PNP 两只晶体管特性对称,两管都是共集组态,故还可称为互补射极输出器。射极输出器的输出电阻很低,因此互补对称功率放大电路具有较强的带负载能力。

静态时,当输入信号 $u_i = 0$,两管截止,管压降均为 $U_{CEQ1} = U_{CEQ2} \approx U_{CC}$,集电极电流均为 $I_{CQ1} = I_{CQ2} \approx 0$,属于 B 类放大电路。发射极电位为 $U_{EQ} = 0$,输出电压 $u_o = 0$。静态集电极电流为 0,静态管耗为 0。

动态时,假设 VT$_1$ 管和 VT$_2$ 管均为理想晶体管,即忽略导通电压 U_{on}。在 u_i 正半周时,正电源供电,VT$_1$ 管导通,VT$_2$ 管截止,电流 i_{C1} 经 VT$_1$ 管流过负载 R_L,方向如图 5-50a 实线箭头所示,由于是共集组态,输出电压 $u_o \approx u_i$;在 u_i 负半周时,负电源供电,VT$_2$ 管导通,VT$_1$ 管截止,电流 i_{C2} 经 VT$_2$ 管流过负载 R_L,方向如图 5-50a 虚线所示,同理,输出电压 $u_o \approx u_i$。因此,VT$_1$ 和 VT$_2$ 两管交替导通工作,互相弥补另一只管子的半个截止周期,从而在负载上能够得到完整的信号波形,得到的电流 i_{C1}、i_{C2} 及输出电压 u_o 的波形如图 5-50b 所示。

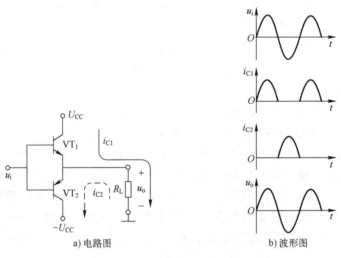

a) 电路图　　　　　　　b) 波形图

图 5-50　B 类互补对称功率放大电路

2. AB 类互补对称功率放大电路

前面的动态分析中,假设 VT$_1$ 管和 VT$_2$ 管均为理想晶体管,但实际当 $|u_i| > U_{on} \approx 0.7\,\text{V}$ 时管子才能导通,而 $|u_i| < U_{on} \approx 0.7\,\text{V}$ 时处于截止状态,基极电流 $i_b \approx 0\,\text{V}$,$i_c \approx 0\,\text{V}$,$u_c \approx 0\,\text{V}$。输入信号在 $-0.7\,\text{V} < u_i < 0.7\,\text{V}$ 范围时,输出波形不能紧跟输入信号变化,这种失真出现在输入信号过零点附近,因此称为交越失真,如图 5-51a 所示。

交越失真产生的原因是 $|u_i| < U_{on} \approx 0.7\,\text{V}$ 时,管子仍处于截止状态,若能够在动态信号刚加入时管子预先导通,交越失真即可消除。因此需要改进静态偏置电路,如图 5-51b 所示。静态时,可先从正电源 U_{CC} 经 R_1、VD$_1$、VD$_2$ 和 R_2 至负电源 $-U_{CC}$ 形成直流通路,于是在 VT$_1$ 管和 VT$_2$ 管的基极之间即产生电压

$$U_{b12} = U_{BE1} + U_{BE2} = U_{D1} + U_{D2} \tag{5.8-1}$$

从而使 VT_1 管和 VT_2 管预先处于微导通状态，因此这种电路称为 AB 类互补对称功率放大电路。

（1）最大输出功率　定义为最大输出电压和最大输出电流有效值的乘积，有

$$P_{om} = U_o I_o = \frac{U_{om}}{\sqrt{2}} \frac{I_{om}}{\sqrt{2}} = \frac{1}{2} U_{om} I_{om} = \frac{U_{om}^2}{2R_L} \tag{5.8-2}$$

最大不失真输出电压的振幅为 $U_{om} = U_{CC} - |U_{CES}|$，其中 $|U_{CES}|$ 为大功率晶体管的饱和管压降，通常 $|U_{CES}|$ 不能省略，代入计算即可。

（2）转换效率　定义为最大输出功率与电源所提供的功率之比，即

$$\eta = \frac{P_{om}}{P_V} = \frac{\frac{1}{2} U_{om} I_{om}}{\frac{2}{\pi} U_{CC} I_{cm}} = \frac{\pi}{4} \frac{U_{om}}{U_{CC}} = \frac{\pi}{4} \frac{U_{CC} - |U_{CES}|}{U_{CC}} \approx 78.5\% \tag{5.8-3}$$

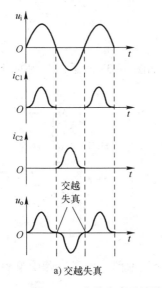
a) 交越失真

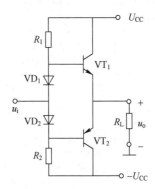
b) 消除交越失真的改进电路

图 5-51　交越失真及消除交越失真的 AB 类互补对称功率放大电路

例 5-11　电路如图 5-51 所示。已知输入电压 u_i 为正弦波，$U_{CC} = 15\,\text{V}$，$|U_{CES}| = 3\,\text{V}$，负载电阻 $R_L = 4\,\Omega$。

（1）负载上可能获得的最大输出功率和转换效率各为多少？

（2）如果最大输入电压的有效值为 8 V，则负载上能够获得的最大输出功率为多少？

解：（1）负载上可能获得的最大功率为

$$P_{om} = \frac{U_{om}^2}{2R_L} = \frac{(U_{CC} - |U_{CES}|)^2}{2R_L} = \frac{(15-3)^2}{2 \times 4}\,\text{W} = 18\,\text{W}$$

转换效率为

$$\eta = \frac{\pi}{4} \frac{U_{CC} - U_{CES}}{U_{CC}} = \frac{\pi}{4} \times \frac{15-3}{15} \times 100\% = 62.8\%$$

（2）最大输入电压的有效值为 8 V，因此负载上获得的最大不失真输出功率为

$$P_{om} = U_o I_o = \frac{U_o^2}{R_L} = \frac{8^2}{4} \, W = 16 \, W$$

习题 5

5-1　分别测得放大电路中 4 只晶体管的各极电位如图 5-52 所示，试识别它们的引脚，标出 E、B、C 3 个电极，并判断这 4 个管子分别是 NPN 型还是 PNP 型，是硅管还是锗管。

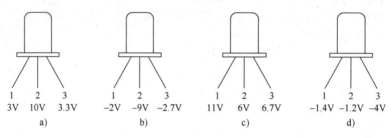

图 5-52　题 5-1 图

5-2　测得某电路中几个晶体管的各个电极电位如图 5-53 所示。试判断各晶体管工作在放大区、饱和区还是截止区。

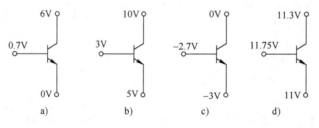

图 5-53　题 5-2 图

5-3　画出如图 5-54 所示各电路的直流通路和交流通路。假设电路中电容对交流信号可视为短路。

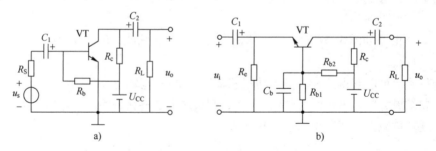

图 5-54　题 5-3 图

5-4　共射放大电路如图 5-55 所示，已知晶体管的 $U_{BE} = 0.7 \, V$，$\beta = 50$，$r_{bb'} = 300 \, \Omega$。

（1）求静态工作点 Q。

（2）画出小信号等效电路。

（3）求放大电路的输入电阻 R_i 和输出电阻 R_o。

（4）求电压放大倍数 A_u。

5-5 在如图 5-56 所示电路中，已知晶体管的 $r_{bb'}=300\,\Omega$，$U_{BE}=0.7\,V$，$\beta=50$。

（1）求静态工作点 Q。

（2）画出小信号等效电路。

（3）求放大电路的 A_u、R_i 和 R_o。

（4）当 $u_s=10\,mV$ 时，输出电压 u_o 是多少？

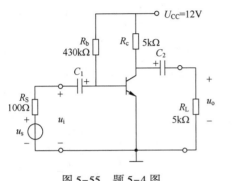
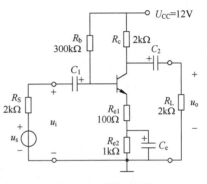

图 5-55 题 5-4 图   图 5-56 题 5-5 图

5-6 射极输出器如图 5-57 所示，已知晶体管的 $r_{bb'}=100\,\Omega$，$U_{BE}=0.7\,V$，$\beta=100$。

（1）求静态工作点 Q。

（2）画出小信号等效电路。

（3）分别求出 $R_L=\infty$ 和 $R_L=1.2\,k\Omega$ 时的电压放大倍数 A_u、输入电阻 R_i 和输出电阻 R_o。

5-7 在图 5-58 所示电路中，试求：

（1）求解静态工作点 Q 的方程组（列出即可）。

（2）小信号等效电路。

（3）电压放大倍数 A_u、输入电阻 R_i 和输出电阻 R_o。

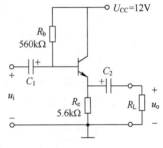

图 5-57 题 5-6 图

5-8 共漏场效应晶体管放大电路如图 5-59 所示。已知场效应晶体管在工作点处的跨导为 g_m，试画出小信号等效电路，并写出 A_u、R_i 和 R_o 的表达式。

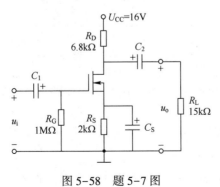
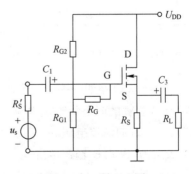

图 5-58 题 5-7 图   图 5-59 题 5-8 图

5-9 基本放大电路如图 5-60 所示，图 5-60a 点画线框内为电路 I，图 5-60b 点画线框内为电路 II。由电路 I 、II 组成的两级放大电路如图 5-60c 和图 5-60d 所示，它们均正常工作。试定性分析：

（1）哪个电路的输入电阻比较大。

（2）哪个电路的输出电阻比较小。

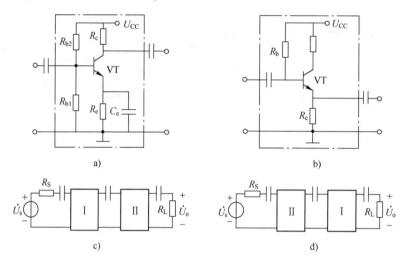

图 5-60 题 5-9 图

5-10 两级放大电路如图 5-61 所示，已知 $\beta_1 = \beta_2 = 50$，$U_{BE1} = U_{BE2} = 0.7\,\text{V}$，$r_{bb'} = 300\,\Omega$。

（1）试指出 VT_1、VT_2 各构成了什么组态的放大电路。

（2）计算电路的电压放大倍数 A_u、输入电阻 R_i 和输出电阻 R_o。

5-11 电路如图 5-62 所示，设静态工作点合适，且场效应晶体管 VF_1 的 g_m、晶体管 VT_2 的 β、r_{be} 均为已知。试写出电压放大倍数 A_u、输入电阻 R_i 和输出电阻 R_o 的表达式。

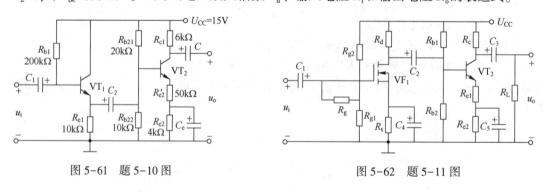

图 5-61 题 5-10 图   图 5-62 题 5-11 图

5-12 差分放大电路如图 5-63 所示，已知 $\beta_1 = \beta_2 = 50$，$r_{bb'} = 0$，试求：

（1）VT_1、VT_2 管的静态集电极电流。

（2）当 $u_i = 0$ 时的输出电压 u_o。

（3）当 $u_i = 10\,\text{mV}$ 时的输出电压 u_o。

5-13 双电源互补功率放大电路如图 5-64 所示，当输入电压 u_i 的有效值为 6 V 时，试求：

（1）负载 R_L 获得的信号功率。

（2）效率。

5-14　OCL 互补对称输出电路如图 5-65 所示，已知 $U_{CC}=15\,V$，VT_1、VT_2 管的饱和压降 $U_{CES}\approx 2\,V$，$R_L=8\,\Omega$。

（1）当输出电压出现交越失真时，应调整电路中哪个元器件才能消除？怎样调整？

（2）负载 R_L 上的最大不失真功率 P_{omax} 为多大？

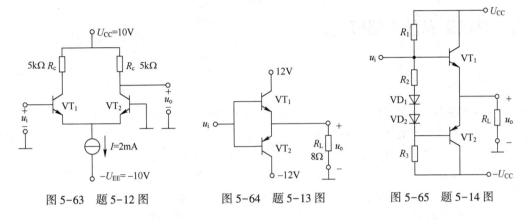

图 5-63　题 5-12 图　　　　　图 5-64　题 5-13 图　　　　　图 5-65　题 5-14 图

第6章 集成运算放大器

6.1 集成运算放大器概述

6.1.1 特点

在半导体制造工艺的基础上,将整个电路中的元器件制作在一块硅基片上构成的具有特定功能的电子电路称为集成电路。从原理上说,集成运算放大器实质上是一个具有高电压放大倍数的多级直接耦合放大电路。由于集成电路制造工艺的原因,集成运算放大器具有以下主要特点:

1)集成运算放大器各级之间采用直接耦合方式,大电容和大电感元件必须外接。

2)由于硅片上晶体管的制作不仅方便,而且占用空间最少,因此集成电路中常用晶体管取代大电阻和高精度的电阻,用以减小集成运算放大器的体积和成本。

3)由于电路中各元器件制作在同一块硅片上,经过相同工艺流程制造,使得同一片内元器件参数一致性好,因此适用于结构对称的单元电路制造。

4)对于多级放大电路等复杂电路结构,可以提高电路性能指标,且不会带来工艺制造的复杂性,因而集成运算放大器常采用复杂电路结构。

6.1.2 结构

集成运算放大器内部电路一般由 4 个基本部分组成,即输入级、中间级、输出级和偏置电路,如图 6-1 所示。

图 6-1 集成运算放大器的组成

偏置电路用于设置各级放大电路的静态工作点,一般采用电流源电路,如镜像电流源和多路电流源等。输入级通常要求有尽可能低的零点漂移、较高的共模抑制能力、高输入阻抗及小偏置电流,所以一般采用差分放大电路。中间级主要承担电压放大的任务,多采用共射或共源放大电路,为了提高电压放大倍数,经常采用复合管作为放大管,也可采用恒流源作为有源负载。输出级要求具有较强的带负载能力、较高的输出电压和电流动态范围,因此多采用射极输出器或互补对称功率放大电路。

6.1.3 符号

集成运算放大器的电路符号如图 6-2 所示。它有两个输入端和一个输出端,其中标记

"+"的端子称为同相输入端，它与地之间的电压称为同相输入电压，用 u_+ 表示，同相是指输出电压与输入电压的相位相同。标记"−"的端子称为反相输入端，它与地之间的电压称为反相输入电压，用 u_- 表示，反相是指输出电压与输入电压的相位相反。

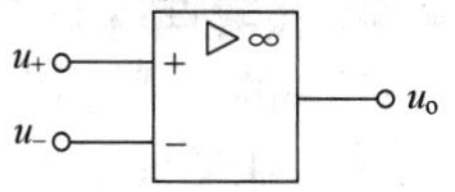

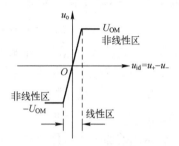

图 6-2 集成运算
放大器的电路符号

6.1.4 传输特性曲线

集成运算放大器外部电压传输特性曲线如图 6-3 所示，从曲线可以看出，集成运算放大器具有线性区和非线性区两个工作区。所谓线性区，是指输出电压与输入电压之间为线性放大关系，当输出端负载开路时，输出电压 u_o 为

$$u_o = A_{uod} u_{id} = A_{uod}(u_+ - u_-) \quad (6.1\text{-}1)$$

由于 A_{uod} 值很大，又由于集成运算放大器的输出电压受其正负电源的影响，最大输出电压 $u_o \approx \pm U_{CC}$，导致输入电压 $u_{id} = u_+ - u_-$ 很小，线性区也很窄。**请注意**：输入电压 u_{id} 是两输入端之间的差值，因此输出放大的是差值，而不是某一端的输入电压值。

所谓集成运算放大器的非线性区，是指输入信号 u_{id} 超过线性区范围时，将进入的区域，此时输入信号与输出信号不再是线性关系，$u_o = \pm U_{OM}$，只有高低两种饱和状态。

图 6-3 集成运算放大器外部
电压传输特性曲线

6.2 理想运算放大器

6.2.1 理想运算放大器的条件

在分析集成运算放大器的各种应用电路时，常常将其作为理想运算放大器考虑。理想运算放大器的条件是：

1）开环差模电压放大倍数 A_{uod} 接近于无穷大，即 $A_{uod} = u_o / u_{id} \to \infty$。

2）开环输入电阻 r_{id} 接近于无穷大，即 $r_{id} \to \infty$。

3）开环输出电阻 r_{od} 接近于零，$r_{od} \to 0$。

4）共模抑制比 K_{CMR} 接近于无穷大，即 $K_{CMR} \to \infty$。

6.2.2 理想运算放大器的特性

理想运算放大器的电压传输特性曲线如图 6-4 所示，由于 $A_{uod} = u_o / u_{id} \to \infty$，线性区几乎与纵轴重合。

1. 线性区的特点

开环的集成运算放大器很难工作在线性区，引入负反馈后，可以降低放大倍数，加宽线性区范围，使其工

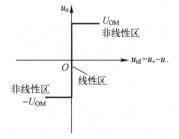

图 6-4 理想运算放大器符号
及其电压传输特性曲线

作在线性区，实现比例运算、加法运算和减法运算电路等线性应用电路。在线性区，u_o 是有限值，由于 $A_{uod} \to \infty$，因此 $u_{id} = u_+ - u_- = 0$，即 $u_+ \approx u_-$，称为**虚短**；又由于 $r_{id} \to \infty$，因此两输入端的输入电流为 0，即输入端 $i_+ \approx i_- = 0$，称为**虚断**。

虚短和虚断是线性区具有的两个重要特点。

2. 非线性区的特点

开环的集成运算放大器和引入正反馈的集成运算放大器都工作在非线性区，用以实现电压比较器等非线性应用电路。由于 $r_{id} \rightarrow \infty$，使得 $i_+ \approx i_- = 0$，仍具有虚断特点；当 $u_+ > u_-$ 时，输出电压为高电平，即 $u_o = U_{OM} \approx +U_{CC}$；当 $u_+ < u_-$ 时，输出电压为低电平，即 $u_o = -U_{OM} \approx -U_{CC}$。

6.3 反馈

6.3.1 反馈的基本概念

为满足实际应用的需求，常在放大电路中引入负反馈，以达到改善电路性能的目的。所谓反馈，是将放大电路的输出量（电压或电流）的一部分或全部通过一定的方式回送到放大电路的输入端，并对输入量（电压或电流）产生影响的过程。

反馈放大电路包括基本放大电路和反馈网络两个主要部分，其框图如图 6-5 所示，图中 x 可以是电压或电流信号，其中 x_i 为输入信号，x_f 为反馈信号，符号 $\otimes$ 表示 x_i 和 x_f 进行比较，得到差值 x_i'，x_i' 称为净输入信号，x_o 为输出信号。理想情况下，信号仅通过基本放大电路正向传输到输出端，而反馈信号仅通过反馈网络反向传输到输入端。

（1）开环放大倍数 A 开环放大倍数是指无反馈时，基本放大电路的放大倍数，即

$$A = \frac{x_o}{x_i'} \qquad (6.3-1)$$

（2）反馈系数 F 反馈系数是指反馈信号与输出信号之比，即

$$F = \frac{x_f}{x_o} \qquad (6.3-2)$$

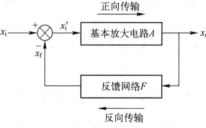

图 6-5 反馈放大电路框图

（3）闭环放大倍数 A_f 闭环放大倍数是指引入反馈后，反馈放大电路的放大倍数，即

$$A_f = \frac{x_o}{x_i} \qquad (6.3-3)$$

根据图 6-5 中各参数之间的关系，净输入量 $x_i' = x_i - x_f$，反馈信号 $x_f = Fx_o = FAx_i'$，代入式（6.3-3），整理可得

$$A_f = \frac{x_o}{x_i} = \frac{A}{1+AF} \qquad (6.3-4)$$

式中，$(1+AF)$ 是反馈深度，当 $(1+AF) > 1$ 时，说明放大电路引入的是负反馈。

引入负反馈可以改善放大电路的很多性能，如展宽通频带、减小非线性失真、增大输入电阻和减小输出电阻等。若反馈深度 $(1+AF) \gg 1$，称为深度负反馈，式（6.3-4）可简化为

$$A_f = \frac{A}{1+AF} \approx \frac{1}{F} \qquad (6.3-5)$$

式（6.3-5）表明，在深度负反馈条件下，闭环放大倍数 A_f 与开环放大倍数 A 无关，只取决于反馈系数 F，放大倍数可以保持很高的稳定性。

6.3.2　反馈的分类

1. 正反馈和负反馈

反馈根据极性分为正、负反馈，使放大电路净输入信号增大的反馈称为正反馈；使放大电路净输入信号减小的反馈称为负反馈。

2. 串联反馈和并联反馈

在输入端，根据输入信号和反馈信号以何种形式产生净输入信号，即 $x_i' = x_i - x_f$，可以将反馈分为串联反馈和并联反馈。如果以串联形式产生净输入信号，即 $u_i' = u_i - u_f$，称为串联反馈。如果以并联形式产生净输入信号，即 $i_i' = i_i - i_f$，称为并联反馈。

3. 电压反馈和电流反馈

在输出端，根据反馈信号不同的取样方式，即 $x_f = F x_o$，可以将反馈分为电压反馈和电流反馈。如果反馈信号取自输出电压，即 $x_f = F u_o$，称为电压反馈；如果反馈信号取自输出电流，即 $x_f = F i_o$，称为电流反馈。

6.3.3　反馈的判断

1. 反馈极性的判断法

通常采用瞬时极性分析法，逐级推出其他有关各点的瞬时极性，在电路中用符号+表示瞬时极性的正，表示该点电位上升，用-表示瞬时极性的负，表示该点电位下降。图 6-6a 中，假设输入电压 u_i 在某一瞬时极性为正，信号从集成运算放大器的同相端输入，则输出电压的瞬时极性也为正，u_o 经电阻分压后得到的反馈电压 u_f 的瞬时极性也为正，表示电位上升，此时集成运算放大器的净输入电压 $u_i' = u_i - u_f$ 减小，所以引入的反馈是负反馈。

图 6-6b 中，假设输入电压 u_i 在某一瞬时极性为正，信号从集成运算放大器的反相端输入，则输出电压的瞬时极性为负，表明电位降低，反馈电流 i_f 增大，则净输入电流 i_i' 减小，故引入的反馈是负反馈。

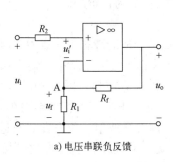

a) 电压串联负反馈

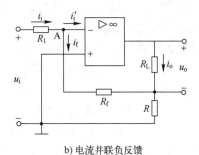

b) 电流并联负反馈

图 6-6　集成运算放大器中的负反馈

2. 串联反馈和并联反馈的判断法

可采用输入回路反馈节点对地短路法判断。在图 6-6a 中，若反馈节点 A 对地短路，输入电压 u_i 作用仍存在，则说明反馈信号和输入信号串联，故为串联反馈。在图 6-6b 中，若反馈节点 A 接地，输入电压 u_i 作用消失，则说明反馈信号和输入信号并联，故为并联反馈。

3. 电压反馈和电流反馈的判断法

可采用负载短路法判断。在图 6-6a 中，假设输出端负载 R_L 短接，即 $u_o = 0$，则反馈电阻 R_f 相当于接在集成运算放大器的反相输入端和地之间，反馈通路消失，反馈电压不存在，故为电压反馈。在图 6-6b 中，假设将输出端的负载 R_L 短接，即 $u_o = 0$，反馈电流 i_f 依然存在，故为电流反馈。

6.3.4 负反馈对放大电路性能的改善

在放大电路中，通常采用负反馈来改善电路的性能，如稳定放大倍数、减小非线性失真、展宽通频带、提高输入电阻和减小输出电阻等。

1. 稳定放大倍数

在集成运算放大器或放大电路中，当环境温度变化、元器件老化、电源电压波动以及负载变化时，都会引起放大倍数变化，为了提高放大倍数的稳定性，常常引入负反馈。放大倍数的稳定程度通常用相对变化量来表示。由式（6.3-4）可知，闭环放大倍数为

$$A_f = \frac{A}{1+AF} \tag{6.3-6}$$

将式（6.3-6）闭环放大倍数 A_f 对 A 取导数，即

$$\frac{dA_f}{dA} = \frac{(1+AF) - AF}{(1+AF)^2} = \frac{1}{(1+AF)^2} \tag{6.3-7}$$

$$dA_f = \frac{dA}{(1+AF)^2} \tag{6.3-8}$$

将式（6.3-8）等号两边都除以 A_f，可得

$$\frac{dA_f}{A_f} = \frac{1}{1+AF} \frac{dA}{A} \tag{6.3-9}$$

式（6.3-9）表明，引入负反馈后，放大倍数下降了，但是放大倍数的稳定性提高了 $(1+AF)$ 倍。可见，负反馈对放大电路的改善是以降低放大倍数为代价的。

2. 减小非线性失真

由于集成运算放大器是非线性器件，放大电路虽设置了合适的静态工作点 Q，但在输入信号振幅较大时，也会使输出波形产生失真。图 6-7a 所示的无反馈电路中，输入信号 x_i 是正弦波，经过放大电路放大后，输出正半周大、负半周小的失真波形。图 6-7b 所示的引入负反馈的电路中，由于反馈信号取自输出信号，反馈信号也是正半周大、负半周小的波形，使得净输入信号 $x_i' = x_i - x_f$ 的波形为正半周小、负半周大的预失真波形。预失真 x_i' 通过基本放大电路时，正好抵消了正半周大、负半周小的非线性失真，从而使输出波形比较接近正弦波，大大减小了非线性失真。

3. 展宽通频带

放大电路的幅频特性曲线如图 6-8 所示，无反馈时的幅频特性曲线及通频带为图上方的曲线 1。引入反馈后幅频特性曲线及通频带为图下方的曲线 2，中频区的放大倍数由原来的 $|A_m|$ 降至 $|A_{mf}|$，与反馈深度 $(1+A_mF)$ 的关系为

$$A_{mf} = \frac{A_m}{1+A_mF} \tag{6.3-10}$$

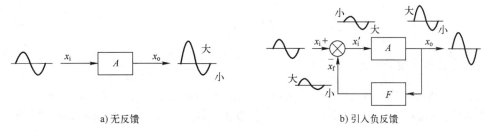

a) 无反馈　　　　　　　　　　　　b) 引入负反馈

图 6-7　减小非线性失真

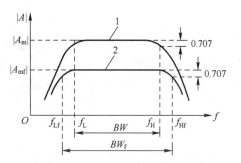

由于引入负反馈后，放大倍数稳定性提高，在低频段和高频段的放大倍数下降程度减小，使得下限频率由原来的 f_L 降至 f_{Lf}，即

$$f_{Lf} = \frac{f_L}{1 + A_m F} \qquad (6.3\text{-}11)$$

上限频率由原来的 f_H 升至 f_{Hf}，即

$$f_{Hf} = (1 + A_m F) f_H \qquad (6.3\text{-}12)$$

从而使通频带由原来的 BW 加宽到了 BW_f，即

$$BW_f = (1 + A_m F) BW \qquad (6.3\text{-}13)$$

图 6-8　放大电路的幅频特性曲线

引入负反馈后，放大电路的通频带展宽了 $(1 + A_m F)$ 倍，但放大倍数却减小为原来的 $1/(1 + A_m F)$，因此无反馈和引入反馈后，放大倍数与通频带的乘积不变，称为增益带宽积，即

$$A_{mf} BW_f = A_m BW = 常数 \qquad (6.3\text{-}14)$$

4. 改变输入电阻和输出电阻

（1）改变输入电阻　输入电阻是从放大电路输入端看进去的等效电阻。图 6-9a 所示的串联负反馈电路中，在输入端处基本放大电路和反馈网络串联。根据输入电阻的定义，基本放大电路的输入电阻为 $R_i = u_i'/i_i$，而引入负反馈后的输入电阻为 $R_{if} = u_i/i_i$。由于 $u_i = u_i' + u_f = u_i' + AFu_i'$，则 $R_{if} = (1 + AF) R_i$。因此引入串联负反馈后，将使输入电阻增大，等于无反馈时的 $(1 + AF)$ 倍。

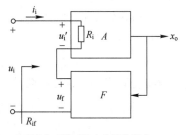
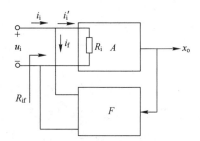

a) 串联负反馈对输入电阻的影响　　　　　b) 并联负反馈对输入电阻的影响

图 6-9　反馈在输入端的连接方式及影响

图 6-9b 所示的并联负反馈电路中，在输入端处基本放大电路和反馈网络以并联方式连接。根据输入电阻的定义，基本放大电路的输入电阻为 $R_i = u_i/i_i'$，而引入负反馈后的输入电阻为 $R_{if} = u_i/i_i$。由于 $i_i = i_i' + i_f = i_i' + AFi_i' = (1 + AF) i_i'$，则

$$R_{if} = \frac{R_i}{1+AF} \qquad (6.3-15)$$

引入并联负反馈后，将使输入电阻减小，等于无反馈时的 $\frac{1}{1+AF}$。

（2）改变输出电阻　输出电阻是从放大电路输出端看进去的等效电阻。图 6-10a 所示的电压负反馈电路中，反馈网络会在输出端处获取电压。根据输出电阻的定义，反馈放大电路的输出电阻为

$$R_{of} = \frac{u_o}{i_o} \bigg|_{\substack{x_i=0 \\ R_L=\infty}} \qquad (6.3-16)$$

图 6-10 中，Ax_i' 是基本放大电路的开路电压，R_o 是基本放大电路的输出电阻。输出电压 u_o 经反馈网络后得到反馈信号 $x_f = Fu_o$，由于外加输入信号 $x_i = 0$，所以 $x_i' = -Fu_o$。参数关系为 $u_o = i_o R_o + Ax_i' = i_o R_o - AFu_o$，因此引入电压负反馈的输出电阻为

$$R_{of} = \frac{u_o}{i_o} \bigg|_{\substack{x_i=0 \\ R_L=\infty}} = \frac{R_o}{1+AF} \qquad (6.3-17)$$

由式（6.3-17）可见，引入电压负反馈后，放大电路的输出电阻减小为无反馈时输出电阻的 $1/(1+AF)$。

假设输入信号不变，当某种原因使输出电压增大时，由于是电压反馈，反馈信号和输出电压成正比，所以反馈信号也将增大，则净输入信号减小，输出电压随之减小。可见，引入电压负反馈后，通过负反馈的自动调节作用，输出电压将趋于稳定，因此电压负反馈具有稳定输出电压的作用。具体稳定过程为

$$u_o \uparrow \rightarrow x_f \uparrow \rightarrow x_i' \downarrow (x_i' = x_i - x_f) \rightarrow u_o \downarrow$$

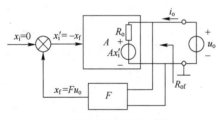

a) 电压负反馈对输出电阻影响

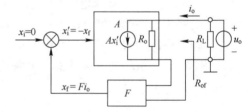

b) 电流负反馈对输出电阻影响

图 6-10　反馈在输出端的连接方式及影响

在图 6-10b 所示的电流负反馈电路中，输出电流 i_o 经反馈网络后得到反馈信号 $x_f = Fi_o$，由于外加输入信号 $x_i = 0$，所以 $x_i' = -Fi_o$，参数关系为

$$i_o = \frac{u_o}{R_o} + Ax_i' = \frac{u_o}{R_o} - AFi_o \qquad (6.3-18)$$

因此引入电流负反馈的输出电阻为

$$R_{of} = \frac{u_o}{i_o} \bigg|_{\substack{x_i=0 \\ R_L=\infty}} = (1+AF)R_o \qquad (6.3-19)$$

可见，引入电流负反馈后，放大电路的输出电阻增大为无反馈时的 $(1+AF)$ 倍。

假设输入信号不变，当某种原因使输出电流增大时，由于是电流反馈，反馈信号和输出电流成正比，则反馈信号也将增大，净输入信号就减小，经基本放大电路放大后，输出电流也随着减小。可见，引入电流负反馈后，通过负反馈的自动调节作用，最终输出电流将趋于稳定，所以电流负反馈具有稳定输出电流的作用。具体稳定过程为

$$i_o \uparrow \rightarrow x_f \uparrow \rightarrow x_i' \downarrow (x_i' = x_i - x_f) \rightarrow i_o \downarrow$$

6.3.5　深度负反馈放大电路的分析

随着集成运算放大器和各种模拟集成电路的应用日益普及，估算深度负反馈的放大倍数，将给电路的分析和调试带来很大方便。

1. 深度负反馈的实质

根据深度负反馈的概念，在反馈深度 $(1+AF) \gg 1$ 的条件下，则反馈放大电路的闭环放大倍数为

$$A_f = \frac{x_o}{x_i} = \frac{A}{1+AF} \approx \frac{1}{F} = \frac{x_o}{x_f} \tag{6.3-20}$$

由式 (6.3-20) 可知 $x_i \approx x_f$，则净输入信号 $x_i' = x_i - x_f \approx 0$。深度负反馈的实质是净输入量等于零。那么，若输入端引入串联负反馈，则 $u_i \approx u_f$，$u_i' \approx 0$，也就是净输入电压等于零。若输入端引入并联负反馈，则 $i_i \approx i_f$，$i_i' \approx 0$，也就是净输入电流等于零。

由此估算深度负反馈条件下电压串联、电压并联、电流串联和电流并联 4 种不同组态的反馈系数、闭环放大倍数和功能见表 6-1。

表 6-1　4 种组态负反馈放大电路的反馈系数、闭环放大倍数和功能

反馈组态	反馈系数 F	闭环放大倍数 A_f	功　　能
电压串联	$F = u_f / u_o$	$A_{uuf} = u_o / u_i$	u_i 控制 u_o，电压放大
电压并联	$F = i_f / u_o$	$A_{uif} = u_o / i_i$	i_i 控制 u_o，电流转换成电压
电流串联	$F = u_f / i_o$	$A_{iuf} = i_o / u_i$	u_i 控制 i_o，电压转换成电流
电流并联	$F = i_f / i_o$	$A_{iif} = i_o / i_i$	i_i 控制 i_o，电流放大

2. 深度负反馈条件下放大倍数的估算

(1) 电压串联负反馈电路　图 6-6a 所示电路中，输出电压 u_o 经 R_f 和 R_1 分压后反馈到输入端。根据理想集成运算放大器"虚断"的特点，即 $i_- = 0$，由分压原理求得反馈电压为

$$u_f = \frac{R_1}{R_1 + R_f} u_o \tag{6.3-21}$$

又由于深度串联负反馈条件下，净输入电压 $u_i' \approx 0$，$u_i \approx u_f$，所以此时的闭环放大倍数为

$$A_{uuf} = \frac{u_o}{u_i} \approx \frac{1}{F} = \frac{u_o}{u_f} = 1 + \frac{R_f}{R_1} \tag{6.3-22}$$

(2) 电压并联负反馈电路　在图 6-11 所示电路中，根据理想集成运算放大器"虚断"的特点，即 $i_+ = 0$，则 $u_+ = 0$。再根据"虚短"，则 $u_- = 0$。又由于深度并联负反馈条件下，净输入电流 $i_i' \approx 0$，$i_i \approx i_f$，所以深度负反馈条件下，此时的闭环放大倍数为

$$A_{\mathrm{uif}} = \frac{u_o}{i_i} \approx \frac{1}{F} = \frac{u_o}{i_f} = -R_f \qquad (6.3\text{-}23)$$

（3）电流串联负反馈电路　在图6-12所示电路中，反馈电压 u_f 取自输出电流 i_o。根据理想集成运算放大器"虚断"的特点，即 $i_- = 0$，故求得反馈电压为 $u_f = R_1 i_o$，所以深度负反馈条件下，此时的闭环放大倍数为

$$A_{\mathrm{iuf}} = \frac{i_o}{u_i} \approx \frac{1}{F} = \frac{i_o}{u_f} = \frac{1}{R_1} \qquad (6.3\text{-}24)$$

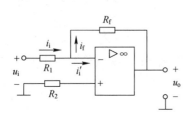

图6-11　电压并联负反馈

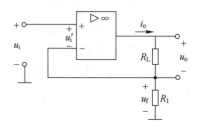

图6-12　电流串联负反馈

（4）电流并联负反馈电路　在图6-6b 所示电路中，根据理想集成运算放大器"虚短"的特点，可认为反相输入端"虚地"，即 $u_- = 0$。在深度并联负反馈条件下，净输入电流 $i_i' \approx 0$，$i_i \approx i_f$，由电路可求得

$$i_f = -\frac{R}{R + R_f} i_o \qquad (6.3\text{-}25)$$

所以深度并联负反馈条件下，此时的闭环放大倍数为

$$A_{\mathrm{iif}} = \frac{i_o}{i_i} \approx \frac{1}{F} = \frac{i_o}{i_f} = -\left(1 + \frac{R_f}{R}\right) \qquad (6.3\text{-}26)$$

6.4　基本运算电路

在分析集成运算放大器的应用电路时，首先应判断集成运算放大器是开环，还是引入负反馈或正反馈，进而确定其工作区。实现线性应用电路时，集成运算放大器需引入负反馈，保证其工作在线性区，并利用"虚短"和"虚断"的特点，求解输入电压与输出电压之间的线性运算关系，即写出 u_i 与 u_o 之间的表达式 $u_o = f(u_i)$，从而实现各种模拟信号之间的运算。

6.4.1　比例运算电路

1. 反相比例运算电路

图6-13所示电路中，由于引入负反馈支路 R_f，集成运算放大器工作在线性区，又由于 u_i 作用在反相输入端，且仅有一个输入信号，因此构成了反相比例运算电路。根据节点电流列方程得 $i_i = i_f + i_-$，由于"虚断"，$i_- = 0$，得 $i_i \approx i_f$。同样由于"虚断"，$i_+ = 0$，因此 $u_+ = 0$。再根据"虚短"，$u_+ = u_-$，得 $u_- = 0$，则

$$\frac{u_i - 0}{R_1} = \frac{0 - u_o}{R_f} \tag{6.4-1}$$

故输入信号 u_i 与输出信号 u_o 的关系式为

$$u_o = -\frac{R_f}{R_1} u_i \tag{6.4-2}$$

可见，u_o 与 u_i 之间为反相比例运算关系，比例系数 $K = -R_f/R_1$ 为任意负数。在实际应用中，会设置 $R_P = R_1 // R_f$，用以消除失调现象，称为平衡电阻，保证 $u_i = 0$ 时 $u_o = 0$。反相比例运算电路的重要特征是反相输入端虚地，即 $u_- = 0$，可见共模信号 $u_+ = u_- = 0$，因此对集成运算放大器的共模参数要求较低。

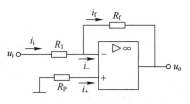

图 6-13 反相比例运算电路

2. 同相比例运算电路

图 6-14 所示电路中，输入信号 u_i 作用在同相输入端，因此称为同相比例运算电路，平衡电阻 $R_P = R_1 // R_f$。列节点电流方程 $i_{R1} = i_f + i_-$，根据"虚断"，$i_+ = i_- = 0$，可知 $i_{R1} = i_f$，$u_+ = u_i$，则

$$\frac{0 - u_-}{R_1} = \frac{u_- - u_o}{R_f} \tag{6.4-3}$$

根据"虚短"，$u_+ = u_-$，代入得

$$\frac{0 - u_+}{R_1} = \frac{u_+ - u_o}{R_f} \tag{6.4-4}$$

整理得

$$u_o = \left(1 + \frac{R_f}{R_1}\right) u_+ \tag{6.4-5}$$

由于 $u_+ = u_i$，故输入信号与输出信号的关系式为

$$u_o = \left(1 + \frac{R_f}{R_1}\right) u_i \tag{6.4-6}$$

可见，u_o 与 u_i 之间为同相比例运算关系，此时比例系数为任意正数。在分析时可知，同相比例运算电路的两输入端 $u_+ = u_- = u_i$，存在共模输入电压，因此应当选用共模抑制比高、最大共模输入电压大的集成运算放大器。

若使图 6-14 所示的同相比例运算电路中 $R_1 \rightarrow \infty$，$R_f = 0$，则构成如图 6-15 所示电路。该电路的输出电压等于输入电压，即 $u_o = u_i$，因此称为电压跟随器或单位增益运算电路。由于 $i_+ = 0$，使得输入电阻无穷大，又由于电压反馈，使得输出电阻为零。显然，从电压放大倍数看，电压跟随器并不具有放大作用，通常应用在信号源与负载之间起到缓冲的作用。

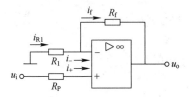

图 6-14 同相比例运算电路

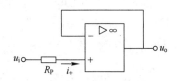

图 6-15 电压跟随器

6.4.2 加法运算电路

1. 反相加法运算电路

如图 6-16 所示，u_{i1} 和 u_{i2} 2 个输入信号同时作用在反相输入端，该电路称为**反相加法运算电路**。为保证电路对称性，其平衡电阻 $R_P = R_1 // R_2 // R_f$。根据电路理论叠加定理，当 u_{i1} 单独作用时，$u_{o1} = -\dfrac{R_f}{R_1} u_{i1}$；当 u_{i2} 单独作用时，$u_{o2} = -\dfrac{R_f}{R_2} u_{i2}$；则输出电压为

$$u_o = u_{o1} + u_{o2} = -\left(\frac{R_f}{R_1} u_{i1} + \frac{R_f}{R_2} u_{i2} \right) \qquad (6.4\text{-}7)$$

2. 同相加法运算电路

如图 6-17 所示，u_{i1} 和 u_{i2} 2 个输入信号同时作用在同相输入端，该电路称为**同相加法运算电路**。由同相比例运算电路可知，输出电压 u_o 与同相输入端 u_+ 的关系式为

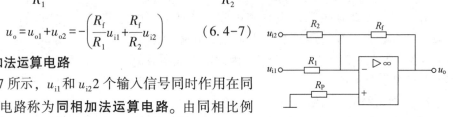

图 6-16 反相加法运算电路

$$u_o = \left(1 + \frac{R_f}{R} \right) u_+ \qquad (6.4\text{-}8)$$

这里只求解 u_+ 即可，利用叠加定理以及"虚短"和"虚断"特点可得当 u_{i1} 单独作用时，$u_{+1} = \dfrac{R_2}{R_1 + R_2} u_{i1}$；当 u_{i2} 单独作用时，$u_{+2} = \dfrac{R_1}{R_1 + R_2} u_{i2}$，则

$$u_+ = \frac{R_2}{R_1 + R_2} u_{i1} + \frac{R_1}{R_1 + R_2} u_{i2} \qquad (6.4\text{-}9)$$

将式（6.4-9）代入式（6.4-8），则输出电压 u_o 关系式为

$$u_o = \left(1 + \frac{R_f}{R} \right) \left(\frac{R_2}{R_1 + R_2} u_{i1} + \frac{R_1}{R_1 + R_2} u_{i2} \right) \qquad (6.4\text{-}10)$$

例 6-1 电路如图 6-18 所示，$R_1 = R_3 = 10\,\text{k}\Omega$，$R_2 = R_4 = 20\,\text{k}\Omega$。试分析输入信号与输出信号之间的运算关系式。

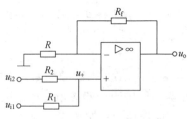

图 6-17 同相加法运算电路

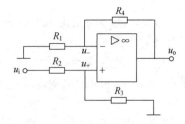

图 6-18 例 6-1 图

解： 根据"虚断"和"虚短"，可知输出电压仍满足 $u_o = \left(1 + \dfrac{R_4}{R_1} \right) u_+$，求出 u_+ 即可。

根据"虚断"，$i_+ = 0$，则有 $u_+ = \dfrac{R_3}{R_2 + R_3} u_i$，代入得

$$u_o = \left(1 + \frac{R_4}{R_1} \right) u_+ = \left(1 + \frac{R_4}{R_1} \right) \frac{R_3}{R_2 + R_3} u_i = \left(1 + \frac{2}{1} \right) \frac{1}{3} u_i = u_i$$

6.4.3　减法运算电路

如图 6-19 所示，当 u_{i1} 作用在反相输入端，u_{i2} 作用在同相输入端，即两输入端都有输入信号作用时，即构成减法运算电路。

根据叠加定理，当 u_{i1} 单独作用时，构成反相比例运算电路，有

$$u_{o1} = -\frac{R_f}{R_1}u_{i1} \qquad (6.4\text{-}11)$$

当 u_{i2} 单独作用时，构成同相比例运算电路，有

$$u_{o2} = \left(1 + \frac{R_f}{R_1}\right)u_+ \qquad (6.4\text{-}12)$$

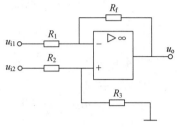

图 6-19　减法运算电路

式中，$u_+ = \dfrac{R_3}{R_2 + R_3}u_{i2}$，则输出电压为

$$u_o = -\frac{R_f}{R_1}u_{i1} + \left(1 + \frac{R_f}{R_1}\right)\frac{R_3}{R_2 + R_3}u_{i2} \qquad (6.4\text{-}13)$$

6.4.4　积分运算电路

如图 6-20 所示，积分运算电路的结构类似于反相比例运算电路，它采用电容作为反馈支路的元件，并且反相端仍具有"虚地"这个重要特征。

根据 $i_R = i_C + i_-$，由于 $i_- = 0$，则有 $i_R = i_C$，而 $i_C = C\dfrac{\mathrm{d}u_C}{\mathrm{d}t}$，且 $u_- = 0$，故

$$\frac{u_i - 0}{R} = C\frac{\mathrm{d}(0 - u_o)}{\mathrm{d}t} \qquad (6.4\text{-}14)$$

整理得

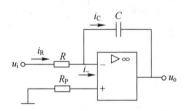

图 6-20　积分运算电路

$$u_o = -\frac{1}{RC}\int u_i\,\mathrm{d}t \qquad (6.4\text{-}15)$$

式 (6.4-15) 表明输出电压 u_o 与输入电压 u_i 的积分成正比，因此它才称为积分运算电路，且为反相积分运算电路。在计算某一时间段 $[t_1, t_2]$ 内的积分值时，则有

$$u_o = -\frac{1}{RC}\int_{t_1}^{t_2} u_i(t)\,\mathrm{d}t + u_o(t_1) \qquad (6.4\text{-}16)$$

式中，$u_o(t_1)$ 是积分起始时刻的输出电压，即积分运算的起始值，在计算时一定要注意。

例 6-2　在图 6-20 所示的积分运算电路中，已知 $R = 100\,\mathrm{k\Omega}$，$C = 10\,\mu\mathrm{F}$，$u_o(0) = 0$，即电容无初始储能。假设输入电压 u_i 的波形如图 6-21a 所示，求输出电压 u_o 的波形。

解：已知 u_i 是周期性变化的方波，因此应按照每一个时间段分析 u_o 的变化规律，求解时要注意每个时间段积分

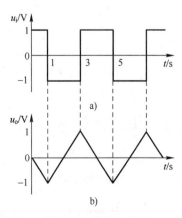

图 6-21　例 6-2 图

运算的起始值。分析出一个周期内输出电压 u_o 的变化规律后，便能够画出 u_o 的波形了。

在 $t=0 \rightarrow 1$ s 时间段，给定 $u_i=1$ V，故

$$u_o(1) = -\frac{1}{RC}\int_0^1 1 \, \mathrm{d}t + u_o(0) = -t \Big|_0^1 + 0 = -1 \text{ V}$$

在 $t=1 \rightarrow 3$ s 时间段，给定 $u_i=-1$ V，故

$$u_o(3) = -\frac{1}{RC}\int_1^3 (-1) \, \mathrm{d}t + u_o(1) = t \Big|_1^3 - 1 = 1 \text{ V}$$

以此类推，输出电压 u_o 重复 $t=0 \rightarrow 3$ s 时间段的变化规律。由以上分析画出的输出电压波形如图 6-21b 所示。可见，在实际应用中，积分运算电路可实现波形变换，将方波转换为三角波，也常用于函数变换、延时、定时以及产生各种类型的非正弦波等。

6.4.5 微分运算电路

将积分运算电路中的反相输入端电阻 R 与反馈支路中的电容 C 互换位置，便可构成积分的逆运算，即微分运算电路，如图 6-22 所示。

根据 $i_C=i_R+i_-$，由于 $i_-=0$，有 $i_C=i_R$，而 $i_C=C\dfrac{\mathrm{d}u_C}{\mathrm{d}t}$，且 $u_-=0$，故 $C\dfrac{\mathrm{d}(u_i-0)}{\mathrm{d}t}=\dfrac{0-u_o}{R}$，整理得

$$u_o = -RC\frac{\mathrm{d}u_i}{\mathrm{d}t} \tag{6.4-17}$$

在实际应用中，利用微分电路也能实现波形变换和函数变换。图 6-23 所示输入信号是方波，经过微分运算电路后，输出信号即变换为尖脉冲波。

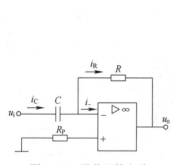

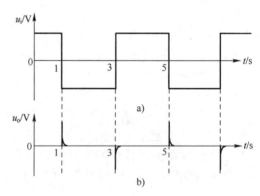

图 6-22　微分运算电路　　　　　　图 6-23　反相微分运算电路实现波形变换

6.5　电压比较器

6.5.1　单限比较器

单限比较器是指只有一个门限电压的电压比较器。如图 6-24a 所示，集成运算放大器处于开环状态，因此工作在非线性区，具有"虚断"，也就是 $i_+=i_-=0$ 的特点，由此便可构

成电压比较器。具体分析如下：

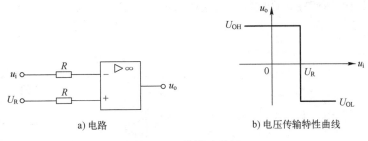

a) 电路　　　　　　　　　　b) 电压传输特性曲线

图 6-24　单限比较器

（1）输出高、低电平　由于 $i_+ = 0$，可得同相输入端 $u_+ = U_R$；同理 $i_- = 0$，可得反相输入端 $u_- = u_i$。

由非线性区特点可知：当 $u_+ > u_-$ 时，即 $U_R > u_i$，输出为高电平 $U_{OH} \approx U_{CC}$，达到集成运算放大器的极限输出值，接近于正电源电压；当 $u_+ < u_-$ 时，即 $U_R < u_i$，输出为低电平 $U_{OL} \approx -U_{CC}$，达到集成运算放大器的极限输出值，接近于负电源电压。

（2）门限电压　只要两输入端的电压 u_+ 与 u_- 不相等，输出电压便是高电平或低电平两种状态。因此可知，当 $u_+ = u_-$ 时，输出电压发生跃变，此时输入电压即为门限电压。令 $u_+ = u_-$，即 $U_R = u_i$，故门限电压 $U_T = u_i = U_R$。

（3）跃变方向　随着输入电压 u_i 正向增大，曲线将由高电平跃变为低电平，称为下行曲线。

综合上述 3 要素分析，画出的电压传输特性曲线如图 6-24b 所示，由图可见，令 u_o 发生跃变的门限电压只有一个，因此称为单限比较器。

输出电压也可采用钳位稳压二极管（也可采用一只稳压二极管），迫使输出电压 U_{OH} 和 U_{OL} 符合逻辑电平的要求。如图 6-25 所示，假设 VZ 为理想稳压二极管，当输入电压 $u_i < U_R$ 时，输出电压 $u_o = U_{OH}$，上面的稳压二极管处于导通状态，下面的稳压二极管稳压，因此 $u_o = U_{OH} = U_Z$；当输入电压 $u_i > U_R$ 时，输出电压 $u_o = U_{OL}$，此时上面的稳压二极管稳压，下面的稳压二极管导通，因此 $u_o = U_{OL} = -U_Z$。

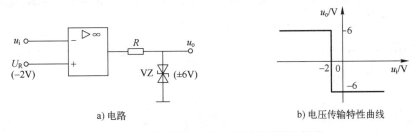

a) 电路　　　　　　　　　　b) 电压传输特性曲线

图 6-25　采用钳位稳压二极管的单限比较器

单限比较器虽然电路简单，但是存在一个严重缺点：当输入信号 u_i 不可避免地存在干扰信号时，会使输入信号 u_i 在门限电压 U_T 附近变化，造成输出电压在高电平 U_{OH} 和低电平 U_{OL} 之间来回摆动，反复发生跃变。

以图 6-26a 所示的过零比较器为例，由图 6-26b 可见，u_i 本身为三角波，但因为存在正弦波干扰信号，于是 u_i 在零电位附近反复上下，造成 u_o 来回错误跳变。为消除输出电压的这种来回错误跳变的现象，集成运算放大器通常会引入正反馈构成迟滞比较器，它同样工作在非线性区，利用电压传输特性曲线来描述输入电压与输出电压的关系。

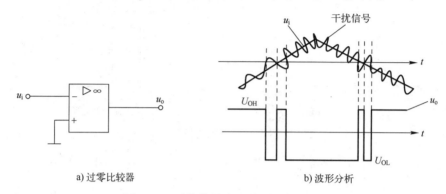

a) 过零比较器　　　　　　　　b) 波形分析

图 6-26　干扰信号对过零比较器的影响

6.5.2　迟滞比较器

集成运算放大器有两个输入端，输入信号 u_i 从反相端输入，再将输出信号通过反馈网络 R_1 和 R_2 反馈到同相输入端便构成了正反馈，如图 6-27a 所示，该电路称为反相迟滞比较器。

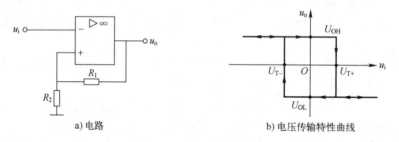

a) 电路　　　　　　　　b) 电压传输特性曲线

图 6-27　反相迟滞比较器

对图 6-27b 的具体分析如下：

（1）输出高、低电平　由于集成运算放大器的极限输出值，接近正负电源电压值，则 $U_{OH} \approx U_{CC}$，$U_{OL} \approx -U_{CC}$。

（2）门限电压　由于 $i_+ = 0$，反馈电压 $u_+ = \dfrac{R_2}{R_1 + R_2} u_o$，而 $u_- = u_i$，令 $u_+ = u_-$，则门限电压为

$$U_T = u_i = \frac{R_2}{R_1 + R_2} u_o \qquad (6.5\text{-}1)$$

当输出端处于高电平，$u_o = U_{OH} \approx U_{CC}$ 时，记作上门限电压，有

$$U_{T+} = \frac{R_2}{R_1 + R_2} U_{OH} \qquad (6.5\text{-}2)$$

当输出端处于低电平，$u_o = U_{OL} \approx -U_{CC}$ 时，记作下门限电压，有

$$U_{T-} = \frac{R_2}{R_1 + R_2} U_{OL} \qquad (6.5\text{-}3)$$

可见，迟滞比较器具有上下两个门限电压值。

（3）跃变方向　u_i 从反相端输入，故 u_o 具有下行曲线走向。假设输出端处于高电平，即 $U_{OH} \approx U_{CC}$，在 u_i 增大的过程中，一旦满足 $u_i > U_{T+}$，输出端 u_o 就跃变到低电平，即 $U_{OL} \approx -U_{CC}$。在 u_i 减小的过程中，一旦满足 $u_i < U_{T-}$，输出端 u_o 就跃变到高电平，即 $U_{OH} \approx U_{CC}$。

综合以上 3 要素，画出电压传输特性曲线如图 6-27b 所示。

正因为迟滞比较器具有两个门限电压，使得 u_i 在 U_{T+} 和 U_{T-} 的回差 ΔU 之间变化时（回差记作 $\Delta U = U_{T+} - U_{T-}$），电平不发生跃变现象。假设当 u_i 受到干扰信号时，只要干扰信号幅度在回差 ΔU 范围内，就可避免输出端 u_o 产生错误跳变，其抗干扰原理如图 6-28 所示。

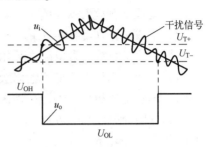

图 6-28　迟滞比较器
抗干扰原理示意图

例 6-3　试设计一个迟滞比较器电路，使其电压传输特性如图 6-29a 所示。已知集成运算放大器的电源电压为 12 V，要求所用阻值在 $20 \sim 100\,\mathrm{k\Omega}$ 之间。

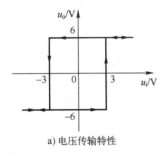

a) 电压传输特性

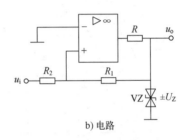

b) 电路

图 6-29　例 6-3 图

解：由图 6-29a 可知，输出端 u_o 是上行走向曲线，故输入信号 u_i 应该作用于同相输入端，且引入正反馈，构成同相迟滞比较器。此外，输出端高电平为 $U_{OH} = 6\,\mathrm{V}$，低电平为 $U_{OL} = -6\,\mathrm{V}$，因此输出端采用 $\pm U_Z = \pm 6\,\mathrm{V}$ 的稳压二极管钳位电路，设计电路如图 6-29b 所示，由图可见，根据叠加定理，同相端电位为

$$u_+ = \frac{R_1}{R_1+R_2} u_i + \frac{R_2}{R_1+R_2} (\pm U_Z)$$

由于 $u_- = 0$，当 $u_+ = u_-$ 时，电平发生跃变，可求出门限电压值。令 $u_+ = u_-$，即

$$\frac{R_1}{R_1+R_2} u_i + \frac{R_2}{R_1+R_2} (\pm U_Z) = 0$$

则有

$$U_T = u_i = \frac{R_2}{R_1} (\pm U_Z)$$

因此，两个门限电压值为

$$U_{T+} = \frac{R_2}{R_1} U_Z, \quad U_{T-} = -\frac{R_2}{R_1} U_Z$$

根据电压传输特性曲线可知，$U_{T+} = 3\,\mathrm{V}$，$U_{T-} = -3\,\mathrm{V}$，$U_Z = 6\,\mathrm{V}$。

故求得电阻 R_1 和 R_2 的关系为 $R_1 = 2R_2$，若取 $R_1 = 100\,\text{k}\Omega$，则 $R_2 = 50\,\text{k}\Omega$。

习题 6

6-1 填空。

（1）集成运算放大器电路采用直接耦合的原因是（　　　　　　　　　　）。

（2）集成运算放大器电路输入级采用差分放大电路的主要原因是为了（　　　　　　　　　　）。

（3）集成运算放大器电路中采用有源负载的主要目的是（　　　　　　　　　　）。

（4）集成运算放大器电路输出级中采用（　　　　　　　　）组态放大电路。

（5）理想集成运算放大器线性区有而非线性区没有的特性是（　　　　　　　　　　）。

6-2 试判断如图 6-30 所示各电路的反馈极性和组态。并估算各电路在深度负反馈条件下的电压放大倍数。

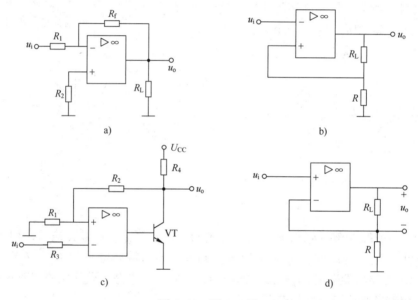

图 6-30 题 6-2 图

6-3 一个负反馈放大电路，$A = 10^4$，$F = 10^{-2}$，求以 $A_f = \dfrac{A}{1 + AF}$ 方式和 $A_f \approx \dfrac{1}{F}$ 方式计算的 A_f 结果，比较两种计算结果的误差。若 $A = 10$，$F = 10^{-2}$，重复以上计算，比较它们的结果，这说明什么问题？

6-4 根据要求选择合适的反馈类型或组态。

（1）为了稳定静态工作点，应选择（　　　　　　　　　）。

（2）为了稳定输出电压，应选择（　　　　　　　　　　）。

（3）为了将输入电压转换为电流，应选择（　　　　　　　　　）。

（4）为了提高输入电阻，减小输出电阻，应选择（　　　　　　　　　）。

6-5 电路如图 6-31 所示。

（1）为了提高输出级的带负载能力，减小输出电压波形的非线性失真，试在电路中引入一个负反馈（画在图上），并说明反馈组态。

（2）若要求引入负反馈后的电压放大倍数 $A_{uf} = -20$，其中 $R = 1\,\text{k}\Omega$，试选择反馈电阻的阻值。

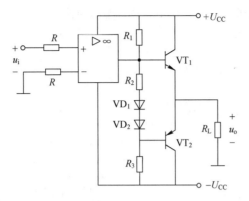

图 6-31　题 6-5 图

6-6　电路如图 6-32 所示，试指出该运算电路的名称，并求输出电压与输入电压的关系式。

6-7　电路如图 6-33 所示，已知集成运算放大器具有理想特性。

（1）试指出运算电路的名称，并写出输出电压 u_o 与输入电压 $u_{i1} \sim u_{i3}$ 之间的表达式。

（2）若要求输出电压 u_o 的表达式具有标准形式：$u_o = -\dfrac{R_2}{R_1}u_{i1} + \dfrac{R_2}{R_3}u_{i2} + \dfrac{R_2}{R_4}u_{i3}$，求解电阻 R_4。

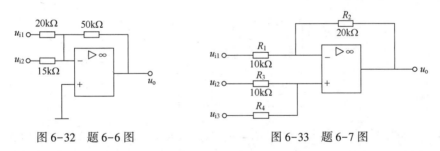

图 6-32　题 6-6 图　　　　　　　　　图 6-33　题 6-7 图

6-8　电路如图 6-34 所示，求该电路的电压放大倍数。

6-9　电路如图 6-35 所示，求解：

（1）输入电阻。

（2）电压放大倍数。

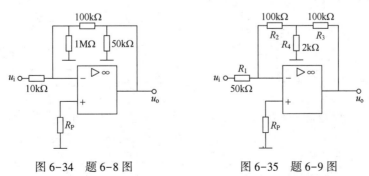

图 6-34　题 6-8 图　　　　　　　　　图 6-35　题 6-9 图

6-10　已知设图 6-36 所示电路中的 A_1、A_2、A_3 均为理想集成运算放大器，试指出电路中各集成运算放大器组成何种运算电路，并写出输出电压 u_o 的表达式。

6-11　由理想集成运算放大器构成的两级电路如图 6-37 所示，设 $t=0$ 时，$u_C(0)=1\,\text{V}$；输入电压 $u_{i1}=0.1\,\text{V}$，$u_{i2}=0.2\,\text{V}$。求 $t=10\,\text{s}$ 时，输出电压 u_o 的值。

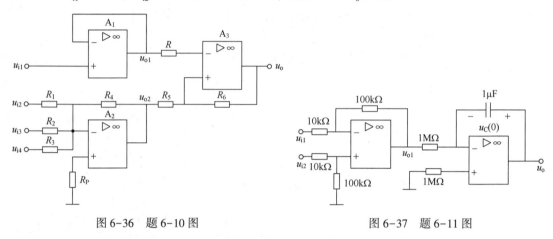

图 6-36　题 6-10 图　　　　　　　　图 6-37　题 6-11 图

6-12　某运算电路如图 6-38 所示，已知 $\dfrac{R_3}{R_1}=\dfrac{R_4}{R_6}$，试求电路的运算表达式，并说明该电路的功能。该电路与实现同样功能的基本电路相比，具有什么优点？

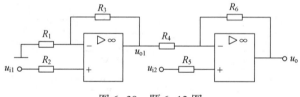

图 6-38　题 6-12 图

6-13　电路如图 6-39 所示，已知 $R_1=20\,\text{k}\Omega$，$R_2=30\,\text{k}\Omega$，$R_3=2\,\text{k}\Omega$，$U_R=6\,\text{V}$，硅稳压二极管 VZ 的稳定电压 $U_Z=5\,\text{V}$，集成运算放大器为理想器件。

（1）试求该比较器的门限电压 U_T。

（2）画出该电路的电压传输特性。

6-14　迟滞比较器的电路如图 6-40 所示。试推导出它的上、下门限电压的表达式，并画出其电压传输特性。

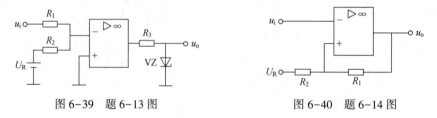

图 6-39　题 6-13 图　　　　　　　　图 6-40　题 6-14 图

第7章　组合逻辑电路

数字电子技术与模拟电子技术一起构成了电子技术的两个重要方面。本章首先介绍数字信号、数字电路等数字电子技术的基础知识；其次介绍信息数字化表示的两种主要方式：二进制数制和二进制编码；然后介绍数字电路分析与设计的数学工具——逻辑代数的基础知识，最后介绍逻辑门、组合逻辑电路的分析与设计的方法和组合逻辑模块及应用。

7.1　概述

数字电子技术广泛应用于工业生产、控制、通信和航空等各个领域。数字信号、数字电路等基本概念以及数字电路的分析与设计方法是数字电子技术的重要学习内容。

7.1.1　数字信号

采用电子电路解决实际问题时，首先要用变换器（换能器、传感器等）将各种形式存在的物理量转换成电信号。例如，利用压电变换原理制作的传声器可将声音转换成模拟电压信号（即语音信号）；利用温度传感器将温度变化转换为电压变化。图7-1所示为正弦波电压信号（语音或其他模拟电压信号中某一频率成分对应的模拟信号）的时域波形，该信号在时间和幅值上具有连续变化的特点。

典型数字信号的波形如图7-2所示。数字信号在任一时刻只呈现高电平或低电平这两种离散电平值之一。在数字电子系统中，通常用逻辑值"0"和"1"表示电平的高和低。注意，0表示低电平、1表示高电平是最自然的，称为**正逻辑**，而相反的，一般不采用0表示高电平、1表示低电平的**负逻辑**形式。数字信号具有突出的逻辑特点，因而通过逻辑代数中各种抽象方法来描述电路中简单的0和1的运算，就可以对数字逻辑电路进行功能上的分析与设计。

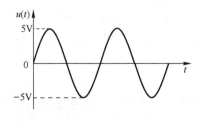

图7-1　正弦波电压信号的时域波形

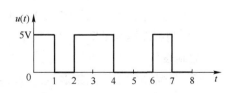

图7-2　典型数字信号的波形

7.1.2 数字电路

像模拟电路处理模拟信号一样，数字电路是用来处理数字信号的电路。不同的是，数字电路主要研究输入与输出信号之间的逻辑关系，采用的数学工具是逻辑代数，因此也称为逻辑电路。

现代数字电路是由半导体数字集成器件构造而成的，按照功能和结构的区别分为组合逻辑电路和时序逻辑电路。组合逻辑电路的基本单元是集成逻辑门，典型电路还包括编码器、译码器和数据选择器等。时序逻辑电路的基本单元是触发器，典型电路还包括计数器、移位寄存器等。

与模拟电路相比，数字电路具有以下优点：

（1）更突出的抗干扰性能 数字信号具有离散取值特性，便于实现信号再生，在数据通信中采取各种检错码、纠错码后，能够进一步提高数据通信的可靠性，使得数字电路在数据传输、处理等场合具有广泛应用。

（2）更容易实现大规模集成 集成电路中，有源元器件（如晶体管、场效应晶体管等）面积较小，而无源元器件（如电感、电容等）面积较大。模拟集成电路由有源元器件和无源元器件构成，而数字集成电路则主要采用有源元器件，这使得数字集成电路更容易高度集成。

（3）强大的数据存储能力 数字信号在时间和幅值上的离散取值特点，使得数字电路具有更强大的数据存储能力。

（4）数据处理速度快、能力强 以计算机为典型代表的数字系统，对数据的处理能力强大而且发展飞速。

（5）编程灵活，功能丰富 随着可编程逻辑器件及其开发工具的出现，利用计算机进行数字电路设计更加方便，效率和自动化程度得到极大提高。

但是，需要注意的是，数字信号、数字电路也具有模拟性，数字信号实际波形的边沿具有连续变化的特点，这是典型的模拟特性，尤其是随着工作频率的升高，数字信号的模拟性会更加明显，这时需要利用模拟电路的方法分析和设计电路。因此，设计数字电路时，能够理解并运用电路的模拟性很重要。

7.1.3 数制

数字信号由高电平和低电平组成，其电路以二值数字逻辑为基础，只能处理二进制数码 0 和 1。然而，现实中人们所熟悉的，无论是数值信息还是非数值信息，很少是完全基于二进制存在的。因此，信息如何采取 0 和 1 的数字化方式表示，是数字电路应用首先要解决的问题，而数制和编码则是实现信息数字化的两种主要方法。

1. 数制表示

无符号数常用按位计数制表示，如二进制、八进制、十进制和十六进制等。进制之间的关系对照见表 7-1。日常生活中人们使用的是十进制数，而数字电路中直接处理的是二进制数，八进制和十六进制虽不直接处理，但是因为基数均是 2 的幂，因而在表示多位二进制数时很有用。

表 7-1 进制之间的关系对照

十进制	二进制	八进制	十六进制	十进制	二进制	八进制	十六进制
0	0	0	0	8	1000	10	8
1	1	1	1	9	1001	11	9
2	10	2	2	10	1010	12	A
3	11	3	3	11	1011	13	B
4	100	4	4	12	1100	14	C
5	101	5	5	13	1101	15	D
6	110	6	6	14	1110	16	E
7	111	7	7	15	1111	17	F

按位计数制具有相同的技术特点和规则，总结其基本概念如下：

（1）基数 进制数"2、8、10、16"分别为二、八、十、十六进制的基数。

（2）数码 二进制数码为 0、1，十进制数码为 0~9，十六进制数码则是 0~9 和 A~F。

（3）权值 每个位都有相应的"权值"，简称权。权值按基数的幂次变化，以小数点的位置为基准，小数点左边（整数部分）为正，按 0、1、2、…的顺序增加；小数点右边（小数部分）为负，按 -1、-2、…的顺序变化。例如，二进制数中第 i 位的权是 2^i。

（4）计数规则 二进制计数时逢二进一，借一当二，其他进制具有相类似的计数规则。

2. 数制转换

按位计数制之间可以相互转换。二进制、八进制和十六进制等转换为十进制数的方法比较简单，写出权值展开式后按照十进制求和就可以得到等值的十进制数。

例 7-1 分别将二进制数 $(10011)_2$ 和 $(101.101)_2$ 转换为十进制数。

解：

$$(10011)_2 = 1 \times 2^4 + 0 \times 2^3 + 0 \times 2^2 + 1 \times 2^1 + 1 \times 2^0 = (19)_{10}$$

$$(101.101)_2 = 1 \times 2^2 + 0 \times 2^1 + 1 \times 2^0 + 1 \times 2^{-1} + 0 \times 2^{-2} + 1 \times 2^{-3} = (5.625)_{10}$$

表达式中括号外的下角标表示进制。二进制数的每个位置只有两种可能的取值，即 1 或 0，与数字信号的高、低电平相对应，是一种适用于硬件的数值表示法，这也是学习二进制表示法的原因所在。然而，由于基数太小，二进制数并不适合人们直接使用。为了方便读写，数字电路也经常使用和二进制数具有简单对应关系的十六进制数。

十进制转换为非十进制时，整数部分和小数部分分别采用不同的方法。例如，十进制转换为二进制时，对整数除 2 取余，对小数乘 2 取整。

例 7-2 将十进制数 $(218.6875)_{10}$ 转换为二进制数。

解：对十进制整数的转换采用竖式连除法，如图 7-3 所示。最先产生的余数为最低位，最后产生的余数为最高位（除到 0 为止），十进制整数 218 的转换结果为 $(11011010)_2$。

对十进制小数采用乘 2 取整法，最先产生的整数为小数最高位，最后产生的整数为小数最低位。

$0.6875 \times 2 = 1.375$，取整数 1，为小数最高位；

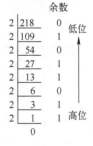

图 7-3 例 7-2 图

0.375×2=0.75，取整数 0；

0.75×2=1.5，取整数 1；

0.5×2=1.0，取整数 1，为小数最低位。

十进制小数 0.6875 的转换结果为 $(0.1011)_2$。

因此，十进制数 $(218.6875)_{10}$ 转换为二进制数结果为 $(11011010.1011)_2$。

3. 原码、反码和补码

带符号数（带有正、负符号的数值数据）通常采用二进制原码、反码或补码表示。表 7-2 中以 +13、-13 的 8 位二进制数表示为例，归纳了原码、反码和补码的格式及相互之间的关系。

表 7-2　二进制原码、反码、补码的格式及关系

+13			-13		
原码	反码	补码	原码	反码	补码
00001101	00001101	00001101	10001101	11110010	11110011

表 7-2 中，8 位二进制带符号数左侧的第 1 位是符号，后面 7 位是数值。**正数**的原码、反码和补码格式相同，用 0 表示正，7 位数值 0001101 表示 13；**负数**的符号位用 1 表示负，7 位数值 0001101 原码表示 13，反码的数值在原码数值基础上按位取反，补码的数值则在反码数值基础上最低位加 1。

例 7-3　采用 8 位二进制原码、反码和补码方式分别表示 $(0.01101)_2$ 和 $(-0.01101)_2$。

解：

$$(0.01101)_2 = (0.0110100)_{原码} = (0.0110100)_{反码} = (0.0110100)_{补码}$$
$$(-0.01101)_2 = (1.0110100)_{原码} = (1.1001011)_{反码} = (1.1001100)_{补码}$$

在计算机等数字系统中，普遍采用二进制补码表示带符号数。原因是利用原码和反码构造相关算术运算电路时，逻辑电路的实现非常复杂。例如，二进制原码加法电路实现时，必须检查两个加数的符号，以决定对数值执行何种操作，如果符号相同，就将数值相加，并给计算结果赋以相同的符号；如果符号不同，就必须比较数值大小，用较大的数值减去较小的数值，并以较大数值的符号赋以结果。二进制反码加法电路的设计也有类似问题。二进制补码加法电路则是将符号位一起进行加法运算，这样一来电路设计得到极大简化。

了解原码、反码和补码的表示范围对于带符号数的运算具有重要意义。表 7-3 中列出了 4 位二进制原码、反码、补码所能表示的十进制数范围。

表 7-3　十进制数与 4 位二进制原码、反码、补码

十进制	二进制原码	二进制反码	二进制补码
-8	—①	—①	1000②
-7	1111	1000	1001
-6	1110	1001	1010
-5	1101	1010	1011
-4	1100	1011	1100
-3	1011	1100	1101

（续）

十进制	二进制原码	二进制反码	二进制补码
-2	1010	1101	1110
-1	1001	1110	1111
0	1000 0000	1111 0000	—① 0000
+1	0001	0001	0001
+2	0010	0010	0010
+3	0011	0011	0011
+4	0100	0100	0100
+5	0101	0101	0101
+6	0110	0110	0110
+7	0111	0111	0111

① 超出有符号数的 4 位二进制表示范围。

② 按照数制变化的特点，表中规定 1000 在 4 位补码中表示-8，而不是用来表示-0。

7.1.4 编码

数制是实现数值数据在数字系统中表示的一种方法。然而，更多的信息数据是非数值的，如文本、字母、操作命令甚至语音、图像等。因此，对数值和非数值数据更多采用二进制编码方式来表示。

1. 自然二进制编码

自然二进制编码是一种简单的数值编码方案，十进制数值 0~15 的 4 位自然二进制编码见表 7-4。该编码随数值增大具有顺序递增的特点，推广到任意一个十进制数值，其 N 位的自然二进制编码与它的 N 位二进制数在形式上完全一样。但是，这仅仅在形式上相同，本质上并不相同，编码的高位 0 不可以省略，这一点显然在二进制数中是不一样的。

表 7-4 十进制数值 0~15 的 4 位自然二进制编码与格雷码

十进制数值	自然二进制编码	格雷码	十进制数值	自然二进制编码	格雷码
0	0000	0000	8	1000	1100
1	0001	0001	9	1001	1101
2	0010	0011	10	1010	1111
3	0011	0010	11	1011	1110
4	0100	0110	12	1100	1010
5	0101	0111	13	1101	1011
6	0110	0101	14	1110	1001
7	0111	0100	15	1111	1000

2. 格雷码

格雷码（Gray Code）**又称循环码**，是一种在机电和抗干扰通信等方面广泛应用的数值编码，其对十进制数 0~15 的 4 位编码同样见表 7-4。格雷码具有 3 个典型特点：

1）相邻性，任意两个相邻的码字只有 1 位不同。相邻性使格雷码在提高计数可靠性和提高通信抗干扰能力方面发挥了重要作用。

2）循环性，首尾两个码字同样具有相邻性。

3）反射性，也称镜像性，以码字最高位 0 和 1 的分界处为镜像点，处于镜像对称位置上的码字只有最高位不同，其余各位都相同。

1~3 位格雷码的构造过程如图 7-4 所示，构造方法主要基于格雷码的镜像特性，镜像点①、②和③分别对应 1 位、2 位和 3 位格雷码。

格雷码的构造具有以下递归特性。

1）采用 1 位格雷码编码时，有两个码字，即 0 和 1。

2）采用 n 位格雷码编码时，有 2^n 个码字，前 2^{n-1} 个码字等于 $n-1$ 位格雷码的码字按顺序排列，加前缀 0；后 2^{n-1} 个码字等于 $n-1$ 位格雷码的码字按逆序排列，加前缀 1。

请参照图 7-4 所示的过程，自行构造产生表 7-4 中的 4 位格雷码。

图 7-4　1~3 位格雷码的构造过程

3. 二–十进制码

二进制数适合数字系统，而人们习惯于处理十进制数，如何在不改变数字电路基本特性的条件下表示十进制数？这要用到二–十进制码（Binary-Coded Decimal，BCD 码）。

在 BCD 码中，将十进制数看作一组 0~9 的字符串，用 4 位无符号的二进制数 0、1 编码表示。例如，$(259)_{10}$ 可以看作字符 2、5、9 依次排列，将各字符分别用二进制码替换，就得到该十进制数的一种编码表示。这种方法简单、直观，避免了十进制数转换为二进制数时烦琐的计算过程。十进制使用字符 0~9，将这 10 个字符编码，至少需要 4 位二进制码。4 位二进制码可以有 0000~1111 共 16 种组合，原则上可以从中任取 10 种进行二–十进制编码，取其中哪 10 种以及如何与 0~9 相对应，有许多方案，其中比较常用的 BCD 码见表 7-5。

表 7-5　常用 BCD 码

十进制数	8421 码	5421 码	2421 码	余 3 码	余 3 循环码
0	0000	0000	0000	0011	0010
1	0001	0001	0001	0100	0110
2	0010	0010	0010	0101	0111
3	0011	0011	0011	0110	0101
4	0100	0100	0100	0111	0100
5	0101	1000	1011	1000	1100
6	0110	1001	1100	1001	1101
7	0111	1010	1101	1010	1111
8	1000	1011	1110	1011	1110
9	1001	1100	1111	1100	1010

BCD 码与对应十进制数的相互转换十分方便，只需要按照编码表逐字符转换即可。

例 7-4　分别用 8421 码、5421 码、余 3 码和余 3 循环码表示十进制数 206.94。

解：

$$(206.94)_{10} = (0010\ 0000\ 0110.1001\ 0100)_{8421码}$$

$$= (0010\ 0000\ 1001.1100\ 0100)_{5421码}$$

$$= (0101\ 0011\ 1001.1100\ 0111)_{余3码}$$

$$= (0111\ 0010\ 1101.1010\ 0100)_{余3循环码}$$

注意：BCD 码中的每个码字和十进制数中的每个字符是一一对应的，BCD 码表示的整数部分的高位 0 和小数部分的低位 0 都不能省略。

BCD 码将十进制数值看作一串字符，每个字符各用一组 0、1 编码来表示，这种表示法本质上是符号编码表示法，用 0、1 编码表示不同符号的还有计算机键盘字符的 ASCII 编码表示法和汉字编码表示法等。

4. ASCII 码

上述编码主要用于数值的二进制表示，编码还需要解决符号的二进制表示问题。美国信息交换标准码（American Standard Codes for Information Interchange），即 ASCII 码，是一种常用的字符编码，其编码表见表 7-6。

表 7-6　ASCII 码编码表

$B_3B_2B_1B_0$ ＼ $B_6B_5B_4$	000	001	010	011	100	101	110	111
0000	NUL	DLE	SP	0	@	P	`	p
0001	SOH	DC1	!	1	A	Q	a	q
0010	STX	DC2	"	2	B	R	b	r
0011	ETX	DC3	#	3	C	S	c	s
0100	EOT	DC4	$	4	D	T	d	t
0101	ENQ	NAK	%	5	E	U	e	u
0110	ACK	SYN	&	6	F	V	f	v
0111	BEL	ETB	'	7	G	W	g	w
1000	BS	CAN	(	8	H	X	h	x
1001	HT	EM	)	9	I	Y	i	y
1010	LF	SUB	*	:	J	Z	j	z
1011	VT	ESC	+	;	K	[	k	{
1100	FF	FS	,	<	L	\	l	|
1101	CR	GS	−	=	M	]	m	}
1110	SO	RS	.	>	N	^	n	~
1111	SI	US	/	?	O	_	o	DEL

ASCII 码采用 7 位二进制编码格式，共有 128 种不同的编码，能够表示十进制字符、英文字母、基本运算字符、控制符和其他符号等。如十进制字符 0~9 的 7 位 ASCII 码是 0110000~0111001，采用十六进制数表示为 30H~39H，后缀 H 表示十六进制（二进制数用 B、十进制数用 D、十六进制数用 H）；大写字母 A~Z 的 ASCII 码是 41H~5AH；小写字母 a~z 的 ASCII 码是 61H~7AH。编码表中 20H~7FH 对应的所有字符都可以在键盘上找到。

7.1.5 逻辑代数基础

逻辑代数是一种用于描述客观事物逻辑关系的数学方法，由英国数学家乔治·布尔提出，因而又称布尔代数（也称开关代数）。逻辑代数有一套完整的运算规则，包括公理、定理和定律，被广泛应用于数字电路的变换、分析、化简和设计上。现在，逻辑代数已成为分析和设计数字电路与系统的基本工具和理论基础。

在逻辑代数中，数字信号被抽象表示为逻辑变量，数字信号的相互关系被抽象表示为逻辑运算。有了逻辑代数，数字电路与系统中的信号变换与处理过程就可以用数学方法加以研究。基于数字信号的二值特征，这里只研究逻辑代数中的二值逻辑，并在数字电路与系统的应用范畴内介绍逻辑变量、逻辑运算和逻辑函数的有关概念。

1. 逻辑变量与逻辑函数

一个代数体系最基本的问题是变量和运算。**初等代数**中，变量通常可以取整数值、实数值等，变量之间的运算包括加、减、乘、除等，参与运算的变量称为自变量，变量经运算后产生函数，函数也是变量，称为因变量，函数可以与自变量有不同的取值范围。**逻辑代数**中，变量称为**逻辑变量**，可以用来表示数字电路中某个元器件引脚或某条信号线上变化的信号。一个逻辑变量只有 0 或 1 两种取值，称为**逻辑值**，用来抽象表示数字信号的高、低电平。正如 7.1 节概述介绍，用逻辑值 0 表示低电平，逻辑值 1 表示高电平为**正逻辑体制**，反之为负逻辑体制。由于正、负逻辑体制是一种人为约定，使用不当容易引起混乱，用逻辑代数描述数字电路通常采用正逻辑。逻辑值不同于二进制数值，逻辑值 0 和 1 没有大小之分，只表示两种相对状态。逻辑值可以表示电压/数字信号的高电平和低电平、开关的断开和闭合、指示灯的亮和灭这类只有两种取值的事件。

2. 逻辑关系、逻辑代数和数字电路

逻辑代数中，逻辑函数以真值表、表达式等函数形式描述现实问题中的逻辑关系，而数字电路中则通过逻辑门组成的电路实现函数功能。三者之间的对应关系见表 7-7。

表 7-7 三者之间的对应关系

逻 辑 关 系	逻 辑 代 数	数 字 电 路
命题	逻辑变量	数字信号
条件	自变量	输入信号
结论	因变量	输出信号
真（True）	逻辑 1	高电平
假（False）	逻辑 0	低电平
自然语言	真值表、表达式	电路图、波形图

3. 基本逻辑运算

逻辑代数中定义了与、或、非 3 种基本逻辑运算，用于描述 3 种基本逻辑关系，相应地，在数字电路中有 3 种基本逻辑门与之对应。本节从逻辑关系、逻辑运算和逻辑门 3 个方面介绍 3 种基本逻辑。

（1）与运算（AND）　与逻辑是指"所有前提都为真，结论才为真"的逻辑关系。在逻辑代数中，采用与运算来描述与逻辑，数字电路中则采用与门来实现该逻辑。

与逻辑的示例：两个开关 A、B 串联控制一盏灯 L 的电路如图 7-5 所示。只有当开关 A、B 都闭合时，灯 L 才亮，表 7-8 描述了开关开合与灯亮灭之间的状态关系，这种关系可以抽象为逻辑代数的变量关系，即逻辑变量 A 和 B 分别表示两个开关，逻辑值 0 表示开关断开，1 表示开关闭合，逻辑变量 L 表示灯的状态，0 表示灯灭，1 表示灯亮。将表 7-8 中开关状态和灯的亮灭分别用逻辑变量的取值代替，即得到反映逻辑变量与函数取值关系的真值表，与运算的真值表见表 7-9。

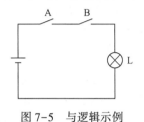

图 7-5　与逻辑示例

表 7-8　图 7-5 状态关系表

A	B	L
开	开	灭
开	合	灭
合	开	灭
合	合	亮

表 7-9　与运算的真值表

A	B	L
0	0	0
0	1	0
1	0	0
1	1	1

与运算也称为**逻辑乘**，运算符号为"·"，采用与运算可表示为 $L=A \cdot B=AB$。在不致混淆的场合下，与运算符号通常可以省略。由表 7-9 可以看出，两变量与运算的**运算规则**是

$$0 \cdot 0=0 \quad 0 \cdot 1=0 \quad 1 \cdot 0=0 \quad 1 \cdot 1=1$$

实现与运算的电路称为**与门**，2 输入与门的逻辑符号如图 7-6 所示。符号中的"&"用于表示该逻辑门实现与运算，称为定性符。

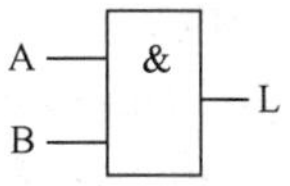

图 7-6　2 输入与门的逻辑符号

与运算的特点：多变量与运算时，只有当所有输入变量（自变量）的取值都为 1 时，输出变量（因变量）才是 1。

（2）或运算（OR）　或逻辑是指"只要有一个前提为真，结论就为真"的逻辑关系。在逻辑代数中，采用或运算来描述或逻辑，数字电路中则采用或门来实现该逻辑。

或逻辑的示例：如图 7-7 所示的电路中，开关 A 或 B 中只要有一个闭合，灯 L 就亮。或运算也称**逻辑加**，运算符号为"+"，采用或运算可表示为：$L=A+B$。或运算的真值表见表 7-10。两变量或运算的运算规则是

$$0+0=0 \quad 0+1=1 \quad 1+0=1 \quad 1+1=1$$

实现或运算的电路称为或门，2 输入或门的逻辑符号如图 7-8 所示，符号中的"≥1"是或运算的定性符。

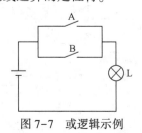

图 7-7　或逻辑示例

表 7-10　或运算的真值表

A	B	L
0	0	0
0	1	1
1	0	1
1	1	1

图 7-8　2 输入或门的逻辑符号

或运算的特点：多变量或运算时，只有当所有输入变量的取值都为 0 时，输出变量（运算结果）才为 0。

（3）非运算（NOT） 非逻辑表示结论与条件相反的逻辑关系，在逻辑代数和数字电路中分别采用非运算和非门来描述和实现。

每个逻辑变量只取 0 和 1 两种值，非此即彼，非运算即是指对 0 或 1 取相反值的运算。变量 A 的非运算表示为 $\overline{A}$，称为"非 A"，$\overline{A}$ 的含义就是取值与 A 的值相反。非运算是针对单变量的运算，人们通常将 A 称为原变量，$\overline{A}$ 称为反变量。非运算的真值表见表 7-11。非运算的运算规则是

$$\overline{0}=1 \qquad \overline{1}=0$$

实现非运算的逻辑电路称为非门，其逻辑符号如图 7-9 所示，逻辑门输出端的小圆圈是非运算的定性符。

表 7-11 非运算的真值表

A	$\overline{A}$
0	1
1	0

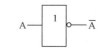

图 7-9 非门的逻辑符号

非运算的特点：输出变量和输入变量的取值始终相反。

在一个逻辑函数中，3 种基本逻辑运算的**优先级顺序**为非运算、与运算、或运算。例如，在函数 $F=A+\overline{B}C$ 中，首先为 $\overline{B}$ 运算，然后进行与运算求出 $\overline{B}C$，最后用或运算求出函数 F。若要更改运算次序，可以通过加括号实现。例如，函数 $G=(A+\overline{B})C$ 中，计算次序为：$\overline{B}$ 运算、$A+\overline{B}$ 运算、$(A+\overline{B})C$ 运算。

4. 复合逻辑运算

只用与、或和非 3 种基本逻辑门实现逻辑关系时仍不够方便，人们又定义了与非、或非、与或非、异或和同或这几种新的逻辑运算，称为**复合逻辑运算**。表 7-12 给出了 5 种复合逻辑运算的逻辑表达式、真值表、逻辑门符号及运算特征。在各种逻辑运算中，除了非运算是单变量运算，其他都是多变量运算。多变量的与运算、或运算、与非运算、或非运算都很容易理解。异或运算是一种对参与运算的"1"的个数的奇偶性敏感的运算，多变量做异或运算时，若参与运算的变量中有奇数个"1"，则结果为"1"，否则结果为"0"。同或运算对参与运算的"0"的个数的奇偶性敏感，多变量做同或运算时，若参与运算的变量中有偶数个"0"，则运算结果为"1"，否则为"0"。同或和异或是一对非逻辑关系，即同或是异或非。

表 7-12 复合逻辑运算与常用逻辑门

运 算 名 称	逻辑表达式	真 值 表			逻辑门符号	运 算 特 征
		A	B	F		
与非	$F=\overline{A \cdot B}$	0	0	1	A ─┐&─o─ F B ─┘	输入全为 1 时，输出 F=0
		0	1	1		
		1	0	1		
		1	1	0		

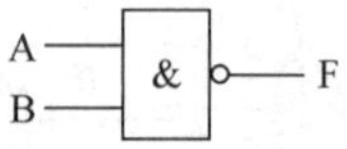

（续）

运算名称	逻辑表达式	真值表			逻辑门符号	运算特征
或非	$F=\overline{A+B}$	A	B	F		输入全为 0 时，输出 F=1
		0	0	1		
		0	1	0		
		1	0	0		
		1	1	0		
与或非	$F=\overline{AB+CD}$	AB	CD	F		与项全为 0 时，输出 F=1
		0	0	1		
		0	1	0		
		1	0	0		
		1	1	0		
异或	$F=A\oplus B$ $=\overline{A}B+A\overline{B}$	A	B	F		输入奇数个 1 时，输出 F=1
		0	0	0		
		0	1	1		
		1	0	1		
		1	1	0		
同或（异或非）	$F=A\odot B$ $=\overline{A\oplus B}$ $=AB+\overline{A}\,\overline{B}$	A	B	F		输入偶数个 0 时，输出 F=1
		0	0	1		
		0	1	0		
		1	0	0		
		1	1	1		

5. 逻辑代数的基本定律

逻辑代数的基本定律见表 7-13。其中交换律、结合律和分配律的含义与初等代数中的相应定律相同，而互补律、0-1 律、对合律、重叠律、吸收律和反演律则是逻辑代数所特有的。反演律也称摩根（De. Morgan）定律，在实现与、或运算转换时十分有用。

表 7-13 逻辑代数的基本定律

名　称	公式 1	公式 2
交换律	$A+B=B+A$	$AB=BA$
结合律	$A+(B+C)=(A+B)+C$	$A(BC)=(AB)C$
分配律	$A+BC=(A+B)(A+C)$	$A(B+C)=AB+AC$
互补律	$A+\overline{A}=1$	$A\cdot\overline{A}=0$
0-1 律	$A+0=A$	$A\cdot 1=A$
	$A+1=1$	$A\cdot 0=0$
对合律	$\overline{\overline{A}}=A$	$\overline{\overline{A}}=A$

（续）

名　　称	公式1	公式2
重叠律	$A+A=A$	$A \cdot A=A$
吸收律	$A+AB=A$	$A(A+B)=A$
	$A+\overline{A}B=A+B$	$A(\overline{A}+B)=AB$
	$AB+A\overline{B}=A$	$(A+B)(A+\overline{B})=A$
	$AB+\overline{A}C+BC=AB+\overline{A}C$	$(A+B)(\overline{A}+C)(B+C)=(A+B)(\overline{A}+C)$
反演律	$\overline{A+B}=\overline{A}\,\overline{B}$	$\overline{AB}=\overline{A}+\overline{B}$

证明逻辑等式成立有两种方法：一是真值表法，如果不论自变量取什么值，等式两边的函数值都相等，则等式成立；二是表达式变换法。运用逻辑代数的基本定律和规则，对表达式进行恒等变换，使等式两边的函数表达式相同，则等式成立。下面通过两道例题对这两种方法加以说明。

例 7-5 用真值表法证明分配律公式 $A+BC=(A+B)(A+C)$

证明： 设等式左边和右边的函数分别是 $F_1=A+BC$ 和 $F_2=(A+B)(A+C)$，列出函数 F_1 和 F_2 的真值表，见表 7-14。

表 7-14　例 7-5 的真值表

A	B	C	F_1	F_2	A	B	C	F_1	F_2
0	0	0	0	0	1	0	0	1	1
0	0	1	0	0	1	0	1	1	1
0	1	0	0	0	1	1	0	1	1
0	1	1	1	1	1	1	1	1	1

在真值表中，对于自变量 A、B、C 的任意一种取值，F_1 和 F_2 的值都相同。因此，$F_1=F_2$，等式得证。

例 7-6 用表达式变换法证明吸收律公式 $AB+\overline{A}C+BC=AB+\overline{A}C$。

证明： 灵活运用交换律、结合律、分配律、0-1 律等进行表达式恒等变换，从左式向右式证明，过程为

$$
\begin{aligned}
AB+\overline{A}C+BC &= AB+\overline{A}C+(A+\overline{A})BC &&（添加项）\\
&= AB+\overline{A}C+ABC+\overline{A}BC &&（去括号）\\
&= (AB+ABC)+(\overline{A}C+\overline{A}BC) &&（重新合并）\\
&= AB(1+C)+\overline{A}C(1+B) &&（提取公因子）\\
&= AB+\overline{A}C &&（吸收）
\end{aligned}
$$

由此得左式=右式，等式得证。

6. 逻辑函数的描述

逻辑变量通过逻辑运算构成**逻辑函数**。例如，$L=AB$ 中，A 和 B 是自变量，L 是 A、B 的函数；$F=\overline{A}$ 中，F 是 A 的函数。给定自变量的取值，就可以求出相应的函数值。逻辑代数中，每个自变量只能取 0、1 两种值，而逻辑函数的取值特征和自变量相同，也只能取 0 和 1 两种值。在数字电路中，逻辑代数中的自变量用于表示电路的输入信号，逻辑函数用于

表示电路的输出信号。

逻辑函数有两种基本的表示方法：逻辑函数表达式和真值表。逻辑函数表达式通过自变量的运算表示函数，真值表则通过自变量和因变量的取值关系表示函数。除此之外，还有逻辑函数的电路图（逻辑图）表示法、波形图表示法，以及为了实现电路化简而采用的卡诺图表示法。

（1）逻辑函数表达式　逻辑函数表达式就是把函数关系表示为变量的与、或、非、异或等运算的形式。

例 7-7　在举重比赛中，安排了 3 个裁判，1 个主裁判和 2 个副裁判，只有主裁判同意且至少有 1 个副裁判同意时，运动员的动作才算合格。试将判决结果表示成逻辑函数表达式形式。

解： 首先定义 3 个自变量 A、B、C，分别表示主裁判和 2 个副裁判的判决，变量取值 0 表示裁判认为动作不合格，取值 1 表示裁判认为动作合格。定义变量 Z 表示最终判决结果，$Z=0$ 表示运动员动作不合格，$Z=1$ 表示动作合格。显然，Z 是 A、B、C 的函数，函数关系是：只有当 $A=1$，且 B 和 C 中至少有 1 个是 1 时 $Z=1$，否则 $Z=0$。满足该函数关系的表达式为

$$Z=A(B+C)$$

本题的逻辑函数关系比较简单，可以直接写出表达式，而现实中的问题往往比较复杂，通常无法直接得到函数表达式，需要首先通过真值表的方式描述逻辑函数。

（2）真值表　真值表（Truth Table）通过罗列自变量取值和相应的函数值反映函数关系，这是用逻辑代数描述逻辑函数问题的基本方法。

例 7-8　设计一个表决电路，参加表决的 3 个人中有任意 2 人或 3 人同意则提案通过，否则提案不能通过。

解： 定义自变量 A、B、C 和函数 Z，其含义与例 7-7 类似。3 个自变量共有 8 种可能取值。由题意可知，当自变量中有 2 个或 2 个以上取值为 1 时，函数值为 1。完整反映题目要求的真值表见表 7-15。

表 7-15　例 7-8 的真值表

A	B	C	Z	A	B	C	Z
0	0	0	0	1	0	0	0
0	0	1	0	1	0	1	1
0	1	0	0	1	1	0	1
0	1	1	1	1	1	1	1

逻辑函数表达式和真值表之间可以转换。变量 ABC 在真值表中的取值和表达式中的运算之间具有直接对应关系。如，ABC 取值为 011 时 Z 的函数值为 1，而 $\overline{A}BC$ 运算只有在 011 输入时才输出 1，所以 ABC 取值 011 对应 $\overline{A}BC$ 运算；其他取值同样和运算具有一一对应关系，如 101（$A\overline{B}C$）、110（$AB\overline{C}$）和 111（ABC）。因此，例 7-8 中的逻辑函数若采用表达式的方式描述，可写为 $Z=\overline{A}BC+A\overline{B}C+AB\overline{C}+ABC$。

对自变量 ABC 构成的 3 变量域（A，B，C）而言，与运算 $\overline{A}\,\overline{B}\,\overline{C}$、$\overline{A}\,\overline{B}C$、$\overline{A}B\overline{C}$、$\overline{A}BC$、$A\overline{B}\,\overline{C}$、$A\overline{B}C$、$AB\overline{C}$、$ABC$ 称为最小项。3 变量域共有 8 个最小项，或者说标准乘积项，可以

分别用 m_0、m_1、m_2、m_3、m_4、m_5、m_6、m_7 来表示，其下角标就是运算为 1 时的十进制数值。

（3）逻辑图　逻辑函数表达式中的逻辑运算具有相应的实现电路——逻辑门。因此，任意给定的逻辑函数表达式都存在一个逻辑电路图（逻辑图）与之对应，或者说，逻辑图也是逻辑函数的一种表示方法。例 7-7 求出的函数表达式即可直接采用图 7-10a 所示逻辑图实现。

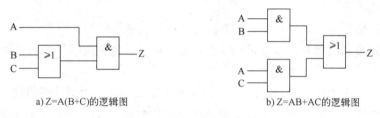

a) Z=A(B+C)的逻辑图　　　　b) Z=AB+AC的逻辑图

图 7-10　例 7-7 的逻辑图

不同表达式形式对应不同逻辑图。例如，例 7-7 的逻辑函数如果恒等变换为 Z = AB + AC，则相应逻辑图就变成了图 7-10b 所示者。显然，具有相同逻辑功能的图 7-10b 所示电路多用了一个逻辑门，不如图 7-10a 所示电路简单。由此可以看到，表达式越简单，电路就越简单。

7. 逻辑函数的化简

化简的意义在于电路简化。同样的逻辑功能，自然是电路越简单越好。简单的电路成本低，功耗低，故障率也低。

化简的标准是采用的逻辑门数最少且每个逻辑门的输入连接线数最少。电路最简要求表达式最简。对于基本的与或式来说，最少逻辑门意味着与或式中乘积项个数最少，输入连接线数最少则要求每个乘积项中包含的变量个数最少。

（1）公式法化简　**公式法**利用逻辑代数的基本定律，对表达式进行恒等变换实现化简。可以通过项的合并（例如 $AB+A\overline{B}=A$）、项的吸收（例如 $A+AB=A$）和消去冗余变量（例如 $A+\overline{A}B=A+B$）等方式，使表达式中项的个数达到最少，同时也使每项所含变量的个数最少。

例 7-9　试用公式法化简

$$F_1 = A\overline{B} + ACD + \overline{A}\,\overline{B} + \overline{A}CD$$

$$F_2 = AB + AB\overline{C} + AB(\overline{C}+D)$$

$$F_3 = A\overline{B} + \overline{A}B + B\overline{C} + \overline{B}C$$

解：

$$F_1 = A\overline{B} + ACD + \overline{A}\,\overline{B} + \overline{A}CD = A(\overline{B}+CD) + \overline{A}(\overline{B}+CD) = \overline{B} + CD$$

$$F_2 = AB + AB\overline{C} + AB(\overline{C}+D) = AB[1+\overline{C}+(\overline{C}+D)] = AB$$

$$F_3 = A\overline{B} + \overline{A}B + B\overline{C} + \overline{B}C = A\overline{B}(C+\overline{C}) + \overline{A}B + (A+\overline{A})B\overline{C} + \overline{B}C$$

$$= A\overline{B}C + A\overline{B}\,\overline{C} + \overline{A}B + AB\overline{C} + \overline{A}B\overline{C} + \overline{B}C$$

$$= \overline{B}C(A+1) + A\overline{C}(\overline{B}+B) + \overline{A}B(1+\overline{C})$$

$$= \overline{B}C + A\overline{C} + \overline{A}B$$

用公式法化简逻辑函数时，要求掌握并熟练运用逻辑代数的基本定律，然而当表达式比较复杂或项数较多时，化简会比较困难，而且不易判断结果是否正确和最简。

（2）卡诺图法化简　公式法化简时，若两个乘积项只有一个变量不同，就会存在（$A+\overline{A}$）的情形，那么这两个乘积项就可以合并。例如（$ABC+A\overline{B}C$）=BC，符合这种条件的乘积项**称作逻辑相邻项**。逻辑函数的化简实际上就是寻找逻辑相邻项及合并逻辑相邻项的过程。

乘积项在取值上也有逻辑相邻的特点，同样可以合并逻辑相邻项。但是，真值表中自变量的取值用的是顺序递增的方式，表中的几何位置相邻项不一定是逻辑相邻项。因而真值表不适合逻辑函数化简。**卡诺图**是真值表的变形画法，其图中任意两个相邻方格中的项只有一个自变量取值不同，所以几何相邻项也是逻辑相邻项，方便项的合并。3 变量和 4 变量卡诺图的结构如图 7-11 所示。

BC\A	00	01	11	10
0	m_0	m_1	m_3	m_2
1	m_4	m_5	m_7	m_6

a）3变量

CD\AB	00	01	11	10
00	m_0	m_1	m_3	m_2
01	m_4	m_5	m_7	m_6
11	m_{12}	m_{13}	m_{15}	m_{14}
10	m_8	m_9	m_{11}	m_{10}

b）4变量

图 7-11　卡诺图的结构

卡诺图中的每个方格对应真值表中的一行，方格中填入函数值"0"或"1"。方格中的编号是自变量取值对应的十进制数。卡诺图中有相邻关系的不仅是图中相邻的方格，也包括第一行和最后一行（第一列和最后一列）对应的方格，如 4 变量卡诺图中的方格 m_1 和 m_9、方格 m_4 和 m_6 等。两个逻辑相邻项只会有一个变量不同，可以合并为一项，并消去其中取值不同的变量。

利用卡诺图进行逻辑函数化简的一般步骤如下。

1）画出逻辑函数的卡诺图。

2）在卡诺图上圈 1，找出逻辑相邻的最小项。优先圈独立的 1，即优先圈只有一种圈法的；用尽可能少的圈覆盖所有的 1，每个圈中的 1 尽可能多，但必须是 2^n 个；任何一个圈中，应至少有一个 1 仅被圈过一次。

3）写出每个圈所对应的乘积项，将这些乘积项相加，即得到最简的与或式。

例 7-10　用卡诺图化简函数 $F(A,B,C,D)=\sum m(0,3,9,11,12,13,15)$，写出最简与或式。

解：画出 4 变量卡诺图，然后将最小项填入图中，如图 7-12 所示。

圈 1 合并逻辑相邻项。首先，圈出孤立的"1"。

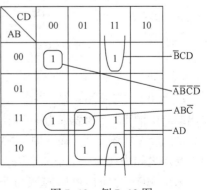

图 7-12　例 7-10 图

如最小项 m_0，没有逻辑相邻的最小项（上下左右格子中的函数值全部为 0，都是最大项），无法和其他最小项合并，写出该圈对应的乘积项 $\overline{A}\,\overline{B}\,\overline{C}\,\overline{D}$。其次，寻找只有 1 个合并方向的 2 个或 2^n 个 "1"。如最小项 m_3 只能向上和最小项 m_{11} 合并，圈中合并的结果为 $\overline{B}CD$。同样，最小项 m_{12} 只能和 m_{13} 圈在一起，合并结果为 $AB\overline{C}$。m_9 只能向右上方向合并（m_{15} 则是向左下方向合并），4 个 "1" 的合并（根据重叠律，m_{11} 和 m_{14} 可以重复圈）结果是 AD。至此，卡诺图中所有的 "1" 都被圈完。

最后，写最简表达式。根据卡诺图中四个圈合并得到的四个乘积项，写出最简与或表达式 $F = \overline{A}\,\overline{B}\,\overline{C}\,\overline{D} + \overline{B}CD + AB\overline{C} + AD$。

7.2　逻辑门

数字电路分为组合逻辑电路和时序逻辑电路两种类型，本节讲述组合逻辑电路。在组合逻辑电路中，任一时刻的输出仅取决于当前的输入。组合逻辑电路的基本单元是逻辑门，常用组合逻辑模块包括加法器、数值比较器、编码器、译码器，以及数据选择器和数据分配器等。

7.2.1　逻辑门电路

逻辑门电路主要包括两类：一类是 TTL（Transistor-Transistor Logic）系列，由双极型晶体管构成；另一类是 CMOS（Complementary MOS）系列，由 MOS 管构成。目前，CMOS 系列器件占据了绝大部分市场份额。市场上还有一种高速、高功耗的 ECL（Emitter Coupled Logic）产品，它也是由晶体管构成的。

CMOS 集成逻辑门中最简单的一种是 **CMOS 非门**，它是由一个 PMOS 管和一个 NMOS 管组成的互补结构，如图 7-13 所示。

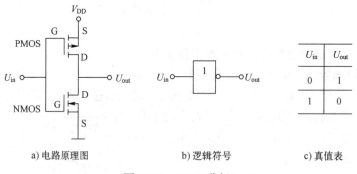

a) 电路原理图　　　　　　b) 逻辑符号　　　　c) 真值表

图 7-13　CMOS 非门

U_{in} 为 0 V（**逻辑 0**）输入时，NMOS 管截止（$U_{GS} = 0V$），PMOS 管导通（$U_{GS} = -5V$），输出端与电源 V_{DD} 之间表现为一个小的电阻，输出电压约为 5 V（**逻辑 1**）。

U_{in} 为 5 V（**逻辑 1**）输入时，NMOS 管导通（$U_{GS} = 5V$），PMOS 管截止（$U_{GS} = 0V$），输出端与地之间表现为一个小的电阻，输出电压约为 0 V（**逻辑 0**）。

采用 MOS 管同样可以构成与非门、或非门等其他逻辑门电路，如图 7-14、图 7-15 所示。

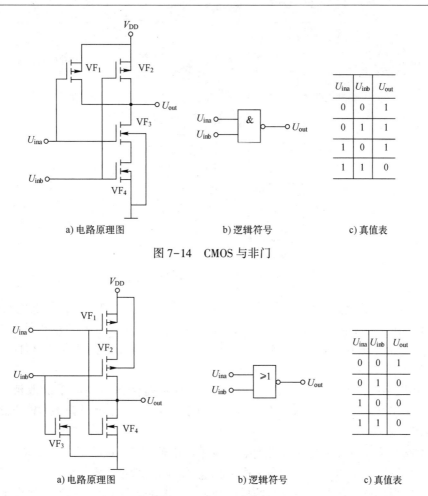

a) 电路原理图　　　　b) 逻辑符号　　　　c) 真值表

图 7-14　CMOS 与非门

a) 电路原理图　　　　b) 逻辑符号　　　　c) 真值表

图 7-15　CMOS 或非门

7.2.2　逻辑门电气指标

在电气指标规定的范围内正确使用逻辑器件，是实现电路逻辑功能的重要保证。逻辑门的主要电气指标包括逻辑电平、噪声容限、扇出/输出驱动能力、功耗以及时延。

1. 逻辑电平

逻辑电平是指逻辑器件的输入、输出电平，分为输入低电平、输入高电平、输出低电平和输出高电平。图 7-16 所示为一个电源电压 5.0 V 的非门的电压传输特性示意，它描述了输入电压 U_I 由低到高变化时，输出电压 U_O 由高到低的变化过程，以及 MOS 管的导通情况。

（1）输入低电平 U_{IL}　即逻辑门允许输入的低电平。U_{IL} 有一个取值范围，当输入电平在该范围内变化时，逻辑门将输入电平识别为低电平。输入低电平的最大值 U_{ILMAX} 称为**关门电平 U_{OFF}**。图 7-16 中 $U_{ILMAX}=1.5$ V，当输入电平在 0~1.5 V 之间时，会被判为输入低电平。

（2）输入高电平 U_{IH}　即逻辑门允许输入的高电平。输入高电平的最小值 U_{IHMIN} 称为**开门电平 U_{ON}**。图 7-16 中 $U_{IHMIN}=3.5$ V，当输入电平在 3.5~5.0 V 之间时，会被判定为输入高电平。

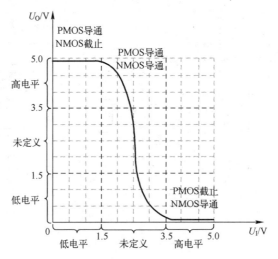

图 7-16　非门的电压传输特性示意图

（3）输出低电平 U_{OL}　即正常使用条件下，器件厂家可以确保输出的低电平值。U_{OL} 也有一个取值范围，其上限是输出低电平的最大值 U_{OLMAX}，正常使用时，输出低电平的值不会高于 U_{OLMAX}。图 7-16 中 $U_{OLMAX}=1.5\,\mathrm{V}$，也就是说，该器件输出电平只要低于 $1.5\,\mathrm{V}$，就是合格的输出低电平。

（4）输出高电平 U_{OH}　即正常使用条件下，逻辑器件输出高电平的取值，其下限是 U_{OHMIN}。图 7-16 中 $U_{OHMIN}=3.5\,\mathrm{V}$，即输出电平只要高于 $3.5\,\mathrm{V}$，就是合格的输出高电平。

2. 噪声容限

数字电路在工作过程中会时刻受到电路内部和外部噪声干扰的影响。叠加在输入信号上的噪声会改变输入电平值，严重时会造成逻辑电平误判。衡量数字电路抗干扰能力的指标是电路的噪声容限，分为低电平输入时的噪声容限 U_{NL} 和高电平输入时的噪声容限 U_{NH}。

（1）U_{NL}　通常，逻辑门的输入低电平 U_{IL} 就是前级逻辑门的输出低电平 U_{OL}。U_{OL} 最高为 U_{OLMAX}，而允许输入低电平的最大值是 U_{ILMAX}（即 U_{OFF}）。噪声叠加使实际输入电平变化，只要实际输入电平低于 U_{OFF}，就不会误判。因此，低电平输入时的噪声容限为

$$U_{NL}=U_{OFF}-U_{OLMAX} \tag{7.2-1}$$

（2）U_{NH}　通常，逻辑门的输入高电平 U_{IH} 就是前级逻辑门的输出高电平 U_{OH}。U_{OH} 最低为 U_{OHMIN}，而允许输入高电平的最小值是 U_{IHMIN}（即 U_{ON}）。只要实际输入高电平不低于 U_{ON} 就行。因此，高电平输入时的噪声容限为

$$U_{NH}=U_{OHMIN}-U_{ON} \tag{7.2-2}$$

逻辑门的噪声容限 U_N 是 U_{NL} 和 U_{NH} 中较小的那个，即 $U_N=\min\{U_{NL},U_{NH}\}$。

3. 扇出/输出驱动能力

逻辑门的扇出是指该门电路在正常工作时，能驱动同系列逻辑门的输入端的个数，使用扇出系数 N_O 表示，用以衡量门电路的驱动能力（也称为负载能力）。扇出系数 N_O 的计算方法是：当门电路输出高电平时，扇出系数等于 I_{OH}/I_{IH} 的整数（向下取整）；当门电路输出低电平时，扇出系数等于 I_{OL}/I_{IL} 的整数（向下取整）。一般输出高电平和低电平对应的扇出系数并不相等，门电路的扇出系数 N_O 取两个电流比之中较小的，即 $N_O=\min\left\{\left(\dfrac{I_{OH}}{I_{IH}}\right),\left(\dfrac{I_{OL}}{I_{IL}}\right)\right\}$。

扇出系数 N_O 计算中的电流说明：

（1）高电平输出电流 I_{OH}　即电路输出高电平 U_{OH} 时的输出电流，输入端处于高电平时所需电流则为 I_{IH}。

（2）低电平输出电流 I_{OL}　即电路输出低电平 U_{OL} 时的输出电流，输入端处于低电平时所需电流则为 I_{IL}。

4. 功耗

功耗是指器件消耗的电源功率。器件工作状态不同，功耗也不同，通常分为静态功耗和动态功耗。静态功耗是指逻辑器件工作状态不变时产生的功耗，通常逻辑器件在输入高电平和输入低电平时的静态功耗并不相同，常用平均静态功耗表示。动态功耗是指逻辑器件工作状态变化时产生的功耗。CMOS 器件的静态功耗很低，在 μW 量级，使其可以用于电池供电的场合。TTL 器件的静态功耗较高，通常在 mW 量级。在大多数 CMOS 器件的应用电路中，低中速时器件的动态功耗都很小，功耗以静态功耗为主；高速时，动态功耗成为逻辑器件功耗的主要部分。

5. 时延

任何电路对信号的传输与处理都会产生时延。时延 t_{pd}（Propagation Delay Time）是指从输入信号抵达电路输入端，到相应的输出信号出现在电路输出端所需要的时间。图 7-17 所示为非门的传输时延。

t_{pHL} 是输入信号变化引起输出信号由高电平到低电平变化对应的时延，称为下降时延；t_{pLH} 则是输入信号变化引起输出信号由低电平到高电平变化的时延，称为上升时延。时延测量的时刻是由输入信号幅度变化的中间值到输出信号幅度变化的中间值。上升时延和下降时延通常并不相等，其均值为器件的平均时延 t_{pd}，即

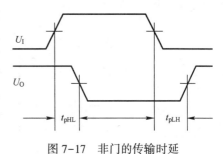

图 7-17　非门的传输时延

$$t_{pd} = (t_{pHL} + t_{pLH})/2 \qquad (7.2-3)$$

7.2.3　逻辑门输出结构

1. 三态输出结构

普通逻辑电路输出有两种可能的状态（低电平和高电平），分别对应于逻辑值 0 和 1。三态是指逻辑电路的输出端不仅可以输出 0 和 1，还可以呈现**高阻抗**状态，简写为 Z 状态。呈现高阻抗的输出端只有很小的电流（可以忽略）流过，输出端就好像没有和外部电路连接一样。

实现三态输出需要一个额外的控制信号输入端，称为**使能端**，常记作 EN，用它来控制电路输出是否处于高阻状态。图 7-18 所示为三态非门的逻辑符号，国标符号中的 "▽" 是三态输出定性符，该非门的真值表见表 7-16。当使能信号 EN=1 时，电路执行正常的非门逻辑；当 EN=0 时，电路输出呈现高阻抗，真值表中的 Φ 表示可以取任意值。三态输出是一种独立于电路逻辑功能的输出结构，不同的逻辑功能都可以有三态芯片。

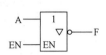

图 7-18 三态非门的逻辑符号

表 7-16　三态非门的真值表

EN	A	F	功能说明
0	Φ	Z	高阻抗
1	0	1	$F = \overline{A}$
1	1	0	

一般逻辑门不允许将输出端并联使用，以防止输出逻辑混乱甚至烧坏器件，但具有三态输出结构的逻辑门则可以将输出端并联，构成**三态数据总线**，如图 7-19 所示。

图 7-19 中，逻辑门 $G_1 \sim G_n$ 称为三态**缓冲器**。三态缓冲器被使能时（$EN_i = 1$），门电路的输出与输入相同。三态缓冲器像开关，当开关闭合时，数据信号直接传送到输出端（写入总线）；当开关断开时，输出端呈现"悬空"状态，与总线断开。在三态总线上，任何时刻最多只有 1 个三态缓冲器被使能，其他三态输出端都处于高阻抗状态。多于 1 个三态输出端同时有效将导致总线逻辑混乱，甚至造成器件因输出电流过大而损坏。

三态门还可用于实现数据双向传输，如图 7-20 所示。三态缓冲器 G_1 的使能端高电平有效，$EN = 1$ 时，G_1 导通。三态缓冲器 G_2 的使能端低电平有效（G_2 逻辑符号**使能端的圆圈表示该输入端低电平时起作用**），$EN = 0$ 时，G_2 导通。因此，当 $EN = 1$ 时，G_1 导通而 G_2 高阻抗，D_i 端的数据通过 G_1 被送上总线；当 $EN = 0$ 时，G_2 导通而 G_1 高阻抗，总线上的数据经 G_2 送到 D_i 端。

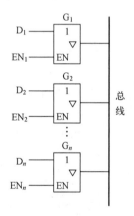

图 7-19　三态总线结构

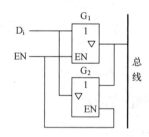

图 7-20　双向传输结构

2. 漏极开路输出结构

CMOS 逻辑门电路的输出结构中，PMOS 管提供有源上拉，当输出由低电平转到高电平时，通过上拉电路导通输出电压。如果省略图 7-13 所示电路中的 PMOS 管，NMOS 管 N1 的漏极将没有上拉电路，如图 7-21 点画线框内所示。电路输出不为低电平时，就为"开路"。这种与非门称为**漏极开路与非门**，或 OD（Open-Drain Output）**与非门**。

OD 门因为输出结构缺少上拉电路，无法正常输出高电平。在使用 OD 门时，需要在器件输出端外接上拉电路（一般由电阻 R 和外接电源 E_c 构成无源上拉电路，外接电源也可以为芯片电源 V_{DD}）。

OD 与非门的逻辑符号如图 7-22 所示，符号"◇"是 OD 输出端的定性符，其他逻辑器件具有 OD 输出特性时，其逻辑符号输出端也均用"◇"表示。

具有 OD 输出结构的逻辑门可以将输出端直接连在一起使用，如图 7-23 所示，两个 OD 与非门输出端直接相连，通过共用的电阻 R 上拉到电源 E_C，该结构实现了两个与非门输出 信号的与运算，即 $F = \overline{AB} \cdot \overline{CD}$，称为"**线与**"运算。

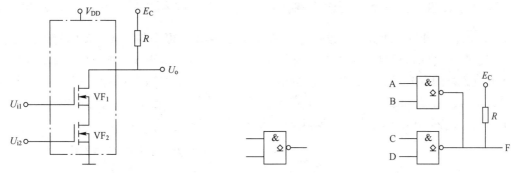

图 7-21　漏极开路（OD）与非门　　图 7-22　OD 与非门的逻辑符号　　图 7-23　OD 门"线与"运算

CMOS 电路的多余输入端不允许悬空，对多余输入端的常用处理方法总结如下：

（1）连接上拉电路　直接接电源 V_{DD} 或通过电阻 R 接电源 V_{DD}。此时，该输入端为常态 逻辑 1，适用于 CMOS 与门、与非门。

（2）连接下拉电路　直接接地或通过电阻接地。此时，该输入端为常态逻辑 0，适用于 CMOS 或门、或非门。

（3）连接其他信号输入端　适用于所有 CMOS 电路。

7.3　组合逻辑电路

7.3.1　基于逻辑门的组合逻辑电路分析

对于一个给定的组合逻辑电路，人们想要知道该电路输入信号和输出信号之间的逻辑关 系，当输入取不同值时输出的取值情况，以及该电路具有什么功能，适用于哪些场合等，这 就是组合逻辑电路分析的内容。确切地说，就是分析一个给定的组合逻辑电路的输入信号和 输出信号之间的函数关系，从而确定电路的功能。

1. 一般步骤

1）根据给定组合逻辑电路的逻辑图，写出输出信号的逻辑函数表达式。

2）根据表达式，列出真值表。

3）说明电路的逻辑功能。

步骤 1）从**运算方面**描述了输入输出之间的逻辑关系。根据电路中逻辑门的基本功能， 从输入端开始，逐级运算，推导出输出端的逻辑函数表达式，通过分析运算的特点，从而判 断电路的逻辑功能。当然，利用运算关系通常不太容易概括出电路的逻辑功能。

步骤 2）从**取值方面**描述了输入输出之间的逻辑关系。真值表中以顺序递增方式列出了 输入信号的全部取值，并计算出相应输出信号的逻辑值。通过分析取值的特点，比较容易判 断出电路的逻辑功能。

2. 分析举例

例 7-11　分析图 7-24 所示电路。

解：该电路是一个简单的两级与非门电路。**两级门电路**是指从输入端的信号 A、B、C，到输出端的信号 F，最长经过两级门的时延。从输入端 A、B、C 开始，将各与非门实现的逻辑运算写成表达式，一直写到输出端，就得到了输出信号 F 的逻辑函数表达式 F = $\overline{\overline{AB} \cdot \overline{BC} \cdot \overline{AC}}$。写成易于理解的**与或式**则为 F = AB+BC+AC。根据与、或运算的特点，可以求出不同自变量（输入信号）取值下的函数值（因变量，输出信号），列出反映自变量和函数全部取值关系的真值表，见表 7-17。分析真值表中输入输出之间的取值特点，可知电路的逻辑关系为：当输入信号 A、B、C 中有两个或两个以上为高电平 1 时，输出信号才为高电平 1。具有该逻辑关系的电路可以实现 3 人**民主表决**功能。

表 7-17　例 7-11 真值表

A	B	C	F
0	0	0	0
0	0	1	0
0	1	0	0
0	1	1	1
1	0	0	0
1	0	1	1
1	1	0	1
1	1	1	1

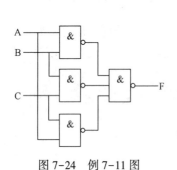

图 7-24　例 7-11 图

例 7-12　试分析图 7-25 所示逻辑电路。

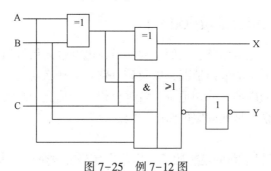

图 7-25　例 7-12 图

解：电路由两个 2 输入异或门、一个与或非门和一个非门组成，电路有三个输入信号 A、B、C，两个输出信号 X 和 Y。根据电路写出输出信号（函数）X 和 Y 的逻辑函数表达式。

$$X = A \oplus B \oplus C$$
$$Y = \overline{\overline{(A \oplus B) \cdot C + A \cdot \overline{B}}} = (A \oplus B) \cdot C + A \cdot \overline{B}$$
$$= (A\overline{B} + \overline{A}B) \cdot C + A \cdot \overline{B} = AB + \overline{A}BC + A\overline{B}C$$
$$= AB + BC + AC$$

列出 X、Y 关于 A、B、C 的真值表，见表 7-18。表 7-18 中依次列出了 ABC 的 8 种取值，根据上述逻辑函数表达式填写 X、Y 的取值。

表 7-18　例 7-12 真值表

A	B	C	X	Y	A	B	C	X	Y
0	0	0	0	0	1	0	0	1	0
0	0	1	1	0	1	0	1	0	1
0	1	0	1	0	1	1	0	0	1
0	1	1	0	1	1	1	1	1	1

由真值表可以看出，输出 X、Y 和输入 A、B、C 之间具有算术加法运算关系。若将输入 A、B 看作进行加法运算的两个 1 位二进制数，将 C 看作来自低位的进位输入，则输出 X 就是 A、B 带进位加的和，Y 就是向高位的进位输出。因此，该电路为 "**1 位二进制数全加器**"，是一个数值加法运算电路，能够完成 1 位二进制数全加的功能。对加法器而言，全加是指二进制数相加时考虑低位进位输入，不考虑则为半加。

7.3.2　基于逻辑门的组合逻辑电路设计

电路设计是电路分析的逆过程。根据实际功能需求，发现和正确描述逻辑关系（利用真值表、逻辑函数表达式等），选用合适的逻辑器件（如集成逻辑门），构成组合逻辑电路，实现所需功能。设计的基本要求是功能正确、工作可靠稳定和电路尽可能简单。

1. 一般步骤

1）根据实际功能需求，正确定义出输入、输出变量。

2）列出真值表，准确描述输入输出之间的逻辑关系。

3）根据设计要求，采用公式法、卡诺图法等化简方法，求出输出函数的最简表达式。

4）将最简函数表达式转换为与所要求的逻辑门相适应的形式。

5）画出逻辑电路图。

在电路设计过程中，步骤 1）和 2）是至关重要的两步。只有正确定义输入、输出变量，并利用真值表完整、准确地描述出实际功能需求中反映输入输出之间的全部逻辑关系，才能设计出满足功能需要的电路。通过步骤 3）使输出函数表达式最简，电路采用的逻辑门和连接线最少，以此来实现电路设计简单的目的。

2. 设计举例

例 7-13　设计一个 3 人民主表决电路。

解：假设参与民主表决的每位投票人只投赞成票和反对票。根据实际情况，定义变量 A、B、C 表示 3 个投票人的投票情况，取值为 1 表示投赞成票，取值为 0 表示投反对票；定义变量（函数）F 表示表决结果，取值为 1 表示通过，取值为 0 表示不通过。

分析 3 人民主表决的逻辑关系，根据少数服从多数的民主表决规则，当自变量中有 2 个或 3 个取值为 1 时，表决通过，F=1，否则 F=0，不通过。列出真值表见表 7-19。

表 7-19 例 7-13 真值表

A	B	C	F	A	B	C	F
0	0	0	0	1	0	0	0
0	0	1	0	1	0	1	1
0	1	0	0	1	1	0	1
0	1	1	1	1	1	1	1

由真值表可以直接写出函数 F 的最小项表达式为

$$F = \overline{A}BC + A\overline{B}C + AB\overline{C} + ABC$$

根据表达式可以直接画出对应的实现电路，如图 7-26 所示（假设允许反变量直接输入）。

可以进一步将 F 的最小项表达式进行化简，比如利用公式法恒等变换，得到

$$F = (\overline{A}BC + ABC) + (A\overline{B}C + ABC) + (AB\overline{C} + ABC) = AB + AC + BC = \overline{\overline{AB} \cdot \overline{AC} \cdot \overline{BC}}$$

这样一来，实现电路采用的逻辑门数量以及逻辑门输入信号的数量都变少了。通过公式法或者卡诺图法，使逻辑函数表达式得到简化，进而让门电路更简单，这就是化简的意义。

例 7-14 二进制译码器是一种组合电路，当输入一组二进制代码时，只有与该代码对应的译码输出端有效，其他输出端都无效。试用适当的逻辑门实现一个 2 线-4 线译码器，其输入是 2 位二进制代码，输出是对应的译码信号，高电平有效。

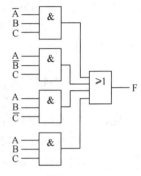

图 7-26 例 7-13 图

解：定义变量 A_1、A_0 表示译码器输入信号，用其取值组合表示输入的 2 位二进制代码，即有 4 种不同的代码输入：00、01、10 和 11；定义变量 Y_0、Y_1、Y_2、Y_3 表示译码器输出信号，分别对应 4 种输入代码，取值为 1 时表示译码输出端有效（即高电平有效）。根据变量及其逻辑关系，列真值表，见表 7-20。

由真值表可见，4 个逻辑函数都只有一个最小项，无需化简，直接写出 4 个逻辑函数表达式为

$$Y_0 = \overline{A_1}\,\overline{A_0}, \quad Y_1 = \overline{A_1}A_0, \quad Y_2 = A_1\overline{A_0}, \quad Y_3 = A_1 A_0$$

对应电路如图 7-27 所示，该电路为最简实现形式。

表 7-20 例 7-14 真值表

A_1	A_0	Y_0	Y_1	Y_2	Y_3
0	0	1	0	0	0
0	1	0	1	0	0
1	0	0	0	1	0
1	1	0	0	0	1

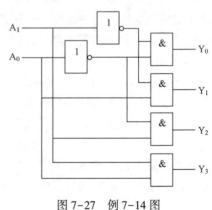

图 7-27 例 7-14 图

7.4　组合逻辑模块及应用

数字集成电路除了各种逻辑门芯片（即小规模组合逻辑模块，Small-Scale Integration，SSI 模块），还有大量**功能模块**（即中规模组合逻辑模块，Medium-Scale Integration，MSI 模块），这些模块各自具有特定的逻辑功能，构成这些模块通常需要数十个逻辑门。本节以编码器、译码器和数据选择器模块为例，介绍常用 MSI 模块的功能、原理和应用。

7.4.1　编码器

编码是将数字、字符、特殊符号或其他有用信息采用若干位 0、1 的组合表示的过程。编码的结果称为代码，例如，十进制数码 0~9 的 8421 码（4 位二进制代码）、特定字符和操作命令的 ASCII 码（7 位二进制代码）。**编码器**是实现编码的数字电路，对于每一个有效的输入信号（代表编码对象），编码器输出的是与之对应的一组二进制代码。

1. 2^n 线$-n$ 线编码器

2^n 线$-n$ 线编码器是最基本的二进制编码器。以图 7-28 所示 8 线-3 线编码器为例，编码器的输入是 8 个待编码信号，输出是与输入一一对应的 3 位二进制代码，其真值表见表 7-21。

表 7-21　8 线-3 线编码器真值表

输　　　　入								输　　出		
I_0	I_1	I_2	I_3	I_4	I_5	I_6	I_7	Y_2	Y_1	Y_0
1	0	0	0	0	0	0	0	0	0	0
0	1	0	0	0	0	0	0	0	0	1
0	0	1	0	0	0	0	0	0	1	0
0	0	0	1	0	0	0	0	0	1	1
0	0	0	0	1	0	0	0	1	0	0
0	0	0	0	0	1	0	0	1	0	1
0	0	0	0	0	0	1	0	1	1	0
0	0	0	0	0	0	0	1	1	1	1

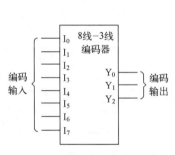

图 7-28　8 线-3 线编码器框图

输入信号 $I_0 = 1$（有效），其他输入 $I_i = 0(i = 1~7)$时，编码器的 $Y_2 Y_1 Y_0$ 端（以代码的高低位顺序排）输出代码为 000；$I_1 = 1$ 时，输出代码为 001；……以此类推。

类比说明：

想象一个 8 键小键盘，输入信号 I_i（$i = 0~7$）是键盘的 8 个按键信号。当没有按键按下时，$I_i = 0$（$i = 0~7$）。任意时刻，当第 i 个键被按下时，$I_i = 1$（有效），编码器输出 I_i 信号对应的二进制代码。

注意，表 7-21 中只列出了有效信号输入时的编码情况。对应的逻辑函数表达为

$$Y_0 = I_1 + I_3 + I_5 + I_7$$
$$Y_1 = I_2 + I_3 + I_6 + I_7$$
$$Y_2 = I_4 + I_5 + I_6 + I_7$$

可见，采用 3 个四输入或门即可实现一个简单的 8 线-3 线编码器。

但是，上述电路设计中存在两个明显问题：

1）若没有键被按下（即输入信号全为 0），由表达式可知，编码器输出为 000，而 $I_0 = 1$ 有效输入时，编码器同样输出 000，由此会产生冲突，无法区分；

2）若同时有多个键被按下（即有多个输入信号同时为 1），编码器输出将出现混乱。例如，若 I_1 和 I_2 都为 1，则由表达式可知，编码器输出为 011，也与正常编码产生冲突。因此人们一般采用优先编码器的设计方案解决这些问题。

2. 8 线-3 线优先编码器

优先编码器的特点是，当多个输入信号同时有效时，编码器仅对其中优先级最高的信号编码。优先编码器 74148 的逻辑符号如图 7-29 所示，真值表见表 7-22（按照输入输出信号列表）。

表 7-22 74148 真值表

输 入									输 出				
$\overline{EI}$	$\overline{I_0}$	$\overline{I_1}$	$\overline{I_2}$	$\overline{I_3}$	$\overline{I_4}$	$\overline{I_5}$	$\overline{I_6}$	$\overline{I_7}$	$\overline{A_2}$	$\overline{A_1}$	$\overline{A_0}$	$\overline{GS}$	$\overline{EO}$
1	×	×	×	×	×	×	×	×	1	1	1	1	1
0	1	1	1	1	1	1	1	1	1	1	1	1	0
0	×	×	×	×	×	×	×	0	0	0	0	0	1
0	×	×	×	×	×	×	0	1	0	0	1	0	1
0	×	×	×	×	×	0	1	1	0	1	0	0	1
0	×	×	×	×	0	1	1	1	0	1	1	0	1
0	×	×	×	0	1	1	1	1	1	0	0	0	1
0	×	×	0	1	1	1	1	1	1	0	1	0	1
0	×	0	1	1	1	1	1	1	1	1	0	0	1
0	0	1	1	1	1	1	1	1	1	1	1	0	1

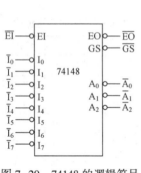

图 7-29 74148 的逻辑符号

图 7-29 表明，优先编码器 74148 的所有输入/输出端都是**低电平有效**，在逻辑符号中通常用输入/输出端的小圆圈表示低电平有效。输入端 EI（Enable In）为编码器的**使能控制端**，输入的信号 $\overline{EI}$ 低电平有效。对 8 个输入端 I_i（$i = 0 \sim 7$）而言，输入信号 $\overline{I_i}$ 为低电平时，该输入端信号有效，输入端 $I_0 \sim I_7$（输入信号为 $\overline{I_0} \sim \overline{I_7}$）具有不同优先级，由高到低排列次序为 $I_7 \rightarrow I_0$。对输出端 $A_2 A_1 A_0$（按代码的高低位顺序排）而言，低电平有效即输出**反码信号** $\overline{A_2}\ \overline{A_1}\ \overline{A_0}$。当 $\overline{A_2}\ \overline{A_1}\ \overline{A_0}$ 都是低电平时，输出代码是 000，为 111（7）的反码，表示被编码的输入端是 I_7（信号是 $\overline{I_7}$），代码与有效输入之间的对应关系以此类推。编码器还有使能控制输出端 EO（Enable Out）和组选择输出端 GS（Group Select），分别输出使能控制信号 $\overline{EO}$ 和组选择信号 $\overline{GS}$，它们也均为低电平有效。

表 7-22 表明，当 $\overline{EI}$ 为高电平时（真值表第一数据行），编码器不被使能，输入信号不起作用，编码器输出为无效的高电平。当 $\overline{EI}$ 为低电平时，编码器被使能，此时若没有有效的信号输入（第二数据行），编码器输出为无效的高电平，否则按优先级对输入信号进行编码（第三~第十数据行）。$\overline{EO}$ 是用于级联低位编码器的使能控制输出信号，在多个编码器芯片级联扩展时连接到低位编码器的 EI 端，作为低位编码器的 $\overline{EI}$ 信号输入。仅当该编码器使能

且无有效信号输入，即不需编码时（功能表第二数据行），$\overline{EO}$ 信号为低电平，使能低位编码器。$\overline{GS}$ 信号用于表示该编码器的代码输出是否有效，仅当编码器输出有效二进制代码时 $\overline{GS}$ 信号才为低电平。

3. 应用举例

利用优先编码器（如 74148）可以设计实现 8 个化学罐液面的报警编码电路，如图 7-30 所示。若化学罐中任何一个的液面超过预定高度时，其液面检测传感器便输出一个低电平（0）到编码器的输入端，编码器输出 3 位二进制代码到微控制器。因此，通过编码器，微控制器就能利用 3 根输入线监控 8 个独立被测点。

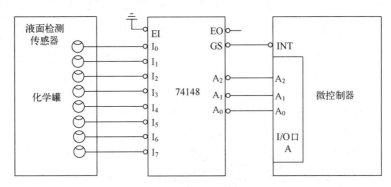

图 7-30　8 个化学罐液面的报警编码电路

其中，微控制器的 I/O 口 A（微控制器有多组通用输入/输出口，即 I/O 口，如 A 口、B 口、C 口等，每组 I/O 口又有多个引脚，不同微控制器略有不同）接收编码后的报警代码利用中断输入端口 INT 接收外部输入中断信号（$\overline{INT}$），该口低电平有效，接收的警报信号为 $\overline{GS}$，$\overline{GS}$ 信号是表示编码器有效编码输出的标志信号。只要有一个化学罐的液面高度超过警戒线，编码器就有一个输入信号有效，$\overline{GS}$ 输出即为低电平，则 $\overline{INT}$ 输入有效，微控制器产生中断（由外部输入中断信号 $\overline{INT}$ 引起），运行中断处理程序执行相应操作，完成危情监测与警报处理。

7.4.2　译码器

译码与编码相反，是将一组代码翻译出其原来含义的过程。假设译码器有 n 个输入端，则支持输入 n 位二进制代码，有 2^n 种取值。若译码器能够将全部代码一一译出，则译码器有 2^n 个译码输出端，这种译码器称为全译码器。相应地，也有部分译码器。例如，4 位译码器的输入代码如果是 1 位 BCD 码，则不是 4 位输入的所有取值组合都有意义，此时只需要与输入 BCD 码对应的十个译码输出端即可。

1. 3 线-8 线译码器

3 线-8 线译码器 74138 的逻辑符号如图 7-31 所示，具有 3 个二进制代码输入端 $A_2 A_1 A_0$ 和 8 个译码输出端 $Y_0 \sim Y_7$，还有 3 个使能控制端 G_1、G_{2A} 和 G_{2B}。译码输出端 $Y_0 \sim Y_7$ 低电平有效，反码输出 $\overline{Y_0} \sim \overline{Y_7}$ 信号。使能端 G_1 高电平输入有效，G_{2A} 和 G_{2B} 低电平输入有效，输入信号分别为 G_1、$\overline{G_{2A}}$ 和 $\overline{G_{2B}}$。74138 能够将输入的 3 位二进制代码（8 种取值）逐一译码输出，译码输出端的个数是 $2^3 = 8$ 个，因此，这是一种 3 位二进制代码的全译码器。74138 真值表见表 7-23（按照输入输出信号列表）。

表 7-23　74138 真值表

输　入						输　出							
G_1	$\overline{G_{2A}}$	$\overline{G_{2B}}$	A_2	A_1	A_0	$\overline{Y_0}$	$\overline{Y_1}$	$\overline{Y_2}$	$\overline{Y_3}$	$\overline{Y_4}$	$\overline{Y_5}$	$\overline{Y_6}$	$\overline{Y_7}$
0	×	×	×	×	×	1	1	1	1	1	1	1	1
×	1	×	×	×	×	1	1	1	1	1	1	1	1
×	×	1	×	×	×	1	1	1	1	1	1	1	1
1	0	0	0	0	0	0	1	1	1	1	1	1	1
1	0	0	0	0	1	1	0	1	1	1	1	1	1
1	0	0	0	1	0	1	1	0	1	1	1	1	1
1	0	0	0	1	1	1	1	1	0	1	1	1	1
1	0	0	1	0	0	1	1	1	1	0	1	1	1
1	0	0	1	0	1	1	1	1	1	1	0	1	1
1	0	0	1	1	0	1	1	1	1	1	1	0	1
1	0	0	1	1	1	1	1	1	1	1	1	1	0

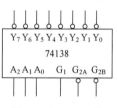

图 7-31　74138 的
逻辑符号

　　真值表的前 3 个数据行表明，只有使能端输入的信号 $G_1 \overline{G_{2A}} \overline{G_{2B}} =$ 100 时，译码器才被使能进行译码工作；不使能时，译码输出无效高电平。真值表的后 8 个数据行表明，译码器被使能后，与输入代码 $A_2 A_1 A_0$ 对应的输出端为低电平，其余输出端为高电平。例如，$A_2 A_1 A_0$ 为 000，输出端 Y_0 反码输出 $\overline{Y_0}$ 信号。译码器工作时，最多有一个输出端为低电平 0，其他输出端均为高电平 1，即每个输出信号变量都是输入代码变量一个最小项的非，即 $\overline{m_i}$。例如 $\overline{Y_0} = \overline{\overline{A_2}\,\overline{A_1}\,\overline{A_0}} = \overline{m_0}$，$\overline{Y_1} = \overline{\overline{A_2}\,\overline{A_1}\,A_0} = \overline{m_1}$，…。译码器的输入与输出代码变量的全部最小项有一一对应关系，这样的性质使得 3 线-8 线译码器可以方便地实现 3 变量逻辑函数。

2. 应用举例

（1）逻辑函数的功能电路实现

例 7-15　试用 3 线-8 线译码器 74138 设计实现 1 位二进制数全减器。

解：1 位二进制数全减器可实现带低位借位输入的两个 1 位二进制数减法运算。设被减数、减数和低位的借位输入分别为 X、Y、B_i，运算结果为本位的差 D 和向高位的借位输出 B_o，其真值表见表 7-24。

表 7-24　例 7-15 真值表

X	Y	B_i	B_o	D
0	0	0	0	0
0	0	1	1	1
0	1	0	1	1
0	1	1	1	0
1	0	0	0	1
1	0	1	0	0
1	1	0	0	0
1	1	1	1	1

由表 7-24 可以直接写出输出函数 B_o 和 D 的最小项表达式。采用 74138 实现全减器电路时，结合 74138 输出低电平有效的特点（最小项的非），可将表达式变换为与之相符的形式，如

$$B_o(X,Y,B_i) = m_1 + m_2 + m_3 + m_7 = \overline{\overline{m_1}\ \overline{m_2}\ \overline{m_3}\ \overline{m_7}} = \overline{\overline{Y_1}\ \overline{Y_2}\ \overline{Y_3}\ \overline{Y_7}}$$

$$D(X,Y,B_i) = m_1 + m_2 + m_4 + m_7 = \overline{\overline{m_1}\ \overline{m_2}\ \overline{m_4}\ \overline{m_7}} = \overline{\overline{Y_1}\ \overline{Y_2}\ \overline{Y_4}\ \overline{Y_7}}$$

根据逻辑函数，利用 74138 实现的 1 位二进制数全减器电路如图 7-32 所示。

（2）地址译码　译码器最常见的应用之一是计算机中的地址译码，如图 7-33 所示，计算机中的众多设备采用总线结构相互连接，特定时刻由哪个设备占用总线是用译码器的输出加以选择的。

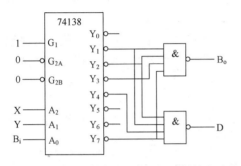

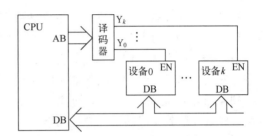

图 7-32　用 74138 实现的 1 位二进制数全减器　　　　图 7-33　计算机中的地址译码

多个设备共用一组数据总线 DB（Data Bus）时，为了避免总线上的信号冲突，所有设备都以三态方式接入总线，各设备的数据输出通过使能信号 EN 加以控制，任何时刻最多只有一个设备的输出被使能。各设备的使能信号 EN 可以通过译码器产生，译码器通过对计算机地址总线 AB（Address Bus）的全部或部分地址线进行译码，产生不重叠的译码输出，作为各总线设备的使能信号。

采用译码器实现地址译码在半导体存储电路中也有广泛应用，如 ROM 和 RAM 的基本结构以及半导体存储器容量扩展中的地址译码器应用。

3. 七段显示译码

七段显示译码技术广泛应用于各类数字显示屏中，用以实现交通控制、仪器仪表监控还有系统设备运行状态监控等。通过七个发光段的亮/灭组合，七段显示器能够实现十进制字符 0~9 和常用故障代码的显示。最常见的七段显示器由发光二极管（LED）或液晶显示器（LCD）构成，下面简单介绍 LED 七段显示器的原理结构，以及七段显示译码器的基本知识。

（1）LED 七段显示器　LED 七段显示器由 7 段（命名为 a~g）长条形 LED 排列为数字形状，如图 7-34a 所示，通过点亮不同段的 LED 使其显示不同的字符。7 段 LED 的连接主要采取共阴极或共阳极方式，如图 7-34b 和图 7-34c 所示。

共阴极连接的 LED 七段显示器各段需要高电平驱动，即高电平有效。共阳极连接的 LED 七段显示器各段则是低电平有效。

（2）七段显示译码器　LED 七段显示器利用 a~g 七段显示码控制显示，显示内容是 8421 码表示的十进制数 0~9。因此，需要将 8421 码变换为符合 LED 七段显示器字符格式的七段显示码，7448 就是专门用于实现这种转换的逻辑器件。7448 的逻辑符号如图 7-35 所示。

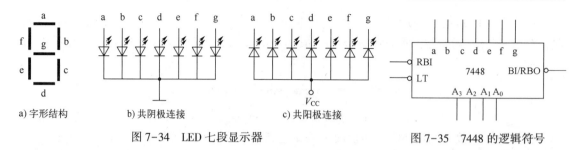

a) 字形结构　　　　b) 共阴极连接　　　　c) 共阳极连接

图 7-34　LED 七段显示器　　　　　　　图 7-35　7448 的逻辑符号

8421 码由 $A_3 \sim A_0$ 输入，七段显示码由 a~g 输出，高电平有效，用于直接驱动共阴极连接的 LED 七段显示器。

7.4.3　数据选择器

数据选择器和数据分配器的基本概念可以用图 7-36 描述。左边的多路开关从 4 路输入信号 $D_0 \sim D_3$ 中选择 1 路信号经 Y 端输出，实现了 4 线到 1 线的选择功能，称为多路选择器

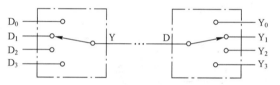

（Multiplexer，缩写为 MUX），也称为**数据选择器**；右边的多路开关将 1 路输入信号 D 分配到 4 条不同支路 $Y_0 \sim Y_3$ 中的某一条上输出，实现 1 线到 4 线的信号分配功能，称为数据分配器。在电路上，这两个器件可以采用"单刀多掷"的开关实现。

图 7-36　数据选择器和数据分配器示意图

1. 8 选 1 数据选择器

74151 是 8 选 1 数据选择器，其逻辑符号如图 7-37 所示，真值表见表 7-25。

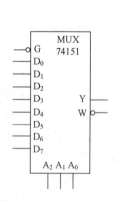

图 7-37　74151 逻辑符号

表 7-25　74151 真值表

输　　入				输　　出	
$\overline{G}$	A_2	A_1	A_0	Y	W
1	×	×	×	0	1
0	0	0	0	D_0	$\overline{D_0}$
0	0	0	1	D_1	$\overline{D_1}$
0	0	1	0	D_2	$\overline{D_2}$
0	0	1	1	D_3	$\overline{D_3}$
0	1	0	0	D_4	$\overline{D_4}$
0	1	0	1	D_5	$\overline{D_5}$
0	1	1	0	D_6	$\overline{D_6}$
0	1	1	1	D_7	$\overline{D_7}$

74151 有 1 个低电平有效的使能端 G（输入使能信号为 $\overline{G}$），8 路数据信号输入端 $D_0 \sim D_7$，3 位地址信号输入端 $A_2 A_1 A_0$（用于从 8 路数据输入端 $D_0 \sim D_7$ 中选择 1 路，当地址值为 i 时，被输出的数据是 D_i）和 1 对互补输出端 Y 和 W（与 Y 端输出信号相反）。

表 7-25 表明，当使能信号 $\overline{G} = 1$ 时（第一数据行），芯片未被使能，输出信号 Y 始终为低电平。当 $\overline{G} = 0$ 时（第二~八数据行），芯片被使能，只要地址信号输入端 $A_2 A_1 A_0$ 给出一

个具体的地址值，就可以从 $D_0 \sim D_7$ 中选择一路信号，以原变量（Y）或反变量（W）形式输出。由表 7-25 可知，输出信号 Y 是输入数据信号 $D_0 \sim D_7$ 和地址信号 $A_2 A_1 A_0$ 的逻辑函数，函数表达式可写为

$$Y = \overline{A_2}\,\overline{A_1}\,\overline{A_0}D_0 + \overline{A_2}\,\overline{A_1}A_0D_1 + \overline{A_2}A_1\overline{A_0}D_2 + \overline{A_2}A_1A_0D_3 +$$

$$A_2\overline{A_1}\,\overline{A_0}D_4 + A_2\overline{A_1}A_0D_5 + A_2A_1\overline{A_0}D_6 + A_2A_1A_0D_7$$

$$= \sum_{i=0}^{7} m_i D_i$$

式中，地址变量 $A_2 A_1 A_0$ 以全部最小项的形式出现。

2. 数据分配器

数据分配器与数据选择器功能相反。在常用逻辑器件中，并没有专门的数据分配器芯片，但由于数据分配器和译码器具有相似的电路结构，通常可用译码器实现数据分配器的逻辑功能。例如用 3 线-8 线译码器实现 1 路输入信号分配到 8 路输出的功能，如图 7-38 所示。

逻辑符号中的 DX 是数据分配器（Demultiplexer）的缩写。代码端 $A_2 A_1 A_0$ 用作地址输入端，其含义和作用与数据选择器相同；选择译码器的一个低电平有效的使能信号输入端，如图 7-38 中的 G_{2B} 端，用于输入数据分配器的数据 D（相当于使能输入信号 $\overline{G_{2B}}$）；译码器的译码输出端 $Y_0 \sim Y_7$ 用于输出分配器的 8 路信号 $D_0 \sim D_7$（相当于译码器反码输出信号 $\overline{Y_0} \sim \overline{Y_7}$）；使能端 G_1 和 G_{2A} 仍然作为使能控制使用（输入信号为 G_1 和 $\overline{G_2}$），电路工作时，使能输入信号为 10。数据分配器的真值表见表 7-14（按照输入输出信号列表）。

表 7-26 表明，使能输入信号 G_1 和 $\overline{G_2}$ 不为 10 时（第一、二个数据行），分配器不使能，数据输出端全部输出高电平 1；G_1 和 $\overline{G_2}$ 为 10 时，分配器使能，按地址输入将输入 D 分配到相应的数据输出端输出。例如，第三个数据行中地址为 $A_2 A_1 A_0 = 000$ 时：若数据输入 D=0，译码器使能，Y_0 端反码输出的 $\overline{Y_0}$ 信号为 0；若数据输入 D=1，译码器不使能，$\overline{Y_0} \sim \overline{Y_7}$ 均为 0。可见，输出端 Y_0 输出的信号和输入信号 D 相同，即实现了 1 线-8 线数据分配器功能的目的。

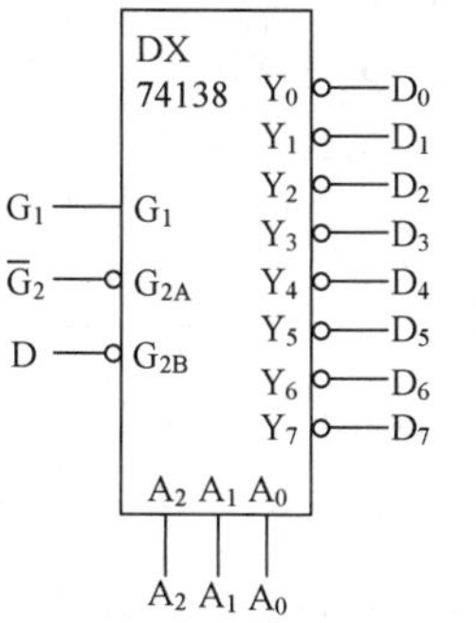

表 7-26　74138 构成的 1 线-8 线数据分配器功能表

图 7-38　用译码器实现数据分配器

使能输入		数据输入	地址输入			数据输出							
G_1	$\overline{G_2}$	D				D_0	D_1	D_2	D_3	D_4	D_5	D_6	D_7
G_1	$\overline{G_{2A}}$	$\overline{G_{2B}}$	A_2	A_1	A_0	$(\overline{Y_0}$	$\overline{Y_1}$	$\overline{Y_2}$	$\overline{Y_3}$	$\overline{Y_4}$	$\overline{Y_5}$	$\overline{Y_6}$	$\overline{Y_7})$
0	Φ	Φ	Φ	Φ	Φ	1	1	1	1	1	1	1	1
Φ	1	Φ	Φ	Φ	Φ	1	1	1	1	1	1	1	1
1	0	D	0	0	0	D	1	1	1	1	1	1	1
1	0	D	0	0	1	1	D	1	1	1	1	1	1
1	0	D	0	1	0	1	1	D	1	1	1	1	1
1	0	D	0	1	1	1	1	1	D	1	1	1	1
1	0	D	1	0	0	1	1	1	1	D	1	1	1
1	0	D	1	0	1	1	1	1	1	1	D	1	1
1	0	D	1	1	0	1	1	1	1	1	1	D	1
1	0	D	1	1	1	1	1	1	1	1	1	1	D

3. 应用举例

例7-16 分析图7-39所示电路。

解：该电路由两个4选1数据选择器和一个非门组成。输入信号为ABC，输出信号为J和S。其中，AB为数据选择器的地址端输入信号，C为数据端输入信号。由4选1数据选择器的输出函数表达式 $Y = \sum m_i D_i$，可以写出J和S关于ABC的函数表达式为

$$J = \overline{A}\,\overline{B} \cdot 0 + \overline{A}B \cdot C + A\overline{B} \cdot C + AB \cdot 1$$
$$= \overline{A}BC + A\overline{B}C + AB$$
$$= BC + AC + AB$$

$$S = \overline{A}\,\overline{B} \cdot C + \overline{A}B \cdot \overline{C} + A\overline{B} \cdot \overline{C} + AB \cdot C$$
$$= \overline{A}\,\overline{B}C + \overline{A}B\overline{C} + A\overline{B}\,\overline{C} + ABC$$
$$= A \oplus B \oplus C$$

由例7-12可知，图7-39所示电路可以实现1位二进制全加器的逻辑功能。其中，J是进位输出，S是本位和输出。

采用数据选择器可以很方便地**实现逻辑函数**，基本方法可以有以下3种。

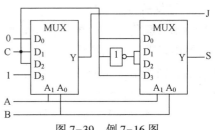

图7-39 例7-16图

（1）套公式法 将逻辑函数表达式变换为最小项表达式的变量形式，待地址变量确定后，根据数据选择器的输出函数表达式 $Y = \sum m_i D_i$，通过对应表达式的方式，确定输入数据变量。

（2）真值表法 列出逻辑函数真值表，确定地址变量后，观察确定输入数据变量。

（3）降维卡诺图法 首先确定地址变量，然后地址变量单列，其他变量另列，画出卡诺图。在每一组地址内，化简得到对应数据端函数的最简表达式，这是一种很有效的方法。完全和非完全描述函数的实现都可以采用降维卡诺图法。

下面通过例7-17和例7-18介绍套公式法和降维卡诺图法的应用。

例7-17 试用8选1数据选择器MUX，设计实现

$$F(A,B,C,D) = \sum m(0,5,7,9,14,15)$$

解：对比函数F和8选1数据选择器的原理表达式，可以采用套公式法设计电路。先将函数F写成最小项表达式的变量形式，然后从4个自变量中选择3个作为MUX的地址变量（本例选ABC，也可以选择BCD，或者其他变量），并将表达式写成MUX输出函数的表达式形式，即

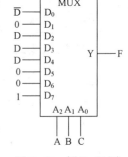

图7-40 例7-17图

$$F(A,B,C,D) = \overline{A}\,\overline{B}\,\overline{C}\overline{D} + \overline{A}B\overline{C}D + \overline{A}BCD + A\overline{B}\,\overline{C}D + ABC\overline{D} + ABCD$$
$$= \overline{A}\,\overline{B}\,\overline{C} \cdot \overline{D} + \overline{A}B\overline{C} \cdot D + \overline{A}BC \cdot D + A\overline{B}\,\overline{C} \cdot D + ABC \cdot \overline{D} + ABC \cdot D$$
$$= \overline{A}\,\overline{B}\,\overline{C} \cdot \overline{D} + \overline{A}B\overline{C} \cdot D + \overline{A}BC \cdot D + A\overline{B}\,\overline{C} \cdot D + ABC \cdot 1$$

显然，当MUX的地址变量 $A_2 A_1 A_0 = ABC$ 时，输入数据端 $D_0 \sim D_7 = \overline{D}, 0, D, D, D, 0, 0, 1$。电路图如图7-40所示。

*例7-18 试用8选1数据选择器MUX，设计实现

$$F(A,B,C,D) = \sum m(0,6,7,8,9,10,13) + \sum \Phi(1,4,5,11,12,15)$$

解：函数F带有约束条件（约束条件自行参考其他相关教材、在线课程或网络资源），不适合采用套公式法，这里采用降维卡诺图方法。首先确定MUX的地址输入变量 $A_2 A_1 A_0$，选择自变量BCD（也可以选择ABC，或者其他3个变量）。将BCD作为卡诺图中的一组变

量，函数 F 中的其他变量（A 变量）作为另一组变量，画出卡诺图，如图 7-41a 所示。

在图 7-41a 中，自变量 BCD 用作 MUX 的地址变量，变量取值可以按自然二进制数的递增顺序排列。化简应该在同一地址下进行，不能跨越不同地址，且化简应沿变量 A 的方向进行。例如当 BCD = 000 时，对应方格的化简结果为 MUX 中 D_0 的输入信号；当 BCD 为其他取值时，对应的化简结果为相应的输入数据的值。最后得到的电路如图 7-41b 所示。

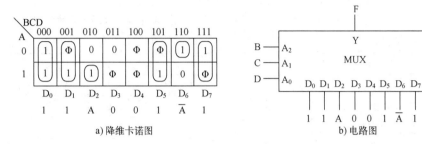

图 7-41 例 7-18 图

习题 7

7-1 阐述数字信号和模拟信号的特点和区别。

7-2 将下列十进制数转换为二进制数。

（1）$(129)_{10}$。　　（2）$(0.416)_{10}$。　　（3）$(37.438)_{10}$。　　（4）$(81.39)_{10}$。

7-3 将下列二进制数转换为十进制数和十六进制数。

（1）$(1111011)_2$。　（2）$(0.001011)_2$。　（3）$(101110.011)_2$。　（4）$(101001.1001)_2$。

7-4 将下列十六进制数转换为二进制和十进制数。

（1）$(FEED)_{16}$。　（2）$(0.24)_{16}$。　　（3）$(A70.BC)_{16}$。　　（4）$(10A.C)_{16}$。

7-5 将下列各数分别用 8 位二进制原码、反码和补码表示。

（1）$(19)_{10}$。　　（2）$(0.125)_{10}$。　　（3）$(-0.1101)_2$。　　（4）$(1.39)_{10}$。

7-6 将下列各数分别用 8421 码、5421 码、2421 码和余 3 码表示。

（1）$(48)_{10}$。　　（2）$(34.15)_{10}$。　　（3）$(2.B7)_{16}$。　　（4）$(74.32)_8$。

7-7 判断下列命题是否正确。

（1）若 A + B = A + C，则 B = C。　　　　（2）若 AB = AC，则 B = C。

（3）若 A + B = A + C，AB = AC，则 B = C。（4）若 A⊕B⊕C = 1，则 A⊙B⊙C = 0。

7-8 列出逻辑函数 $F = \overline{A}B + A(\overline{B} \oplus C)$ 的真值表，并写出函数的与或表达式。

7-9 用逻辑代数的基本定律和公式证明等式。

（1）$AB + \overline{A}C + \overline{B}\,\overline{C} = \overline{A}\,B + A\,\overline{C} + BC$。　　（2）$\overline{A \oplus B} = A \oplus \overline{B}$。

（3）$A \oplus B \oplus (AB) = A + B$。

7-10 用公式法化简逻辑函数

（1）$W = AB + \overline{A}C + \overline{B}\overline{C}$。　　　　　（2）$X = (A \oplus B)\overline{\overline{A}\,\overline{B}} + AB + \overline{AB}$。

（3）$Y = \overline{A} + \overline{B} + \overline{C} + ABCD$。　　　　（4）$Z = A(B + \overline{C}) + \overline{A}(\overline{B} + C) + \overline{B}\,\overline{C}D + BCD$。

7-11 用卡诺图化简下列逻辑函数，写出最简与或式和最简或与式。

(1) $F(A,B,C,D) = AB\overline{C} + C\overline{D} + \overline{A}BC + A\overline{B}D + \overline{A}\,\overline{B}\,CD + AB\overline{C}\,\overline{D} + \overline{A}\,\overline{B}CD$。

(2) $F(A,B,C,D) = \sum m(1,2,4,6,10,12,13,14)$。

(3) $F(A,B,C,D) = (\overline{B} + C + \overline{D})(\overline{B} + \overline{C})(A + \overline{B} + C + D)$。

7-12 图7-42所示为三态非门构成的电路,试根据表7-27中的输入条件,写出函数F的值。

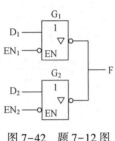

图7-42 题7-12图

表7-27 题7-12表

EN_1	D_1	EN_2	D_2	F
0	0	1	1	
0	1	1	0	
1	0	0	0	
1	0	0	1	
1	1	0	1	
1	1	1	0	

7-13 分析图7-43所示各电路,说明电路的逻辑功能。

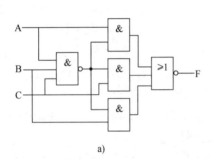
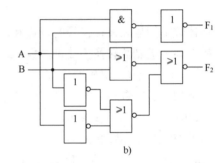

a)   b)

图7-43 题7-13图

7-14 某4线-2线编码器中,I_0、I_1、I_2、I_3为输入信号,Y_1、Y_0为输出信号。编码器的输入、输出均为高电平有效,完成表7-28。

表7-28 题7-14表

输 入				输 出	
I_0	I_1	I_2	I_3	Y_1	Y_0
1	0	0	0		
0	1	0	0		
0	0	1	0		
0	0	0	1		

7-15 采用共阴极LED七段显示器的译码显示电路如图7-44所示,若要显示数码6,则译码器T337的a~g端各应该输出什么?

7-16 采用74138构成的组合逻辑电路如图7-45所示。试写出输出X和Y的逻辑函数表达式,列出其真值表,说明电路的逻辑功能。

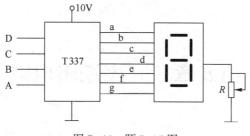

图 7-44　题 7-15 图

7-17　采用 8 选 1 数据选择器 74151 构成图 7-46 所示电路，试写出输出信号 F 的逻辑函数表达式。

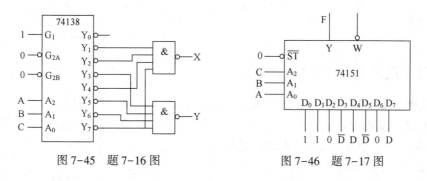

图 7-45　题 7-16 图　　　　　图 7-46　题 7-17 图

7-18　设计一个监视交通信号灯工作状态的逻辑电路。每一组信号灯由红、黄、绿 3 盏灯组成。正常工作情况下，任何时刻必有一盏且只能有一盏灯点亮。其他情况都是故障，要求发出故障信号，以提醒维护人员前去修理。试用与非门实现该电路功能，要求电路最简，画出电路图。

7-19　旅客列车分特快（A）、直快（B）和慢车（C），它们的优先顺序依次为特快、直快、慢车，同一时间内只能有一种列车从车站开出，即只能给出一个开车信号。

（1）试用与非门实现电路，要求电路最简，画出电路图。

（2）试用 3 线-8 线译码器 74LS138 设计一个满足上述要求的排队电路，允许附加必要的门电路，画出电路图。

7-20　设计一个组合电路，有 4 个输入逻辑变量 A、B、C、D 和 1 个输出变量 F，其中 A 为工作状态控制变量，当 A=0 时电路实现"意见一致"功能（B、C、D 取值一致时，输出 F 为 1，否则为 0）；A=1 时电路实现"多数表决"功能，即输出 F 与 B、C、D 中的多数取值一致。试列出函数 F 的真值表，并采用数据选择器 74151 和必要的逻辑门实现电路。

第8章 时序逻辑电路

时序逻辑电路的输出不仅取决于当前的输入，也与历史输入有关，即时序逻辑电路具有电路记忆功能，与组合逻辑电路相比，这种功能特点能够满足更多实际应用中的需求。本章重点介绍时序逻辑电路的基本概念、基本器件、典型电路以及电路分析与设计的基本方法。

8.1 概述

8.1.1 时序逻辑电路的结构与特点

时序逻辑电路的结构如图 8-1 所示。它在组合逻辑电路的基础之上引入了反馈通道，并以存储电路（由触发器[⊖]构成）为核心，从而具有了工作状态存储和记忆的功能。

（1）输入信号 $X(X_1 \sim X_n)$ 即时序逻辑电路能够接收的 n 个外部输入信号。

（2）状态信号 $Q(Q_1 \sim Q_r)$ 由 r 个触发器构成的存储器，可实现对电路工作状态的存储，输出 $Q_1 \sim Q_r$ 称为状态信号变量，具有 2^r 种不同状态。

"时序逻辑电路的状态（State）是一个状态变量集合，这些状态变量在任意时刻的值都包含了为确定电路的未来行为而必须考虑的所有历史信息。"（摘自 Herbert Hellerman 所著 *Digital Computer System Principles* 一书）

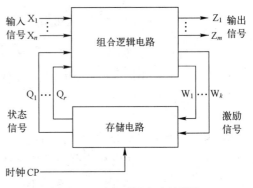

图 8-1 时序逻辑电路的结构

（3）激励信号 $W(W_1 \sim W_k)$ 存储器的输入称为激励信号，由输入和状态决定。

（4）输出信号 $Z(Z_1 \sim Z_m)$ 时序逻辑电路对外输出 m 个信号，对整个时序逻辑电路来说，状态信号作为内部输入，和外部输入信号一起，通过组合逻辑运算决定电路的对外输出。

除此之外，在时序逻辑电路中，对存储电路来说还有一个十分重要的输入信号，称为**时钟脉冲信号**[⊖]（**Clock Pulse，CP**），简称时钟，也称作节拍。存储电路的输出状态 Q 在时刻上的先后顺序分为现态（Q^n）和次态（Q^{n+1}），时刻由时钟决定。在时钟有效[⊖]（称为触发）时，存储的状态发生转变，触发前后分别为存储的现态 Q^n 和即将存储的次态 Q^{n+1}。时钟的触发控制作用使得时序逻辑电路具有随时钟而有序变化的特点。

⊖ 能够输出稳定状态的存储器件，大多数应用设计中使用上升沿触发的 D 触发器。

⊖ 一般为周期性矩形脉冲信号，在实际应用时也可以是非周期的正脉冲或负脉冲，由高电平、低电平、上升沿和下降沿组成。

⊖ 时钟有效（触发）可以是高电平或低电平期间，而更多的是上升沿或下降沿。

8.1.2　时序逻辑电路的分类

1. 同步时序电路和异步时序电路

同步时序电路中所有的触发器使用同一个时钟输入，触发器的状态转变发生在同一个时钟触发时刻；异步时序电路则没有时钟或是没有统一时钟输入，触发器的状态变化不同步。因为工作速度快，可靠性高，分析与设计的方法更简单，同步时序电路的应用更为广泛。

2. Mealy 型和 Moore 型时序电路

Mealy 型（米里型）时序电路的输出由存储状态（Q^n）和外部输入（X^n）决定，而 Moore 型（摩尔型）时序电路的输出则由存储状态（Q^n）决定，如图 8-2 和图 8-3 所示。

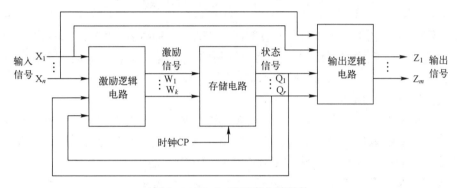

图 8-2　Mealy 型时序电路结构

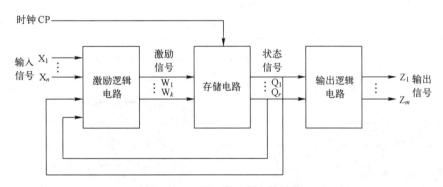

图 8-3　Moore 型时序电路结构

在设计时序逻辑电路时，两种类型没有本质区别，只不过 Moore 型的输出逻辑电路比 Mealy 型的更为简单。然而，实际上，更多的设计人员会选择 Mealy 型，主要原因在于 Moore 型一般会比 Mealy 型需要更多的触发器。在本书中，不会专门针对其中一种类型进行设计。

8.1.3　时序逻辑电路的描述方式

组合逻辑电路的描述可以采用真值表、表达式、电路图、波形图、硬件描述语言（VHDL 或 Verilog HDL）等。同样，时序逻辑电路的描述也有相应的众多方法可采用，如方程组、状态表、状态图、工作波形图、电路图和硬件描述语言等。

1. 方程组

时序逻辑电路有 4 类信号：输入、输出、激励和状态，需要建立 3 个方程组才能完全描述信号之间的关系并体现电路的逻辑功能与时序关系。Mealy 型和 Moore 型时序电路的方程组见表 8-1。

表 8-1　Mealy 型和 Moore 型时序电路的方程组

方程组名称	Mealy 型	Moore 型	说　明
输出方程组	$Z_i^n = F_i(X_1^n, \cdots, X_n^n; Q_1^n, \cdots, Q_r^n)$ $i = 1, \cdots, m$	$Z_i^n = F_i(Q_1^n, \cdots, Q_r^n)$ $i = 1, \cdots, m$	输出的依从关系不同
激励方程组	$W_j^n = G_j(X_1^n, \cdots, X_n^n; Q_1^n, \cdots, Q_r^n)$ $j = 1, \cdots, k$	$W_j^n = G_j(X_1^n, \cdots, X_n^n; Q_1^n, \cdots, Q_r^n)$ $j = 1, \cdots, k$	相同
次态方程组	$Q_l^{n+1} = H_j(Q_j^n; W_j^n)$ $l = 1, \cdots, r$	$Q_l^{n+1} = H_j(Q_j^n; W_j^n)$ $l = 1, \cdots, r$	相同

3 个方程组的意义是，输出方程组表明时序逻辑电路的输出由输入和现态（或只有现态）逻辑运算确定；激励方程组表明存储器件的输入由输入和现态确定；次态方程组表明时序电路的次态由已知的现态和激励来确定。

2. 状态表（State Table）

状态表，全称状态转换表，它以一种直观的方式描述了时序逻辑电路的状态转换关系和输入输出关系。**状态表的一般画法为**：左侧列出状态变量的全部取值（现态），上边列出输入的全部取值，表栏中（灰色区域）则列出电路的次态和输出。

举例说明：某时序电路具有 1101 序列检测功能，其 Mealy 型和 Moore 型时序电路的状态表见表 8-2 所示。

表 8-2　某 1101 序列检测器的状态表

Mealy 型			Moore 型			
S^n＼X^n	0	1	S^n	X^n 0	X^n 1	Z^n
S_0	$S_0/0$	$S_1/0$	S_0	S_0	S_1	0
S_1	$S_0/0$	$S_2/0$	S_1	S_0	S_2	0
S_2	$S_3/0$	$S_2/0$	S_2	S_3	S_2	0
S_3	$S_0/0$	$S_1/1$	S_3	S_0	S_4	0
			S_4	S_0	S_2	1

S^{n+1}/Z^n 　　　　　　　　　　　　　S^{n+1}

表 8-2 左半边的正确读法为：若电路现态为 S_0（记为 t^n 时刻），输入 1 时，则电路输出 0（t^n 时刻），次态为 S_1（t^{n+1} 时刻），当时钟有效触发时，电路转换至 S_1 状态（即 S_1 由次态变为现态）。因此，电路连续输入 1101 时，电路的状态变化依次为 $S_0 \to S_1 \to S_2 \to S_3 \to S_1$，电路在连续输入 110 时到达 S_3 状态，再次输入 1 时输出 1，表示检测到 4 位连续输入序列 1101。

表 8-2 右半边 Moore 型时序电路状态表的区别在于，表栏中（灰色区域）只有次态，输出单独列于右侧。若电路现态为 S_0，则电路输出为 0，若电路输入为 1，则次态确定为 S_1，时钟有效触发时，电路转换至 S_1 状态，电路输出 0。因此，电路连续输入 1101 时，电路的状态变化为 $S_0 \to S_1 \to S_2 \to S_3 \to S_4$，$S_4$ 状态表示检测到 4 位连续输入序列 1101，电路输出 1。

表 8-2 表明，对于同一个时序逻辑功能而言，Moore 型电路输出简单，但是状态（对应

触发器）增多。

3. 状态图 （State Diagram）

状态图，全称状态转换图，它以图形方式表示出了状态转换关系和输入输出关系。表 8-2 所示 1101 序列检测器可以很方便地转换为状态图，如图 8-4 所示。

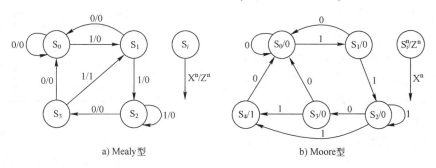

a) Mealy型　　　　　　　　　　　　b) Moore型

图 8-4　某 1101 序列检测器的状态图

当然，时序电路的描述方式还有电路图、波形图、硬件描述语言甚至真值表、激励表等。

8.2　触发器

触发器（Flip-Flop，FF）是时序逻辑电路中最基本和最常用的存储器件，它能够输出两种稳定的状态（0 和 1），因此被称为双稳态器件。本节对触发器的功能描述主要采用功能表、状态表、状态图、特征方程、波形图和激励表。

8.2.1　基本 RS 触发器

基本 RS 触发器是触发器中构造最为简单的一种，也是集成触发器的核心，它可以由两个逻辑门交叉耦合构成，图 8-5 所示为两个与非门构成的基本 RS 触发器。

触发器有两个输入信号 R 和 S（称为激励信号），一对互补输出信号 Q 和 $\overline{Q}$。将 $Q=0$（$\overline{Q}=1$）称为触发器的 **0 状态**，$Q=1$（$\overline{Q}=0$）为 **1 状态**。表 8-3 和表 8-4 分别为基本 RS 触发器的功能表和状态表。

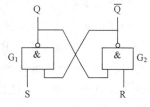

图 8-5　两个与非门构成的基本 RS 触发器

表 8-3　基本 RS 触发器的功能表

R^n	S^n	Q^{n+1}	功 能 说 明
0	0	Φ	禁止输入
0	1	0	复位（置 0）
1	0	1	置位（置 1）
1	1	Q^n	状态保持

表 8-4　基本 RS 触发器的状态表

Q^n ＼ R^nS^n	00	01	10	11
0	Φ	0	1	0
1	Φ	0	1	1

Q^{n+1}

基本 RS 触发器的功能原理分析如下：

1）RS＝01 时为复位（置 0）操作。G_2 门先稳定输出 1（$\overline{Q}=1$），G_1 门随后稳定输出 0

（Q=0），即此时触发器处于 0 状态。

2）RS=10 时为置位（置 1）操作。G_1 门先稳定输出 1（Q=1），G_2 门随后稳定输出 0（$\overline{Q}$=0），即此时触发器处于 1 状态。

3）RS=11 时为保持操作。G_1、G_2 门的稳定输出由 Q^n 和 $\overline{Q^n}$（即触发器原状态）决定。若 Q^n 是 0，则新状态仍为 0；若 Q^n 是 1，则新状态仍为 1。

4）RS=00 为禁止输入。G_1、G_2 门的稳定输出均为 1，这违背了触发器的互补输出原则。当 RS 输入由 00 变为 11 时，新状态还会出现不确定性，这违背了电路设计的确定性原则。

图 8-6 所示为在一组 R、S 信号作用下，基本 RS 触发器的波形图。

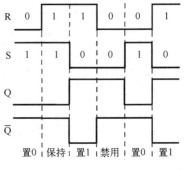

图 8-6　基本 RS 触发器的波形图

8.2.2　同步 RS 触发器

与非门构造的基本 RS 触发器具有直接置位和复位的特点，一旦 R 或 S 为低电平，触发器的状态立即发生相应变化。在实际应用中，通常要求触发器的状态变化受外部时钟控制，以便整个电路或系统按一定节拍工作。同步 RS 触发器就是符合这种要求的基本电路，其电路如图 8-7 所示，CP 即为前文所述的时钟脉冲信号。

CP 的作用如下：当 CP 为低电平时，与非门 G_3、G_4 关闭，固定输出高电平，输入的激励信号 S 和 R 失去作用，与非门 G_1、G_2 构成的基本 RS 触发器保持原状态不变；当 CP 为高电平时，G_3、G_4 的输出则分别为 $\overline{S}$ 和 $\overline{R}$，作用在基本 RS 触发器上，使基本 RS 触发器的状态随输入信号 S 和 R 变化。

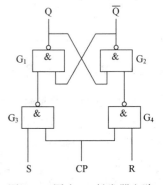

由此可见，同步 RS 触发器的状态转换由激励信号 R、S 和时钟信号 CP 控制，其中 R、S 控制状态转换的方向，即输入 R、S 决定触发器的新状态是什么；CP 控制状态转换的时刻，即触发器何时发生状态转换由 CP 决定。从 CP 的控制特性上来看，同步 RS 触发器属于**电平触发型**，在 CP 的高电平期间，

图 8-7　同步 RS 触发器电路

激励信号 R、S 起作用，而在 CP 的低电平期间，激励信号 R、S 不起作用。

同步 RS 触发器的功能表见表 8-5。其中 R^n、S^n 表示第 n 个时钟脉冲到来时的输入值。Q^n 表示第 n 个时钟脉冲到来之前触发器的状态（即**现态**）。Q^{n+1} 表示第 n 个时钟脉冲作用后电路的新状态（即**次态**），显然，Q^{n+1} 是 R^n、S^n 和 Q^n 的函数。表 8-6 为同步 RS 触发器的状态表。

表 8-5　同步 RS 触发器的功能表

R^n	S^n	Q^{n+1}	功能说明
0	0	Qn	状态保持
0	1	1	置位（置 1）
1	0	0	复位（置 0）
1	1	Φ	禁止输入

表 8-6　同步 RS 触发器的状态表

Q^n ＼ $R^n S^n$	00	01	10	11
0	0	1	0	Φ
1	1	1	0	Φ

Q^{n+1}

在状态表中，输入变量和变量的逻辑值在表格顶部排成一行，状态变量值在表格左边排成一列，表格内填入相应的次态函数值。

电平触发型触发器存在**空翻问题**，具体的现象为：在 CP 高电平期间，若 R、S 发生多次变化，则触发器的状态也将随之发生多次转换。这种在一个时钟脉冲作用下，触发器发生多次翻转的现象叫作空翻。空翻破坏了"时序电路按时钟节拍工作，每来一个时钟脉冲，电路的状态只发生一次转换"的基本原则。

解决空翻问题的有效方法是将电平触发方式改为**边沿触发方式**，使触发器只在时钟脉冲的**上升沿**（CP 由低电平向高电平的跳变）或**下降沿**（CP 由高电平向低电平的跳变）响应激励信号，实现状态转换。

8.2.3 D 触发器

大多数的时序电路采用边沿触发的 D 触发器（Delay Flip-Flop）来存储它们的状态变量值。上升沿触发的 D 触发器的逻辑符号、功能表和状态表分别如图 8-8、表 8-7 和表 8-8 所示。

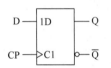

图 8-8 D 触发器逻辑符号

表 8-7 D 触发器的功能表

D^n	Q^{n+1}	功 能
0	0	置 0
1	1	置 1

表 8-8 D 触发器的状态表

Q^n \ D^n	0	1
0	0	1
1	0	1

Q^{n+1}

CP 是触发器的时钟，D 是激励信号，Q 和 $\overline{Q}$ 为互补状态输出端，其中 $\overline{Q}$ 端的小圆圈是反相输出的标志。D 触发器的逻辑功能是，当时钟上升沿到来时（触发），D 的输入值决定触发器的次态，无论触发器现态如何。

表 8-7 表明 D 触发器的次态 Q^{n+1} 的值总等于激励信号 D^n 的值。表 8-8 则表明，D 触发器的次态 Q^{n+1} 的值只由激励信号 D^n 确定，与触发器的现态 Q^n 无关。D 触发器的**次态方程**写为

$$Q^{n+1} = D^n \tag{8.2-1}$$

表 8-9 为 D 触发器的激励表。利用 D 触发器设计时序逻辑电路时，一旦明确了电路的状态转换关系，需要进一步确定触发器的激励信号时，就要用到 D 触发器的激励表。

图 8-9 描绘了 D 触发器的状态随时钟和输入信号的变化工作波形图（假设 D 触发器的起始状态为 0）。可见，输入信号 D 的变化并不能立刻引起 D 触发器的状态变化，状态变化总是发生在时钟脉冲 CP 的上升沿（注意：画波形图时，将 D 触发器看作没有信号传输时延的理想触发器，实际 D 触发器的 Q 端信号变化会比时钟上升沿有一定延迟）。

表 8-9 D 触发器的激励表

Q^n	Q^{n+1}	D^n
0	0	0
0	1	1
1	0	0
1	1	1

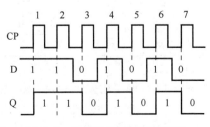

图 8-9 D 触发器的工作波形图

8.2.4　JK 触发器

图 8-10 所示为下降沿触发 JK 触发器（JK Flip-Flop）的逻辑符号。JK 触发器有两个激励信号 J 和 K，**时钟端的小圆圈**表示时钟下降沿触发。在集成触发器中，JK 触发器的逻辑功能最丰富，在激励信号 J 和 K 的作用下，可以实现置 1（置位）、置 0（复位）、保持（状态不变）和翻转（状态翻转）操作。

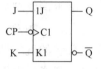

图 8-10　JK 触发器的逻辑符号

JK 触发器的功能表、状态表和激励表见表 8-10、表 8-11 和表 8-12 所示。激励表中的激励函数 J^n 和 K^n 取值为 Φ，表示其值可以任意取 0 或 1，对 JK 触发器的状态转换没有影响。

表 8-10　JK 触发器的功能表

J^n	K^n	Q^{n+1}	功能
0	0	Q^n	保持
0	1	0	置 0
1	0	1	置 1
1	1	$\overline{Q}^n$	翻转

表 8-11　JK 触发器的状态表

Q^n ╲ J^nK^n	00	01	10	11
0	0	0	1	1
1	1	0	1	0

Q^{n+1}

表 8-12　JK 触发器的激励表

Q^n	Q^{n+1}	J^n	K^n
0	0	0	Φ
0	1	1	Φ
1	0	Φ	1
1	1	Φ	0

JK 触发器的状态表经卡诺图化简后，可以得到 JK 触发器的次态方程，即

$$Q^{n+1} = J^n \overline{Q}^n + \overline{K}^n Q^n \tag{8.2-2}$$

显然，下降沿触发的 JK 触发器只在时钟 CP 下降沿时才会响应 J、K 输入信号，状态也才会发生转换。

8.2.5　T 触发器

上升沿触发 T 触发器（Toggle Flip-Flop）的逻辑符号如图 8-11 所示，它只有一个激励信号 T。

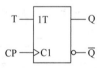

图 8-11　T 触发器的逻辑符号

T 触发器的功能表、状态表和激励表见表 8-13、表 8-14 和表 8-15。在每一个时钟 CP 上升沿到来时，在激励信号 T 的作用下，T 触发器实现状态保持或翻转功能。这样的功能特点非常符合计数（对时钟计数）电路的需要，因此，T 触发器也称为计数触发器。

表 8-13　T 触发器的功能表

T^n	Q^{n+1}	功能
0	Q^n	保持
1	$\overline{Q}^n$	翻转

表 8-14　T 触发器的状态表

Q^n ╲ T^n	0	1
0	0	1
1	1	0

Q^{n+1}

表 8-15　T 触发器的激励表

Q^n	Q^{n+1}	T^n
0	0	0
0	1	1
1	0	1
1	1	0

由表 8-13 可得 T 触发器的次态方程为

$$Q^{n+1} = T^n \overline{Q}^n + \overline{T}^n Q^n = T^n \oplus Q^n \tag{8.2-3}$$

若将 T 触发器的激励信号 T 固定为高电平，就得到了只有翻转功能的触发器，每来一

个时钟脉冲，触发器的状态就翻转一次，称为 **T'触发器**。

8.2.6 触发器异步控制及功能转换

1. 异步端与异步控制

为方便于将触发器置于所需状态，集成触发器设置了优先级高于同步时钟的异步置位端 S（Set）和异步复位端 R（Reset）。带异步控制端的 D 触发器（下降沿触发）如图 8-12 所示，图中 S、R 端的小圆圈表示低电平有效，异步置位信号 $\overline{PR}$（Preset）和异步复位信号 $\overline{CLR}$（Clear）的反变量写法同样表明异步置位和异步复位端为低电平有效。

表 8-16 描述了 D 触发器异步控制端的功能。异步置位与复位信号不允许同时有效，异步置位或复位信号有效时，触发器的状态立即转换，此时时钟和激励信号都不再起作用。只有当异步信号无效时，触发器才能在时钟和激励信号作用下动作。

表 8-16　带异步控制端的 D 触发器功能表

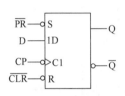

图 8-12　带异步控制端的 D 触发器

$\overline{PR}$	$\overline{CLR}$	CP	D^n	Q^{n+1}	功能说明
0	0	Φ	Φ	禁止	禁止输入
0	1	Φ	Φ	1	异步置位
1	0	Φ	Φ	0	异步复位
1	1	↓	0	0	同步置 0
1	1	↓	1	1	同步置 1

图 8-13 描述了带异步控制端的 D 触发器的工作波形图。

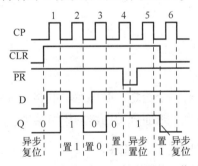

图 8-13　带异步控制端的 D 触发器的工作波形图

2. 触发器的功能转换

触发器之间可以进行功能转换。例如，当需要采用 D 触发器实现 JK 触发器的功能时，只需将输入信号 J 和 K 按照逻辑函数表达式 $D = J\overline{Q} + \overline{K}Q$ 接入 D 触发器的激励端即可；用 D 触发器构成 T 触发器时，D 触发器的激励逻辑函数表达式为 $D = T \oplus Q$；用 D 触发器构成 T' 触发器时，D 触发器的激励逻辑函数表达式为 $D = \overline{Q}$。采用 D 触发器为基本单元，结合逻辑门构造出的 JK、T 和 T'触发器（上升沿触发）如图 8-14 所示。

同样，令 $J = D$、$K = \overline{D}$，使 JK 触发器只能工作在置 1 和置 0 方式，就成了 D 触发器；令 $J = K = T$，使 JK 触发器只能工作在保持和翻转方式，就成了 T 触发器；令 $J = K = 1$，使 JK 触发器只能工作在翻转方式，就成了 T'触发器。本节只介绍了用 D 触发器构造其他触发器的方法，此外也可以利用触发器状态方程之间的关系，实现其他功能转换。

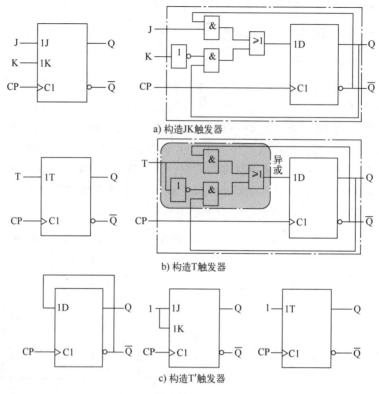

a) 构造JK触发器

b) 构造T触发器

c) 构造T'触发器

图 8-14　采用 D 触发器构造出的各类触发器

8.3　时序逻辑电路

　　时序逻辑电路分析，就是对一个给定的时序逻辑电路，确定它在输入信号和时钟脉冲作用下状态转换和输出信号的特点，进而确定电路的逻辑功能。

8.3.1　基于触发器的同步时序电路分析

1. 一般步骤

　　（1）写出激励、次态和输出的表达式　根据电路图，写出各触发器的激励表达式和时序电路的各输出表达式；由激励表达式写出触发器的次态方程，将各触发器的次态方程写成外部输入变量和触发器现态变量的函数。这样就把电路图上的信息转换成了以外部输入和触发器现态为自变量，以电路输出和触发器次态为因变量的一组表达式。

　　（2）由表达式列出状态表　将时序电路所有输入变量的取值在状态表顶端排成一行，并将所有触发器的现态取值在状态表左边排成一列，根据表达式求得各种自变量取值下触发器的次态和输出的值，填入状态表。

　　（3）由状态表画出状态图　将同步时序电路的所有状态画成状态圈，再以每个状态作为原状态，在状态表中找出该状态在不同输入条件下的次态和输出值，并在各状态圈之间用有向箭头表示状态转换，输入值和输出值在箭头旁标出，以此形成状态图。状态图比状态表更直观地反映了电路各状态间的转换关系，有利于理解电路的工作过程和功能。

（4）必要时画出波形图　给定时钟和输入信号的波形后，可以由状态表（图）画出各触发器状态和输出信号的波形图。在实际电路中，各点的信号变化可以用仪表（如示波器或逻辑分析仪）测得，波形图是数字电路分析的重要手段。

（5）说明电路的逻辑功能　同步时序电路通常都有特定的应用场合，并有着明确的逻辑功能，电路分析的目的，当然包括确定电路的功能、使用方法和应用领域，但说明电路的功能往往需要一定的应用背景和较多的功能电路知识，这有一定难度。

2. 分析举例

例 8-1　分析图 8-15 所示同步时序电路。

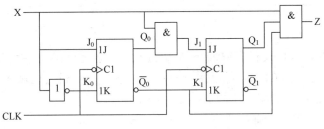

图 8-15　例 8-1 电路图

解：电路中的两个 JK 触发器共用外部时钟 CLK，因此是同步时序电路，有一个外部输入信号 X 和一个外部输出信号 Z，下面按照基于触发器的同步时序电路分析一般步骤进行。

激励表达式为

$$J_0^n = X^n, \quad K_0^n = \overline{X}^n; \quad J_1^n = X^n Q_0^n, \quad K_1^n = \overline{Q}_0^n$$

将激励表达式代入触发器次态方程，求出两个次态表达式，即

$$Q_0^{n+1} = J_0^n \overline{Q}_0^n + \overline{K}_0^n Q_0^n = X^n \overline{Q}_0^n + \overline{\overline{X}}^n Q_0^n = X^n$$

$$Q_1^{n+1} = J_1^n \overline{Q}_1^n + \overline{K}_1^n Q_1^n = X^n Q_0^n \overline{Q}_1^n + \overline{\overline{Q}}_0^n Q_1^n = X^n Q_0^n + Q_1^n Q_0^n$$

输出表达式为

$$Z^n = X^n Q_1^n \overline{Q}_0^n$$

在状态表中填写输入变量名 X^n 及其取值 0、1，填写触发器状态名 $Q_1^n Q_0^n$ 及其 4 种取值，根据次态表达式和输出表达式求出 Q_1^{n+1}、Q_0^{n+1} 和 Z^n 的值填入状态表，见表 8-17。

根据表 8-17 画出状态图，如图 8-16 所示。由状态图可以看出，当电路的输入**序列**（一组连续输入的二进制 0 和 1 的组合）中出现 "1101" 时，输出为 1，其他时候输出都是 0。

表 8-17　例 8-1 状态表

$Q_1^n Q_0^n$ ＼ X^n	0	1
00	00/0	01/0
01	00/0	11/0
10	00/0	01/1
11	10/0	11/0

$Q_1^{n+1} Q_0^{n+1} / Z^n$

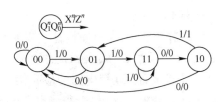

图 8-16　例 8-1 状态图

假设输入序列 X 为 1011011011101（高位先行），电路的初始状态为 00，由此画出触发器的状态 Q_0、Q_1 和输出 Z 的波形如图 8-17 所示。

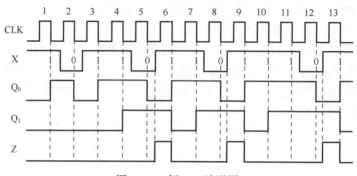

图 8-17　例 8-1 波形图

由图 8-17 可以看出：只有当输入序列为 1101（或含有 1101）时，对应于输入的最后一个 1，电路输出 1，这样的性质可以用于表示电路是否检测到连续输入的序列 1101，这种电路被称为**序列检测器**，其逻辑功能是检测一个特定的输入序列。

例 8-1 中的 **1101 序列检测器**有两个特点：

1）当检测到连续输入序列为 1101（或含有 1101）时，电路输出 1，记为检测到一次 1101 序列；继续检测新的输入序列时，在已检测到的 1101 序列基础上，若恰好出现连续输入的 101 时，则第一次检测到的序列 1101 的最后一个 1 仍可作为新检测到的序列 **1101** 的第一个 1，这被称为序列码允许重叠检测（两次检测到的 1101 序列有重叠）；若检测到一次 1101 序列后，再次检测到的序列不能与第一次检测到的序列有重复（即两次检测到的 1101 序列完全没有重叠），则被称为序列码不允许重叠检测。

2）电路在检测到输入序列 1101 中的最后一个 1 时立刻输出 1，表明输出与输入在逻辑上有直接依从关系，这样的特点也表明该电路为 Mealy 型输出。Mealy 型输出的表达式中一定包含输入变量；若输入序列 1101 的最后一个 1 必须被触发器存储后，电路的输出才会为 1，这样的电路为 Moore 型输出，Moore 型输出的表达式中没有输入变量，只有状态变量。

8.3.2　基于触发器的同步时序电路设计

使用触发器设计同步时序电路来解决实际应用中的问题，是一项极具创造性的任务。在不同的发展阶段，有不同的设计方法和流程，既有现代流行的采用 VHDL 或 Verilog HDL 进行的语言描述性设计，也有传统的从文字描述的功能开始，通过状态表、状态图、表达式这一基本流程进行的设计方式。从培养和锻炼电路分析、设计的能力出发，本节只介绍传统的设计方法。

1. 一般步骤

基于触发器的同步时序电路设计过程一般较为复杂，通常分解为以下步骤进行。

1）定义电路的输入、输出和状态变量，列出电路的原始状态表/图。

2）利用状态化简，获得电路的最简状态表。

3）通过状态分配（编码），得到电路的最简状态分配（编码）表。

4）触发器选型。

5）导出输出信号和激励信号的最简逻辑函数表达式。

6）画出电路的全状态图表，如果有多余状态，检查是否存在无效循环，若有，则设法将其消除掉。

7）按照电路规范和连接方式，画出电路图。

采用触发器进行同步时序电路设计的步骤较多，尤其是需要状态化简和编码时。事实上，这些步骤只是为读者提供了一种最基本的设计思路和方法，在一些功能特点比较典型的设计场合（如计数器、移位寄存器等），往往并不需要完全按照这样的步骤来进行。下面将通过一道例题介绍设计步骤的具体运用，涉及计数器相关知识详见 8.5.1 节。

2. 设计举例

例 8-2　用 JK 触发器设计实现一个 3 位二进制同步加法计数器。

解：首先要正确描述 3 位二进制同步加法计数器的工作原理，其状态图如图 8-18 所示。由状态图可知，计数器需要 3 个触发器，即 Q_2、Q_1 和 Q_0，其中 Q_2 是最高位。由于计数器中各触发器的现态 $Q_2^nQ_1^nQ_0^n$ 和次态 $Q_2^{n+1}Q_1^{n+1}Q_0^{n+1}$ 在状态图中已经明确，如何根据状态图导出 3 个 JK 触发器的激励方程就成为了设计的重点。根据设计要求，利用 JK 触发器的激励表，即表 8-18，在现态和次态的状态转换关系明确的情况下，可以求得各 JK 触发器的激励信号 $J_2^nK_2^n$、$J_1^nK_1^n$ 和 $J_0^nK_0^n$ 的值，由此列出 3 位二进制同步加法计数器的激励函数表，见表 8-19。

000
001
010
011
Q2Q1Q0
111
110
101
100

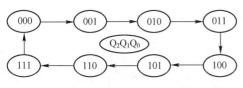

图 8-18　3 位二进制同步加法计数器的状态图

表 8-18　JK 触发器的激励表

Q^n	Q^{n+1}	J^n	K^n
0	0	0	Φ
0	1	1	Φ
1	0	Φ	1
1	1	Φ	0

表 8-19 可以这样获得：列出电路的 8 个原状态 000~111 的 3 位二进制加法计数器激励函数，根据状态图列出每个原状态的次态 $Q_2^{n+1}Q_1^{n+1}Q_0^{n+1}$，分别查看每个触发器的 Q^n 和 Q^{n+1} 的各行取值，根据表 8-18 确定该触发器的激励信号 J^n 和 K^n 的值。求得所有 J^n 和 K^n 值后，表中 Q^{n+1} 的使命就完成了，J^n 和 K^n 是原状态 $Q_2^nQ_1^nQ_0^n$ 的函数，利用卡诺图进行化简，如图 8-19 所示，求得各 J^n 和 K^n 的表达式，并得到电路中各 JK 触发器的激励连接关系。

表 8-19　3 位二进制加法计数器激励函数表

Q_2^n	Q_1^n	Q_0^n	Q_2^{n+1}	Q_1^{n+1}	Q_0^{n+1}	J_2^n	K_2^n	J_1^n	K_1^n	J_0^n	K_0^n
0	0	0	0	0	1	0	Φ	0	Φ	1	Φ
0	0	1	0	1	0	0	Φ	1	Φ	Φ	1
0	1	0	0	1	1	0	Φ	Φ	0	1	Φ
0	1	1	1	0	0	1	Φ	Φ	1	Φ	1
1	0	0	1	0	1	Φ	0	0	Φ	1	Φ
1	0	1	1	1	0	Φ	0	1	Φ	Φ	1
1	1	0	1	1	1	Φ	0	Φ	0	1	Φ
1	1	1	0	0	0	Φ	1	Φ	1	Φ	1

J2=Q1Q0
K2=Q1Q0
J1=Q0
K1=Q0

图 8-19　用卡诺图化简求激励函数

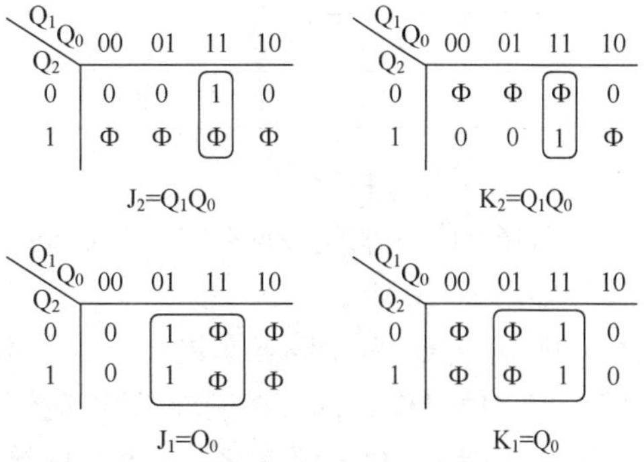

利用卡诺图进行化简时，可以省略各变量的上角标 n（上角标 n 和 n+1 只是为了区别当前时刻和时钟作用后的下一时刻，在卡诺图中的变量都是同一时刻的，是组合逻辑关系）。另外，表 8-19 中 J_0 和 K_0 的取值都是 1 和 Φ，激励连接可以设计为 $J_0 = 1$，$K_0 = 1$，没必要再用卡诺图化简。根据各激励信号表达式画出的电路图不再赘述。

例 8-2 中的计数器设计没有涉及**状态定义**、状态化简和状态编码等概念。计数器用触发器状态表示计数值，其计数规则决定了电路的状态转换，可以直接确定电路需要几个触发器，以及触发器的状态是如何变化的，因此，可以直接得到电路的状态图和激励表。但是，在很多其他的同步时序电路设计中，设计初始时并不知道电路需要多少状态，以及触发器状态是如何变化的，这时，应按照一般步骤完成电路设计。需要进一步学习状态定义、状态化简和状态编码的读者可以查阅数字电子技术相关书籍。

8.4 常用时序逻辑模块

从功能实现角度来看，任何一个时序逻辑电路都可以采用触发器来实现，但是在时序逻辑电路的应用中，计数器和移位寄存器是两类非常重要且常用的电路，因而其原本的触发器组成电路被集成设计为相应的集成计数器和集成移位寄存器。计数器广泛存在于计算机和各类数字设备中，用于实现定时、分频等功能。移位寄存器则大量应用于数据的串并转换、周期序列检测和周期序列产生等场合。

8.4.1 计数器

计数器是一种累计输入脉冲个数，具有状态周期循环特点的时序逻辑电路，利用触发器可以很方便地实现同步或异步计数器。两种计数器的主要区别是计数器中的触发器是否采用统一时钟，同步计数器统一时钟，而异步计数器则不是。由于计数器的重要性与应用的广泛性，74 系列有许多计数器芯片供用户选用。本节只介绍同步计数器芯片的功能原理与基本应用，异步计数器芯片的相关知识请读者自行查阅。表 8-20 列出了 74 系列中部分典型同步计数器芯片的型号和简要描述，它们都是上升沿触发的计数器。

表 8-20　74 系列中部分典型同步计数器芯片的型号和简要描述

型　　号	计数方式	模数、编码	计数规律	触发方式	复位方式	预置方式	输出方式
74160	同步	模 10、8421 码	加法	上升沿	异步	同步	常规
74161	同步	模 16、二进制	加法	上升沿	异步	同步	常规
74162	同步	模 10、8421 码	加法	上升沿	同步	同步	常规
74163	同步	模 16、二进制	加法	上升沿	同步	同步	常规

1. 计数器 74163

74163 是一种通用的 4 位二进制同步加法计数器，其逻辑符号如图 8-20 所示。

$Q_D Q_C Q_B Q_A$ 为计数状态输出端，计数值按 4 位二进制数递增。控制信号中，复位控制端 CLR 优先级最高，低电平有效。置数控制端 LD 优先级次之，同样 LD 端输入信号低电平有效。保持与计数控制端 P 和 T 优先级更低。DCBA 为预置数输入

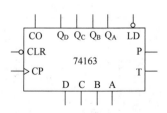

图 8-20　74163 的逻辑符号

端，和 LD 端搭配使用，当 LD 端输入低电平信号时，$Q_D Q_C Q_B Q_A = DCBA$。CO（Carry Out）为进位输出端，进位输出的表达式为 $CO = TQ_D Q_C Q_B Q_A$。显然，当 $T=1$ 且计数值 $Q_D Q_C Q_B Q_A = 1111$ 时，$CO=1$，输出为高电平，CO 进位可以实现两片 74163 的级联，从而实现十六进制以上的计数。

74163 的功能表见表 8-21 所示。

表 8-21　74163 功能表

输　　入								输　　出				工作方式
$\overline{CLR}$	$\overline{LD}$	P	T	CP	D	C	B	A	Q_D	Q_C	Q_B	Q_A	
0	Φ	Φ	Φ	↑	Φ	Φ	Φ	Φ	0	0	0	0	同步清零
1	0	Φ	Φ	↑	D	C	B	A	D	C	B	A	同步置数
1	1	Φ	0	Φ	Φ	Φ	Φ	Φ	Q_D^n	Q_C^n	Q_B^n	Q_A^n	保持
1	1	0	Φ	Φ	Φ	Φ	Φ	Φ	Q_D^n	Q_C^n	Q_B^n	Q_A^n	保持
1	1	1	1	↑	Φ	Φ	Φ	Φ	加法计数				加法计数

表 8-21 表明，74163 的功能都在时钟上升沿到来时触发工作，即同步操作。

（1）同步复位操作　CLR 端输入信号 $\overline{CLR}$ 低电平有效，优先级最高。一旦 CLR 端输入低电平，下一个时钟上升沿到来时计数器清零，即同步清零。

（2）同步置数操作（CLR 端输入高电平时）　LD 端输入信号 $\overline{LD}$ 低电平有效，优先级次之，并且应结合 DCBA 预置数信号使用。一旦 LD 端输入低电平，下一个时钟上升沿到来时便将 DCBA 并行置入计数器，使 $Q_D Q_C Q_B Q_A = DCBA$。

（3）计数保持操作（CLR 端和 LD 端输入高电平时）　若 P 端或 T 端任一端输入 0，计数器将进入计数保持工作状态，$Q_D Q_C Q_B Q_A$ 保持不变。

（4）同步计数操作（CLR 端和 LD 端输入高电平时）　若 P 端和 T 端输入 11，计数器将随时钟进行加法计数。

2. 计数器 74163 的变模与级联

计数器的进制通常也称为计数器的模，如 M 进制计数器，也称模 M 计数器，计数范围是 $0 \sim (M-1)$。利用同步复位法、同步置数法和程控置数法对计数器 74163 变模，可以构成任意进制的计数器。

（1）同步复位法　将模 N 计数器变为模 M（M<N）计数器的方法是，在（M-1）状态时使复位控制信号有效，下一个时钟脉冲即执行复位操作，使计数器回到 0 状态。

例 8-3　用 74163 构成 1 位 8421 码加法计数器，并画出工作波形。

解：首先正确描述 8421 码加法计数器（模 10 计数器，M=10）的工作原理，其计数状态始终为 0000~1001 的循环，因此可将 0000 定为首状态，1001 定为末状态。采用的 74163 器件是十六进制计数器，具有同步复位功能。在利用同步复位法变 74163 为 8421 码加法计数器时，应检测末状态（M-1）=（10-1）=9。检测采用与非门，与非门的输入端应接入 $Q_D \overline{Q_C} \overline{Q_B} Q_A$（实际只需接入 Q_D 和 Q_A 即可）。与非门的输出端接 CLR 端。电路与工作波形如图 8-21 所示。为了保证 $\overline{CLR}=1$ 时计数器正常计数，LD、P、T 等端口均应接逻辑 1。

（2）同步预置法　构成模 M 计数器的要点是，将计数器的首状态作为预置数，末状态作为检测状态，状态检测电路的输出接 LD 端。74163 具有同步预置工作模式，支持通过预置状态改变计数器的模。预置数通过外部引脚设置，可以将计数器预置到任意状态，这比只能回到 0 状态的同步复位法灵活得多。因此，同步预置法能够实现同步复位法无法实现的计数器。

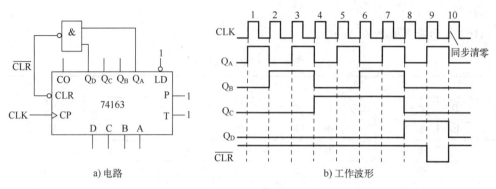

a) 电路　　　　　　　　　　b) 工作波形

图 8-21　例 8-3 图

例 8-4　用 74163 实现 1 位余 3 码计数器，并画出工作波形。

解：余 3 码计数器是一个十进制计数器，计数值 0~9 用余 3 码表示为 0011~1100。计数器的首状态是 0011，末状态是 1100，因此，DCBA = 0011，检测状态为 1100。若采用与非门实现检测，则 $\overline{LD} = \overline{Q_D Q_C}$；若采用或门实现检测，$\overline{LD} = \overline{Q_D} + \overline{Q_C}$。需要注意的是，LD 端输入信号为低电平有效。

计数器电路和工作波形如图 8-22 所示。

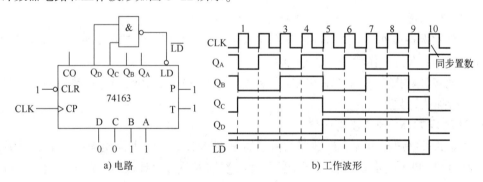

a) 电路　　　　　　　　　　b) 工作波形

图 8-22　例 8-4 图

图 8-22a 中，74163 其他控制输入端都接 1，以免影响计数器工作。图 8-22b 中，假设 74163 的起始状态为 0011，电路工作在计数模式，9 个时钟脉冲作用后，74163 的状态即为 1100，此时 $\overline{LD} = 0$，电路进入预置模式，第 10 个时钟脉冲上升沿到来时，74163 完成预置操作，新状态就是外加的预置数 0011。

（3）程控置数法与级联扩展　74163 通常采用同步级联的方式（即级联的 74163 采用共同的外部时钟）实现更大范围的计数。图 8-23 所示为两片 74163 级联扩展而成的电路，它是采用同步预置法变模构成的二至二百五十六进制程控计数器。

时钟 CLK 同时送到两个芯片的 CP 端，低位芯片 74163（1）的 CO 接到高位芯片 74163（2）的 T 端，实现同步级联。两个芯片构成 8 位二进制同步加法计数器时，计数值从 8 个状态输出端 $Q_7 \sim Q_0$ 输出，计数范围为 00000000~11111111。

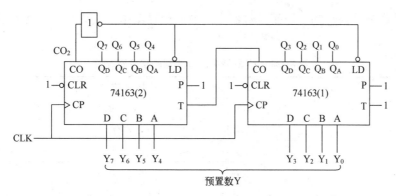

图 8-23 二至二百五十六进制程控计数器电路

图 8-23 所示电路将高位芯片的进位输出信号 CO_2 取非后送到两个芯片的 LD 端。分析电路逻辑可知，CO_2 的输出为 $CO_2 = Q_7 Q_6 Q_5 Q_4 Q_3 Q_2 Q_1 Q_0$。当计数值达到 255（11111111）时，$CO_2$ 输出 1，置数信号有效，下一个时钟脉冲将使电路的状态变为预置数 Y。因此，该计数器的状态变化范围为 Y~255，计数器的模为 M=256-Y，改变预置数 Y 就可以改变计数器的模，不必改变电路结构。

当 LD 端输入信号为 1 时，低位芯片进行模 16 计数，即对每个时钟脉冲计数，而高位芯片进入计数保持状态。当低位芯片计数为 1111 状态时，74163（1）进位输出 CO 为 1，高位芯片进入计数状态，在下一个 CLK 到来时计数 1 次，同时低位芯片的 CO 变为 0，高位芯片再次进入计数保持状态。由此可见，低位芯片随 CLK 计数，通过芯片间的进位，高位芯片每隔 16 个时钟脉冲计数一次。**注意**：因为进位输出 CO 与 P 无关，所以电路中的 P 端和 T 端不能互换连接。

这里的方法与结论可推广至更多的 74163 的级联应用中。对 k 个 74163 级联组成的程控计数器，其模 M 与计数器的预置数 Y 之间的关系为

$$Y = 16^k - M \tag{8.4-1}$$

举例说明：要构成 M=135 进制的计数器，需要两片 74163，预置数为 $Y = 16^2 - 135 = 121 = (01111001)_2$。

本节介绍了计数器的概念、原理和基本应用。虽然现代数字设计大多是基于 HDL 模型来构建一个计数器的，但是通过学习 74163 这样的计数器，对熟悉计数器的功能特点与应用仍具有重要意义。

8.4.2 移位寄存器

移位寄存器具有二进制数据存储和左右移位功能，其应用十分广泛。例如，计算机进行远程数据传输时，发送端计算机将并行数据存入移位寄存器，由移位寄存器将其逐位移送到串行传输线路上（完成数据的并/串转换）；接收端计算机从线路上逐位接收数据，串行存入移位寄存器中，接收一个完整的数据字后，从移位寄存器中并行提取数据（完成数据的串/并转换）。此外，移位寄存器可以用来实现序列检测器和周期序列发生器，还可以实现计数功能，营造节日气氛的彩灯也常用移位寄存器控制显示模式。

1. 移位寄存器芯片功能与用法

74 系列中部分典型的移位寄存器见表 8-22，表中所列的移位寄存器都具有异步复位功

能，而其他操作都是同步的。至于计数器中的数据预置操作，在移位寄存器中则通常用于并行数据输入。

表 8-22　74 系列中部分典型的移位寄存器

型　号	位　数	输入方式	输出方式	移位方式
74164	8	串行	串行、并行	右移
74166	8	串行、并行	串行	右移
74194	4	串行、并行	串行、并行	双向移位
74198	8	串行、并行	串行、并行	双向移位
74299	8	串行、并行	串行、并行（三态）	双向移位

74194 和 74198 是本节重点讨论的器件，其功能比较完善，通过这两种芯片的功能和用法学习，可以更好地理解移位寄存器。74198 除了位数是 8 位以外，在引脚设置与使用方法上与 74194 完全相同。

2. 74194 功能描述

74194 的逻辑符号如图 8-24 所示，该器件的功能表见表 8-23。

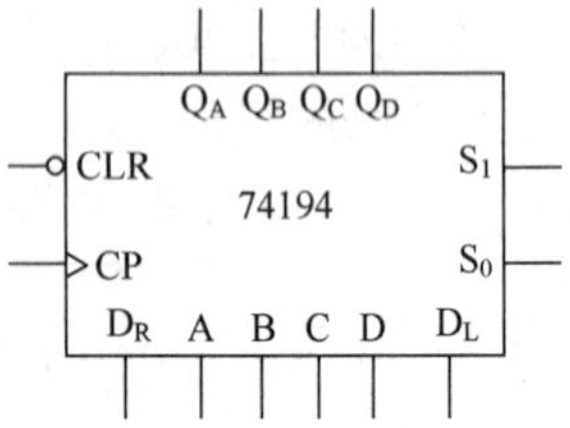

表 8-23　74194 的功能表

$\overline{CLR}$	S_1	S_0	CP	D_R	D_L	A	B	C	D	Q_A	Q_B	Q_C	Q_D	工作模式
0	Φ	Φ	Φ	Φ	Φ	Φ	Φ	Φ	Φ	0	0	0	0	异步清零
1	0	0	↑	Φ	Φ	Φ	Φ	Φ	Φ	Q_A^n	Q_B^n	Q_C^n	Q_D^n	数据保持
1	0	1	↑	X	Φ	Φ	Φ	Φ	Φ	X	Q_A^n	Q_B^n	Q_C^n	同步右移
1	1	0	↑	Φ	Y	Φ	Φ	Φ	Φ	Q_B^n	Q_C^n	Q_D^n	Y	同步左移
1	1	1	↑	Φ	Φ	A	B	C	D	A	B	C	D	同步并入

图 8-24　74194 的逻辑符号

74194 具有异步清零、数据保持、同步右移、同步左移、同步并入 5 种工作模式。CLR 为优先级最高、低电平有效的异步清零控制端；S_1、S_0 为工作方式控制端，4 种取值分别控制数据保持、同步右移、同步左移和同步并入 4 种工作模式；D_R 为右移数据串行输入端；Q_D 为右移数据串行输出端；D_L 为左移数据串行输入端；Q_A 为左移数据串行输出端；ABCD 为并行数据输入端；$Q_A Q_B Q_C Q_D$ 为并行数据输出端。

在实际使用时，移位寄存器可以用于串行输入串行输出、串行输入并行输出、并行输入串行输出和并行输入并行输出等具体数据传输模式，因此广泛应用于数据传输中的串行与并行转换场合。

8.5　时序逻辑模块的应用

8.5.1　计时器

计时器是计量时间的装置，它通过对周期性基准时间信号的计数实现计时。常见的电子钟、电子表就采用了这种计时原理，数字显示的电子钟（表）的结构框图如图 8-25 所示。

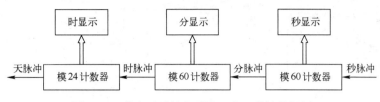

图 8-25 数字显示的电子钟（表）的结构框图

图 8-25 中，秒计数（模 60 计数器）、分计数（模 60 计数器）和时计数（模 24 计数器）模块都采取 2 位 8421 码（十进制）计数方式，可以采用两个 1 位 8421 码计数器先级联再变模构成（或是采用两个四位二进制计数器变模、级联再变模构成）。例如，用两片 74160 级联可以构成模 100 计数器，再将该计数器变模为模 60 计数器，就可以用作秒计数器或分计数器了。秒计数值的个位和十位分别经七段显示译码器转换为七段显示码，送 LED 七段显示器显示，分计数值的显示方法相同，时计数器在模 100 计数器基础上变模为模 24 计数器，再译码显示。

8.5.2 分频器

分频器是一种能够用较高频率输入信号得到较低频率输出信号的装置。在分频应用场合广泛使用的是数字计数器分频法。相对于输入时钟脉冲信号的周期，计数器的输出信号自然具有周期加倍（整数分频）的特点，因此对计数器简单设计即可实现分频器，而且计数器的模 N 就是分频器的分频次数 N，称为 N 分频。

例 8-5 某数字系统中振荡器的输出时钟频率为 20 MHz，系统中部分电路需要 2 MHz 时钟信号。试用 74161 设计分频器，让其能够从 20 MHz 的输入时钟中获得 2 MHz 的时钟信号。

解：该分频器的分频次数为 10（20 MHz÷2 MHz），因此，设计一个带有分频信号输出端的十进制计数器即可满足要求。用 74161 实现的一种 10 分频器如图 8-26 所示。

分频器选择进位输出端 CO 输出分频信号。74161 是 4 位二进制同步加法计数器，变为模 10 计数器的方式可采用**程控置数法**思路：M=16-Y，改变预置数就可以改变分频次数。本例中，Y=0110，M=6，计数循环状态为 0110~1111。因此，在一个计数循环中，CO 只在计数状态为 1111 时输出为 1，其他 9 个状态下都为 0，CO 的工作波形为占空比 10%（占空比即高电平持续时间在一个信号周期内所占的百分比）的周期性矩形脉冲信号。

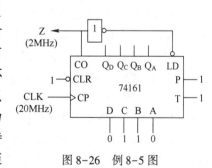

图 8-26 例 8-5 图

8.5.3 序列检测器

序列检测器是检测特定串行序列的数字电路，可用于串行数据异步传输的帧同步和序列密码检测等场合，前面例 8-1 中的电路就是一个 1101 序列检测器。用移位寄存器实现序列检测器十分方便，图 8-27 所示即为用 74194 实现的 1101（高位先行）序列检测器的两种电路。

两个电路中，74194 均设置为左移工作模式，待检测的串行序列 X 由左移串行输入端 D_L 输入，在时钟脉冲作用下，经 Q_D 到 Q_A 左移输出，移位寄存器将串行数据转换为并行数据，供门电路进行序列检测。

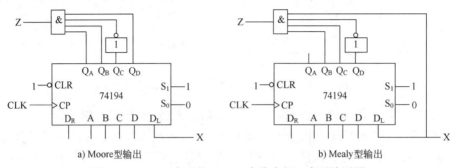

a) Moore型输出   b) Mealy型输出

图 8-27　74194 实现的 1101（高位先行）序列检测器

图 8-27a 所示电路检测 74194 存储的 4 位序列，当序列值是 1101 时，与门输出 $Z=1$，表示检测到指定序列。显然，检测长度为 n 的二进制序列，需要 n 位左移寄存器；若要检测另一种序列码，只要改变用于状态检测的门电路即可。

图 8-27b 所示电路检测同样的序列，但只用了 74194 中的 3 级左移寄存器存储序列中的前 3 位，最后到来的 1 位直接送往序列检测门电路，与前 3 位一起检测。这种序列寄存器检测长度为 n 的序列，需要 $n-1$ 位左移寄存器。

图 8-27a 所示电路的输出 Z 是电路状态的函数，$Z=Q_AQ_BQ_CQ_D$，与输入 X 无直接关系，因此是 **Moore 型输出**。这类电路的特点是使用的存储器件比较多，由于输入信号都要存储后才能影响输出，因此电路响应稍慢，但输出信号稳定，不易受输入信号中的噪声影响。

图 8-27b 所示电路的输出 Z 既是电路状态，也是输入信号的函数，$Z=Q_AQ_BQ_CX$，因此是 **Mealy 型输出**。Mealy 型电路使用的存储器件较少，输入信号直接作用于输出，电路响应快，但输出信号容易受到输入信号中噪声的干扰。

图 8-27 中的两个电路都是**可重叠序列检测器**，不能用于不可重叠的序列检测。

图 8-28 所示电路是不可重叠 1101 序列检测器。移位寄存器设置为左移模式，数据 X 从左移串行输入端 D_L 输入。当 $Q_AQ_BQ_CQ_D$ 为 1101 时，输出 $Z=1$，表明电路此时检测到数据 X 中连续的 1101 序列。此时，S_1S_0 为 11，74194 工作在同步置数（同步并入）模式，在下一个时钟脉冲作用下执行数据并行输入操作，并行输入端的 000 清除已有检测序列，序列的下一位输入经并行输入端 D 送到 Q_D（与经 D_L 移入 Q_D 效果相同），保证序列输入不间断。电路进入新状态后，$Z=0$，电路回到左移模式（$S_1S_0=10$），继续在时钟脉冲

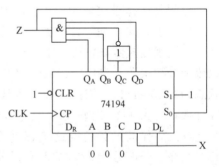

图 8-28　74194 构成的不可重叠 1101 序列检测器

作用下输入后续各位进行检测。该电路的工作要点是一旦检测到 1101 就执行寄存器清除操作，重新开始检测新序列。

8.5.4　序列发生器

序列发生器是一种能够在时钟脉冲作用下产生周期性序列输出的数字电路。它可以利用计数器或者移位寄存器结合合适的组合逻辑器件设计实现。

1. 计数器型序列发生器

利用计数器的状态循环特性和数据选择器（或者译码器、逻辑门等），可以方便地实现序列发生器。一个用数据选择器 74151 和计数器 74163 构成的 11100100 序列发生器电路如图 8-29 所示。

在这种电路中，计数器的模等于序列的周期，计数器的状态输出作为数据选择器的地址码，数据选择器的数据输入端预置需要产生的序列，数据选择器周期性输出指定序列。因为序列的周期为 8，所以 74163 应设计为模 8 计数器，对于 4 位二进制计数器 74163 来说，$Q_C Q_B Q_A$ 就是 3 位二进制计数器。当 74163 的 $Q_C Q_B Q_A$ 在 000～111 间循环时，74151 将依次选择 D_0～D_7 作为输出，从而在输出端 Z 处周期性地产生 11100100 序列。

图 8-29 所示电路也可作为将 8 位并行数据转换为串行数据的并/串转换电路，8 位并行数据从 74151 的 8 个数据端并行输入，从 Z 端串行输出。

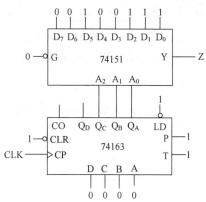

图 8-29　11100100 序列发生器

2. 移位寄存器型序列发生器

用移位寄存器实现序列发生器时，一种方法是采用计数器型序列发生器的思路，即用移位寄存器产生一个包含 n 个状态的循环（即模 n 计数器），然后在数据选择器上用这 n 个状态依次选择序列的各位输出。

移位寄存器实现序列发生器的另一种方法是直接利用其移位特性，根据要产生的序列码，结合外部组合电路的输入，设计实现 n 个状态循环的序列发生器。本节介绍第二种实现方法。

图 8-30a 所示为由 74194 构成的周期（长度）是 15 的序列发生器。电路中 74194 接成右移寄存器，输入信号 $D_R = Q_C \oplus Q_D$，序列由 Q_D 输出（由于移位特性，Z 可以由 D_R 或 Q_A～Q_D 的任何位置输出）。根据 D_R 的表达式和移位特性可以直接确定电路每个状态的次态，电路的**全状态图**如图 8-30b 所示，电路周期性输出的序列为 000100110101111（起点任选）。

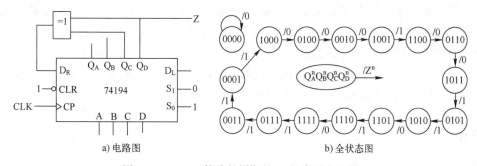

a) 电路图　　　　　　　　　　　b) 全状态图

图 8-30　74194 构成的周期是 15 的序列发生器

全状态图中，除了表示计数循环所用的状态外，还表明了存在于电路中但对计数无用的多余状态（也叫无效状态）的去向。显然，即便电路由于某种原因（开机初始状态、干扰造成电路状态错误）处于某个多余状态，经过几个时钟脉冲之后，也会进入计数状态的循环，电路状态转换的这种特性称为**自启动**，时序逻辑电路必须具有自启动特性。

由图 8-30b 可知，状态 0000 构成自循环，若电路处于状态 0000，就会一直处于该状态，无法进入有效循环，也就无法输出序列。时序逻辑电路只能有一个状态循环，即有效工作状态构成的状态循环，若时序逻辑电路的无效（多余）状态也构成了循环，则称电路存在**无效循环**（也称为死循环），此时电路不能自启动。

图 8-31 所示电路是在保留图 8-30a 所示电路连接关系的基础上通过增加自启动电路实现的两种能够自启动的序列发生器。

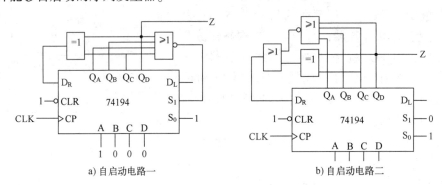

a) 自启动电路一 　　　　　　b) 自启动电路二

图 8-31　能够自启动的序列发生器

图 8-31a 所示电路采用同步预置法实现自启动，即增加或非门自启动电路。一旦 $Q_A Q_B Q_C Q_D$ 为 0000，或非门输出 1，$S_1 S_0$ 由同步右移模式（01）转换为同步置数模式（11）。预置数可以选择有效循环中的任一状态。当电路进入有效循环后，或非门输出 0，$S_1 S_0 = 01$，74194 工作在同步右移模式，正常输出周期性序列。该方法和计数器中的同步预置法变模思路相同。

图 8-31b 所示电路通过改变移位寄存器的输入信号实现自启动，即增加或非门构成自启动电路。或非门状态检测输出信号和原反馈信号合并后送入右移输入端。当 $Q_A Q_B Q_C Q_D$ 为 0000 状态时，或非门输出为 1，使 $D_R = 1$，电路的下一个状态就是 1000，即脱离了 0000 状态，进入有效循环。在有效循环中，由于或非门输出总是 0，故不会影响原电路的 D_R。

关于自启动电路设计补充说明：

1）对自启动电路的一般要求是：在某个（某些）无效状态起作用后，仍能使电路进入有效状态，当电路工作在有效循环时，自启动电路无效，不会影响电路的正常工作。

2）自启动电路设计的几种思路如下：①利用复位端或置数端对电路初始化。②设计无效状态检测电路，通过复位或置数跳出无效循环，进入有效循环状态圈。③通过电路的优化设计，使电路只有有效循环圈，消除无效循环状态圈。

习题 8

8-1　时序逻辑电路有什么特点？它和组合逻辑电路的主要区别在什么地方？

8-2　试描述同步时序电路和异步时序电路的区别。

8-3　试描述 Mealy 型和 Moore 型时序逻辑电路的区别。

8-4　某时序逻辑电路的状态图如图 8-32 所示，试列出它的状态表，并说明电路的输出是 Mealy 型还是 Moore 型。若电路的初始状态是 A，输入序列是 1011101，试求对应的状态序列和输出序列。最后一位输入后，电路处于什么状态？

8-5　触发器构成的电路如图 8-33 所示，写出 Q_0、Q_1 的次态表达式，说明电路功能。

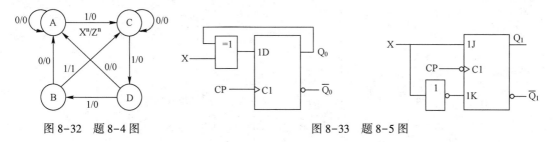

图 8-32　题 8-4 图　　　　　　　　图 8-33　题 8-5 图

8-6　上升沿触发的 D 触发器输入波形如图 8-34 所示，试画出对应的 Q 端波形。设初态 Q=0。

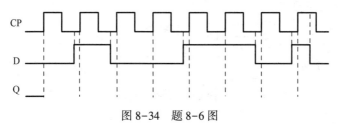

图 8-34　题 8-6 图

8-7　图 8-35 所示为带异步控制端的上升沿触发的 D 触发器，将图 8-35 所示信号送入 D 触发器，试画出 Q 的波形图。

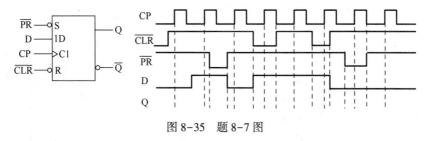

图 8-35　题 8-7 图

8-8　用 4 位二进制加法计数器芯片 74163 构成的电路如图 8-36 所示。试分析电路中 74163 的工作模式，画出电路的主循环状态图，并说明该电路的功能。

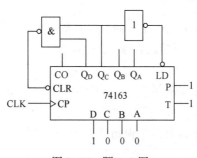

图 8-36　题 8-8 图

8-9 分析图 8-37 所示电路，画出电路的全状态图，判断该电路中 74163 构成的计数器的模值，列出计数状态 $Q_D Q_C Q_B Q_A$ 的各有效循环状态与 8 选 1 数据选择器 74151 输出端 Y 之间的取值关系（列真值表），并根据 Y 的取值规律分析发光二极管 VL 的亮、灭变化规律。

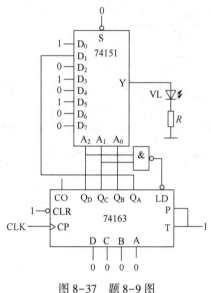

图 8-37 题 8-9 图

8-10 分析图 8-38 所示电路，画出 $Q_A \sim Q_D$ 的全状态图，说明电路功能，判断电路能否自启动。

8-11 分析图 8-39 所示电路，说明电路功能，指出电路类型（Mealy 型或 Moore 型）以及 X 同时接到左移串行输入端 D_L 和置数端 D 的作用。

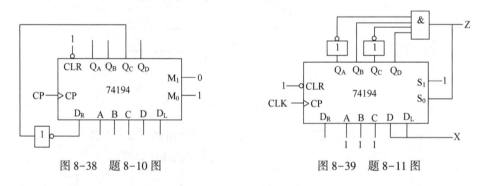

图 8-38 题 8-10 图   图 8-39 题 8-11 图

8-12 分别用 74163 设计十二进制、8421BCD 码、5421BCD 码计数器。

8-13 试用 4 位二进制加法计数器 74163 和 4 选 1 数据选择器构成 1110010010 序列发生器。

8-14 分别用 4 位双向移位寄存器 74194 设计 Mealy 型和 Moore 型序列检测器，检测序列为 1010，允许序列码重叠。

8-15 试用 74194 与合适的组合逻辑器件（自由选择）设计"00011101"周期序列产生器。

第9章 半导体存储器与可编程逻辑器件

半导体存储器（Semiconductor Memory）是一种能够存储二进制信息的大规模集成电路，可编程逻辑器件（Programmable Logic Device，PLD）的逻辑功能可按照用户对器件的编程来确定。这两类器件因具有某种相关特性，因而常被放在一起学习讨论。本章将系统介绍半导体存储器和可编程逻辑器件的基本概念、电路原理和使用方法。

9.1 概述

半导体存储器是一种能够存储大量二进制数据的存储器件，其常见用途是在计算机系统中作为程序存储器和数据存储器。可编程逻辑器件是一种可由用户通过"编程"设置芯片内部硬件结构与功能的逻辑器件，与74系列功能确定的标准器件相比，它更便于功能修改和大规模集成。随着可编程逻辑器件的不断发展，在单个芯片上就可以实现复杂的数字系统，如今，可编程逻辑器件已经进入片上系统（System On Chip，SOC）时代。

从功能上看，半导体存储器和可编程逻辑器件是两种不同类型的器件。但很有意思的是，最早的可编程逻辑器件PROM恰恰就是存储器的一种，只不过它仅能实现组合逻辑功能，不能实现时序逻辑电路。存储器的主要功能是存储数据，而触发器作为时序电路中的存储器件，主要功能是记忆电路的状态。

存储器是现代电子系统不可或缺的重要组成部分，磁盘、光盘、U盘和固态硬盘（SSD）等是人们司空见惯的几类存储器件，本节仅介绍半导体存储器，其一般分类如图9-1所示。

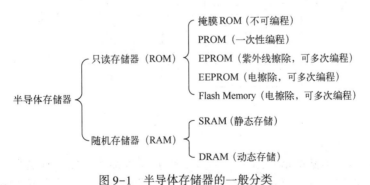

图9-1 半导体存储器的一般分类

根据信息的存取方式不同，半导体存储器分为只读存储器（Read-Only Memory，ROM）和随机存取存储器（Random Access Memory，RAM）两大类。正常工作状态下，ROM只能读出信息而不能修改或重新写入信息，断电后信息不会丢失，是非易失性存储器件，适合于存储固定数据的场合，如在计算机中用作程序存储器和常数表存储器。RAM既能读又能写，但断电后会丢失信息，是易失性存储器件，用于需要频繁修改存储单元内容的场合，如在计算机中用作数据存储器（内存）。

ROM 又包括掩膜 ROM、PROM、EPROM、EEPROM 和 Flash Memory。掩膜 ROM 的存储内容在厂家生产芯片时通过"掩膜"工艺植入，用户无法更改。PROM（Programmable ROM）具有一次性编程的特性。EPROM（Erasable PROM）可以用紫外线擦除存储的信息，从而可以再次写入信息，反复编程。EEPROM（Electrically Erasable PROM）则可以电擦除，反复编程使用。Flash Memory（闪存）存储容量更大，集成度更高，它在 EEPROM 基础上改进了存储结构，提高了读写速度。

RAM 分为静态 RAM（Static RAM，SRAM）和动态 RAM（Dynamic RAM，DRAM）。SRAM 以双稳态结构（类似于触发器）存储信息，只要不断电，信息就可以保存。DRAM 则用 MOS 管栅、源极间的寄生电容存储信息，因电容器存在漏电现象，DRAM 必须每隔一定时间重新写入存储的信息，防止信息丢失，称为刷新。DRAM 结构简单，集成度高，但存取速度不如 SRAM 快，且需要刷新电路。DRAM 通常用作大容量数据存储器，如计算机内存，而 SRAM 适合容量较小、存取快速的场合，如 CPU 中的缓存。

9.2 只读存储器

9.2.1 基本结构

只读存储器（ROM）的基本结构如图 9-2 所示，由地址译码器、存储矩阵和输出缓冲器三部分组成。

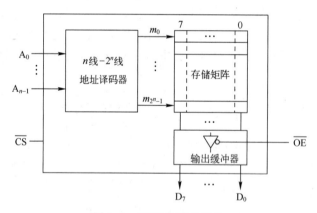

图 9-2 ROM 的基本结构

存储矩阵由多个**存储单元**（图 9-2 中为 2^n 个）排列而成，每个存储单元中能存放若干位二进制 0 或 1 数据（图 9-2 中为 8 位），存储单元称为**字**，一个字的位数称为**字长**。为了便于读写操作，每个存储单元都分配了唯一的地址码，输入不同的地址码，即可以选中不同的存储单元。地址译码器将输入的地址码译成相应的控制信号（控制信号的连线称为**字线**），利用这个控制信号会从存储矩阵中选出指定的存储单元，并将其中的数据送到输出缓冲器，数据连接线称为**位线**。输出缓冲器一般都包含三态缓冲器，它一方面可以提高存储器的带负载能力，另一方面可以实现对输出状态的三态控制，以便与系统的数据总线连接。

9.2.2　工作原理

ROM 中的数据通常按单元寻址，每个地址对应一个存储单元，图 9-2 中为 8 位字长。地址译码器有 n 条地址线 $A_{n-1} \sim A_0$（n 位地址码），通过全译码产生 2^n 个译码输出信号，即实现 n 个输入变量 $A_{n-1} \sim A_0$ 的全部 2^n 个最小项，可以寻址 2^n 个单元。8 条数据线 $D_7 \sim D_0$ 每次输出 1 字节数据。ROM 通常还有 1 个片选输入端 $\overline{CS}$（Chip Select）和 1 个数据三态输出的使能端 $\overline{OE}$（Output Enable），用来实现对输出的三态控制。

通常用存储单元的个数（即字数）与字长的乘积表示存储器的容量，用符号 C 表示，存储器的容量越大则能存储的数据越多。n 位地址码、m 位字长存储器的存储容量计算为

$$C = 2^n \times m \text{（位）} \tag{9.2-1}$$

在计算机中，常将 $2^{10} = 1024$ 称为 1K，$2^{20} = 1048576$ 称为 1M，2^{30} 称为 1G，2^{40} 称为 1T。

9.2.3　应用举例

ROM 的主要用途是数据存储。例如用 ROM 存储计算机的 BIOS（基本输入/输出系统）、监控程序，以及用 ROM 存储手机系统文件等。除此之外，ROM 还可以实现编码转换、算术运算、字符产生等组合逻辑电路。

例 9-1　利用 ROM 构成电路，将 4 位二进制数转换为 4 位格雷码。

解：在图 9-2 中，设计 n 为 4，即 ROM 有 4 位地址输入 $A_3 \sim A_0$，存储单元存储 4 位二进制数 $D_3 \sim D_0$，存储数据见表 9-1，则 ROM 电路能够实现二进制编码转换为格雷码。

表 9-1　ROM 实现编码转换

$A_3 \sim A_0$	$D_3 \sim D_0$	$A_3 \sim A_0$	$D_3 \sim D_0$	$A_3 \sim A_0$	$D_3 \sim D_0$	$A_3 \sim A_0$	$D_3 \sim D_0$
0000	0000	0100	0110	1000	1100	1100	1010
0001	0001	0101	0111	1001	1101	1101	1011
0010	0011	0110	0101	1010	1111	1110	1001
0011	0010	0111	0100	1011	1110	1111	1000

例 9-2　利用 ROM 设计实现 2 输入 4 输出组合逻辑电路，输入输出的逻辑函数为

$$D_3 = \overline{A_1}\,\overline{A_0} + \overline{A_1}A_0 \qquad D_2 = \overline{A_1}\,\overline{A_0} + A_1\,\overline{A_0} \qquad D_1 = \overline{A_1}A_0 + A_1\,\overline{A_0} \qquad D_0 = \overline{A_1}\,\overline{A_0} + A_1A_0$$

解：只需要将 ROM 的地址变量 $A_1 A_0$ 作为逻辑变量 $A_1 A_0$，由地址译码器产生 $A_1 A_0$ 的每个最小项（即逻辑函数中的每一个与运算），并由存储矩阵实现最小项的或运算，即可实现例 9-2 中的各个输出逻辑函数。

有关 ROM 的其他应用举例，读者可以自行查找相关书籍和网络资源，本书不再赘述。

9.3　随机存储器

9.3.1　基本结构

RAM 是另一类存储器，可以随时从任何一个指定地址的存储单元中读出数据，也可以

随时将数据写入任何一个指定地址的存储单元中。RAM 的最大优点是读写方便，使用起来更加灵活。但是，RAM 是易失性存储器件，断电后所存储的数据即会丢失。RAM 的基本结构如图 9-3 所示。

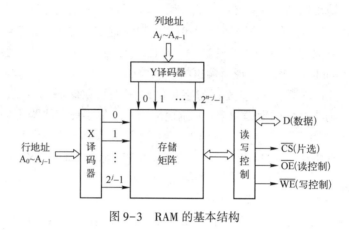

图 9-3　RAM 的基本结构

9.3.2　工作原理

从 RAM 的基本结构可以看出，它与 ROM 不同的是多了一条写控制线 $\overline{\text{WE}}$，不过也有 RAM 芯片的读写控制共用一个信号 $R/\overline{W}$，当 $R/\overline{W}$ 为高电平时执行读操作，$R/\overline{W}$ 为低电平时执行写操作。与 ROM 一样，存储矩阵和地址译码器也是 RAM 的基本组成部分，利用地址译码器对输入地址码进行译码，从而对存储矩阵中相应的存储单元进行读或写操作，为了减小芯片的面积，大容量的 RAM 芯片通常采用行地址和列地址二维译码，即只有同时被行地址译码器和列地址译码器选中的存储单元才能进行读写操作。

9.3.3　应用举例

1. 典型芯片

一种典型的 SRAM 芯片 HM6116 的逻辑符号如图 9-4 所示。

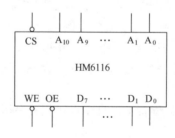

图 9-4　HM6116 的逻辑符号

HM6116 有 11 条地址线和 8 条数据线，说明它有 $2^{11}=2048=2\,\text{K}$ 个存储单元，每个单元的位数为 8，存储容量为 $2^{11}\times8=2048\times8=2\,\text{K}\times8$ 位，或者说存储容量为 2 K 字或 16 K 位。当片选端（信号为 $\overline{\text{CS}}$）和读使能端 OE（信号为 $\overline{\text{OE}}$）同时低电平时，地址线 $A_{10}\sim A_0$ 选中单元

的数据将被读出到数据线 $D_7 \sim D_0$ 上；当 $\overline{CS}$ 和写使能端 WE（信号为 $\overline{WE}$）同时低电平时，数据线 $D_7 \sim D_0$ 上的数据将被写入地址线 $A_{10} \sim A_0$ 选中的存储单元中。

2. 基本应用

实际使用时，单片存储器件一般难以满足存储容量的要求，需要对存储器的容量进行扩展。一种扩展方法是**位扩展**，即保持存储器的单元数不变，扩展存储器的数据位数；另一种方法是**字扩展**，即保持存储单元的数据位数不变，扩展存储器的单元数。有时需要同时采用位扩展和字扩展方法。下面通过一个具体实例介绍存储器的一般扩展和使用方法。

例 9-3　某计算机系统的 CPU 有 16 位地址总线和 16 位数据总线，试用 HM6116 为该系统构造存储容量为 2K×16 位的数据存储器，要求地址范围为 8000H~87FFH。

解：HM6116 的存储容量为 2K×8 位，要构造的存储器容量为 2K×16 位，需采用两片 HM6116 进行位扩展。HM6116（1）的数据线接 CPU 数据总线的低 8 位（$D_7 \sim D_0$），HM6116（2）的数据线接 CPU 数据总线的高 8 位（$D_{15} \sim D_8$）。HM6116（1）和 HM6116（2）的 11 条地址线全部接 CPU 地址总线的低 11 位（$A_{10} \sim A_0$），以便片内译码选中某个存储单元。读、写使能控制信号 $\overline{OE}$ 和 $\overline{WE}$ 分别与 CPU 的读、写使能信号 $\overline{RD}$、$\overline{WR}$ 相连，以便 CPU 对存储器进行读写操作控制。HM6116（1）和 HM6116（2）的片选线 $\overline{CS}$ 并联共用，且两片芯片的片选信号由 CPU 的剩余地址线译码产生。16 位地址总线决定了两片存储器的地址范围。

存储器的地址译码见表 9-2。设计要求 HM6116（1）和 HM6116（2）的地址范围为 8000H~87FFH。当 CPU 输出地址在指定范围内时，74138 的 $A_2 A_1 A_0 = 000$，$\overline{Y}_0 = 0$，因此，HM6116（1）和 HM6116（2）芯片的片选信号 $\overline{CS}$ 应该接 74138 的 $\overline{Y}_0$。为了保证 CPU 输出地址在 8000H~87FFH 范围时 74138 工作，74138 的使能端 G_1 应该接 CPU 的 A_{15} 信号，$\overline{G}_{2A}$ 和 $\overline{G}_{2B}$ 应该一个接 CPU 的 A_{14} 信号，一个接地。

表 9-2　存储器的地址译码

HM6116	地址范围	片外译码					片内译码	
		74138 连接					HM6116 连接	
		G_1　$\overline{G}_{2A}$　$\overline{G}_{2B}$	A_2	A_1	A_0		A_{10} A_9 A_8 A_7 A_6 A_5 A_4 A_3 A_2 A_1 A_0	
	CPU 地址总线	A_{15} A_{14}	A_{13}	A_{12}	A_{11}		A_{10} A_9 A_8 A_7 A_6 A_5 A_4 A_3 A_2 A_1 A_0	
2K×16 位	8000H ~ 87FFH	1　0 （$\overline{CS}_0 = \overline{Y}_0$） 1　0	0 0	0 0	0 0		0 0 0 0 0 0 0 0 0 0 0 ~ 1 1 1 1 1 1 1 1 1 1 1	

用两片 HM6116 构成的 2K×16 位数据存储器与 CPU 的电路连接如图 9-5 所示。容易判断，当两片 HM6116 的片选端 $\overline{CS}$ 同时改接 74138 的 $\overline{Y}_1$ 时，存储器的地址范围将变更为 8800H~8FFFH。

例 9-4　某计算机系统的 CPU 有 16 位地址总线和 16 位数据总线，试用 HM6116 为该系统构造存储容量为 4K×16 位的数据存储器，要求地址范围为 8000H~8FFFH。

解：本题需要同时位扩展和字扩展，存储器的地址译码见表 9-3。

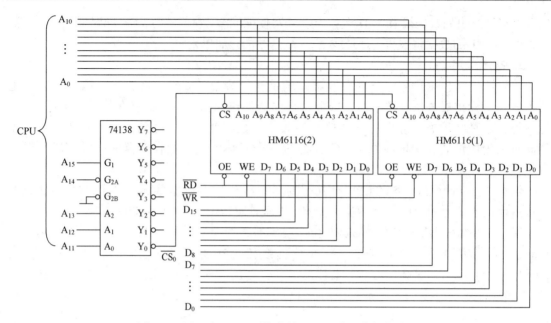

图 9-5　用 2 片 HM6116 构成的 2K×16 位的数据存储器

表 9-3　存储器的地址译码

HM6116	地址范围	片外译码					片内译码										
		74138 连接					HM6116 连接										
		G_1 $\overline{G_{2A}}$ $\overline{G_{2B}}$		A_2	A_1	A_0	A_{10}	A_9	A_8	A_7	A_6	A_5	A_4	A_3	A_2	A_1	A_0
	CPU 地址总线	A_{15} A_{14}		A_{13}	A_{12}	A_{11}	A_{10}	A_9	A_8	A_7	A_6	A_5	A_4	A_3	A_2	A_1	A_0
低 2K×16 位	8000H	1　0		0	0	0	0	0	0	0	0	0	0	0	0	0	0
	~	$(\overline{CS_0} = \overline{Y_0})$									~						
	87FFH	1　0		0	0	0	1	1	1	1	1	1	1	1	1	1	1
高 2K×16 位	8800H	1　0		0	0	1	0	0	0	0	0	0	0	0	0	0	0
	~	$(\overline{CS_1} = \overline{Y_1})$									~						
	8FFFH	1　0		0	0	1	1	1	1	1	1	1	1	1	1	1	1

　　首先是位扩展。采用 2 片 HM6116 芯片，其中 HM6116（2）处理高 8 位数据，HM6116（1）处理低 8 位数据。2 个芯片的地址线 $A_{10} \sim A_0$、数据线 $D_7 \sim D_0$、读信号 $\overline{OE}$、写信号 $\overline{WE}$ 和片选线 $\overline{CS}$ 全部并联使用。

　　然后进行字扩展。再增加 2 片 HM6116，其中 HM6116（4）处理高 8 位数据，HM6116（3）处理低 8 位数据。将 HM6116（2）、HM6116（1）位扩展后用作 16 位数据存储器，寻址空间为 8000H~87FFH；将 HM6116（4）、HM6116（3）同样作为 16 位数据存储器，寻址空间为 8800H~8FFFH。对两个 16 位数据存储器的地址范围划分，只需将 HM6116（2）和 HM6116（1）的片选接 74138 的 Y_0 输出；将 HM6116（4）和 HM6116（3）的片选接 74138 的 Y_1 输出。

　　HM6116（1）和 HM6116（2）芯片的片选信号 $\overline{CS}$ 接 74138 的 $\overline{Y_0}$，HM6116（3）和 HM6116（4）的片选信号 $\overline{CS}$ 接 74138 的 $\overline{Y_1}$。4 片 HM6116 构成的 4K×16 位数据存储器，其与 CPU 的电路连接如图 9-6 所示。

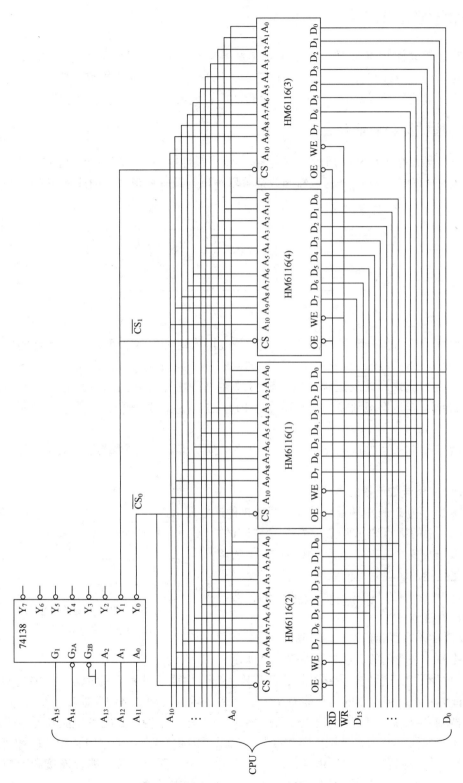

图 9-6　用 4 片 HM6116 构成的 4K×16 位数据存储器

9.4 可编程逻辑器件

可编程逻辑器件 PLD 是 20 世纪后期迅速发展起来的新型半导体集成电路。PLD 中集成了大量的逻辑门、连线和存储单元等电路资源，用户可以通过计算机编程使用这些电路资源，以实现所需要的逻辑功能，PLD 具有逻辑功能实现灵活、集成度高等优点。

9.4.1 一般结构和表示方法

PLD 的一般结构如图 9-7 所示，它由输入/输出缓冲电路、与阵列和或阵列组成。与阵列和或阵列是 PLD 的主体，任何逻辑函数都可以写成与或式的形式，因此使用 PLD 可以实现任何逻辑函数功能。

图 9-7　PLD 的一般结构

基本原理：输入信号变量（如 A 和 B）经过输入缓冲电路，可以产生互补的输入信号（A、$\overline{A}$ 和 B、$\overline{B}$），经过与阵列输出所需的乘积项，经过或阵列输出所需乘积项的或运算，从而产生与或式形式的逻辑函数。输出缓冲电路往往带有三态门，通过三态门控制数据直接输出，或是反馈到输入端。通过对 PLD 的与-或阵列编程，即能够实现所需要的逻辑功能。

为清晰准确地表示 PLD 中与-或阵列的电路连接以及编程的逻辑关系，通常采用以下特殊画法。

1. PLD 中信号线连接的表示方法

图 9-8 所示为 PLD 中两条信号线之间的 3 种连接表示方法。

图 9-8a 中的圆点表示两条信号线是连通的，但不可以编程改变，是固定连接；图 9-8b 中的两条信号线是连通的，但它是依靠用户编程实现"连通"的；图 9-8c 中的两条信号线是断开的，即两条信号线没有连通。

a) 固定连接　　b) 编程连接　　c) 不连接

图 9-8　PLD 中两条信号线
3 种连接的表示方法

2. PLD 中基本逻辑门的表示方法

PLD 中基本逻辑门的表示方法如图 9-9 所示。

图 9-9a 所示为互补的输入缓冲器，变量输入时产生原变量和反变量输出，供与阵列选择使用，同时可以增强电路的负载能力，用于 PLD 的输入缓冲电路和反馈输入缓冲电路中。输出缓冲器则主要用于 PLD 输出电路，通常采用三态输出结构。高电平使能和低电平使能的三态反相缓冲器（非门）分别如图 9-9b、c 所示。图 9-9d、e、f 为 PLD 中与门和或门的画法，三个逻辑门都有 3 个输入端 A、B、C，其中给出了固定连接、编程连接和不连接的示例。图 9-9e 为与门所有输入端都编程连接的一种特殊表示方法。

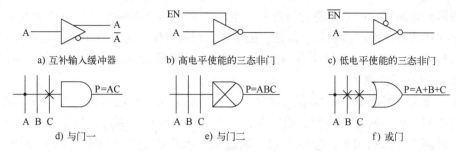

图 9-9 PLD 中基本逻辑门的表示方法

3. PLD 中的与–或阵列图

PLD 中的多个与门构成与阵列，多个或门构成或阵列，与门输出的乘积项会在或阵列中进行或运算，从而得到与或式。图 9-10 所示为一个用与–或阵列表示的电路图。

图 9-10 所示电路中与阵列固定连接，不可以编程。与阵列中包含 4 个与门，每个与门都有 4 个输入端，4 个与门实现 A、B 两个变量的 4 个最小项输出。或阵列是可编程的，包含 2 个 4 输入或门。根据图 9-10 中的编程连接情况，函数 F_1 和 F_2 的表达式为

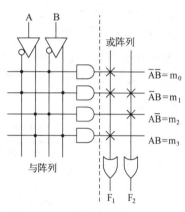

图 9-10 与–或阵列表示的电路图

$$F_1(A,B) = \overline{A}\,\overline{B} + \overline{A}B + AB = \sum m(0,1,3)$$

$$F_2(A,B) = \overline{A}B + A\overline{B} = \sum m(1,2)$$

当与–或阵列很庞大时，图 9-10 中的与门和或门符号可以省略，以便进一步简化阵列图。

*9.4.2 分类与编程特点

1. 分类

PLD 从 20 世纪 70 年代发展到现在，已经出现了众多的产品系列，形成多种结构并存的局面，其集成度从几百门到上千万门不等。按照集成度的不同，PLD 分为千门以下的低密度可编程逻辑器件 LDPLD（Low Density PLD）和规模更大的高密度可编程逻辑器件 HDPLD（High Density PLD）。LDPLD 又包括 PROM（Programmable ROM）、可编程逻辑阵列 PLA（Programmable Logic Array）、可编程阵列逻辑 PAL（Programmable Array Logic）和通用阵列逻辑 GAL（Generic Array Logic）等。HDPLD 则包括复杂可编程逻辑器件 CPLD（Complex PLD）和现场可编程门阵列 FPGA（Field Programmable Gate Array）两大类。

PLD 的一般分类如图 9-11 所示。

2. 编程特点

（1）低密度 PLD 最早被用作可编程逻辑器件的是 PROM。图 9-10 所示电路实际上也是一个具有 2 位地址线、2 位数据线的 PROM。PROM 的与阵列

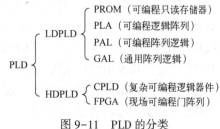

图 9-11 PLD 的分类

固定, 或阵列可编程。PROM 通过与阵列产生输入变量的全部最小项, 因此 PROM 实现的是最小项表达式形式的逻辑函数。但是, 由于逻辑函数只使用部分最小项, 芯片的利用率不高, 而且当 PROM 的输入变量个数增加时, 与阵列的规模会成倍增加。因此, PROM 现在已很少作为 PLD 器件使用。

PLA 就是为了解决 PROM 实现函数时资源利用率不高的问题而设计的。PLA 最大的优点就是与阵列、或阵列均可编程, 使得乘积项不必是最小项。因此, PLA 可以实现最简逻辑函数, 提高芯片的利用率。但由于器件制造中的困难和相关应用软件的开发没有跟上, PLA 很快被随后出现的 PAL 取代。PAL 是 20 世纪 70 年代后期美国的 MIM 公司推出的一种 PLD 器件, 它集成了 PLA 的优点, 同时兼顾了软件的改进。PAL 采用可编程的与阵列和固定的或阵列, 相对于 74、4000 等中、小规模标准逻辑器件系列, PAL 使用更灵活, 具有很强的替代性。

PROM、PLA 和 PAL 都是一次性编程器件, 使用成本比较高。GAL 是 PAL 改进的结果, 可以多次编程。PROM、PLA、PAL 和 GAL 这 4 种 LDPLD 的编程特性及其实现函数的形式见表 9-4。

表 9-4　LDPLD 的编程特性及其实现函数的形式

器件类型	与阵列	或阵列	实现函数	输出电路
PROM	固定	可编程	标准与或式	固定
PLA	可编程	可编程	最简与或式	固定
PAL	可编程	固定	最简与或式	固定
GAL	可编程	固定	最简与或式	可编程

(2) 高密度可编程逻辑器件　PROM、PLA、PAL 和 GAL 都是简单可编程逻辑器件 (SPLD)。随着微电子技术的发展和应用上的需求, 集成度更高、功能更强的复杂可编程逻辑器件 (CPLD) 迅速发展起来。新型 CPLD 普遍具有在系统可编程能力 (In-System Programmablity, ISP)。**在系统可编程**是指器件可以先装配在印制电路板上, 再使用计算机通过编程电缆直接对电路板上的 ISP 器件进行编程, 在系统可编程打破了先编程后装配的传统做法, 便于系统的使用、维护和重构。

1) 阵列扩展型 CPLD。阵列扩展型 CPLD 是在 GAL 的与-或阵列结构基础上扩展而成的, 多个 GAL 经可编程互连结构进一步集成, 陈列扩展型 CPLD 的一般结构如图 9-12 所示, 其大多采用确定型连线结构, 确定型连线结构器件内部采用同样长度的连线, 信号通过器件的路径长度和时延是固定且可预知的, 连线结构比较简单, 但布线不够灵活。

2) 单元型结构。单元型结构不是 GAL 的扩展, 而是由许多非 "与-或" 结构的基本逻辑单元组成的, 即查找表 LUT (Look-up Table)。由于单元型结构类似于早期门阵列, 因而也被称为现场可编程门阵列 (Field Programmable Gate Array, FPGA)。FPGA 的一般结构如图 9-13 所示, 其采用统计型连线结构, 在器件内部包含长度不等的连线, 信号通过器件的路径长度和时延非固定且不可预知, 连线结构复杂, 但布线非常灵活。

尽管 CPLD 和 FPGA 的品种很多, 但对于用户而言, 它们的使用方法是相同的。CPLD 和 FPGA 不仅具有专用集成电路 (Application Specific Integrated Circuit, ASIC) 的大规模、高集成度和高可靠性的优点，而且克服了普通 ASIC 设计周期长、投资大且灵活性差的缺点。

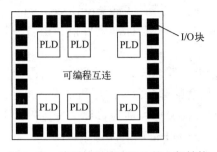

图 9-12　阵列扩展型 CPLD 的一般结构

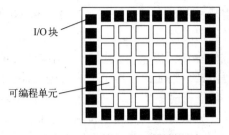

图 9-13　FPGA 的一般结构

由于结构上存在差异，CPLD 和 FPGA 存在下列不同之处：

1）FPGA 的集成度比 CPLD 高，具有更复杂的布线结构和逻辑功能。

2）CPLD 逻辑寄存器少，适合完成各种算法和组合逻辑，FPGA 逻辑弱而寄存器多，适合完成时序逻辑。因此，CPLD 更适合触发器有限而乘积项丰富的结构，FPGA 更适合触发器丰富的结构。

3）CPLD 的速度比 FPGA 快，并且具有较大的时间可预测性。

4）CPLD 比 FPGA 使用起来更方便。CPLD 的编程采用 E^2PROM 或 Fast Flash 技术，无需外部存储器芯片，而 FPGA 的编程信息存放在外部存储器上，使用方法复杂。

5）在编程方式上，CPLD 主要是基于 E^2PROM 或 Flash 存储器编程，编程次数可达 1 万次，系统断电时编程信息也不丢失。CPLD 又可分为在编程器上编程和在系统编程两类。FPGA 大部分基于 SRAM 编程，编程信息在系统断电时丢失，每次上电时，需从器件外部将编程数据重新写入 SRAM 中。其优点是可在工作中快速编程，从而实现板级和系统级的动态配置。

6）在编程上 FPGA 比 CPLD 更灵活。CPLD 通过修改具有固定内连电路的逻辑功能来编程，而 FPGA 则主要通过改变内部连线的布线来编程。CPLD 是在逻辑块下编程，而 FPGA 可在逻辑门下编程。

9.4.3　应用举例

与标准器件买来就能使用不同，PLD 只有经过编程后才具备一定的功能。目前，市面上的 PLD 开发软件包品种很多，用得最普遍的是 XILINX 公司的 Vivado 和 ALTERA 公司的 Quartus II，它们一般都支持本公司的 PLD 产品开发，并支持原理图、波形图和 HDL 语言等多种输入方式，使用灵活方便。

使用 PLD 时一般需要经过以下开发过程。

（1）设计输入　将待设计的逻辑电路或逻辑功能以开发软件认可的某种形式输入计算机。通常有原理图输入和 HDL 输入两种方式。

原理图是最直接的一种设计描述方式。设计者直接从开发软件提供的器件库中调出需要的器件，并根据逻辑关系将所有的器件连接成为原理图。这种方法的优点是易于实现逻辑电路图的仿真分析，方便观察逻辑电路内部的节点信号。

　　HDL 主要有 VHDL 和 Verilog HDL 两种硬件描述语言。VHDL 是 VHSIC Hardware Description Language 的简称，是 20 世纪 80 年代美国国防部提出的超高速集成电路计划 VHSIC（Very High Speed Integrated Circuit）的产物。大约在同一时期，Gateway Design Auto-mation 公司也开发出了 Verilog HDL。VHDL 和 Verilog HDL 都是 IEEE 标准硬件描述语言，其功能强大，使用广泛。

　　（2）编译与仿真　用 PLD 开发软件包中的编译器对输入文件进行编译，排除语法错误后进行仿真，验证逻辑功能。然后进行器件适配，包括逻辑综合与优化和布局布线等，器件适配后再进行时序仿真。最后产生可下载到器件的编程文件，称为目标文件。PLD 的目标文件通常为 JEDEC（Joint Electronic Device Engineering Council）文件。

　　（3）器件编程　由计算机或编程器将目标文件装入 PLD，也称下载（Download）。下载完成后，PLD 就具有了特定的逻辑功能。

　　（4）器件测试　验证 PLD 的逻辑功能。

习题 9

9-1　在存储器结构中，什么是"字"？什么是"字长"？如何表示存储器的容量？

9-2　试述 ROM 和 RAM 的区别，并阐述 ROM 的主要类型和各自特点。

9-3　指出下列 ROM 存储系统各具有多少个存储单元，应有地址线、数据线各多少根。

（1）256×4 位。　（2）64 K×4 位。　（3）256 K×4 位。　（4）1024 K×8 位。

9-4　当字数和位数都不够用时，应该怎样扩展存储器的存储容量？

9-5　已知由两片 SRAM 2112（256×4）组成的扩展电路如图 9-14 所示。其中，2 线-4 线译码器功能表见表 9-5。写出该电路内存的容量及内存地址的范围。

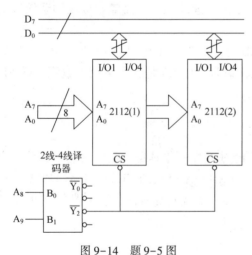

图 9-14　题 9-5 图

表 9-5　题 9-5 表

B_1	B_0	$\overline{Y}_0$	$\overline{Y}_1$	$\overline{Y}_2$	$\overline{Y}_3$
0	0	0	1	1	1
0	1	1	0	1	1
1	0	1	1	0	1
1	1	1	1	1	0

9-6　某单片机应用系统如图 9-15 所示，试确定两片 6116 RAM 的地址范围。

9-7　PLD 主要有哪几种？

9-8　PAL 和 PROM 的区别是什么？

9-9　分析图 9-16 所示 PLA 电路的逻辑功能。

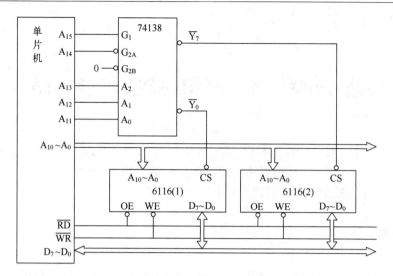

图 9-15 题 9-6 图

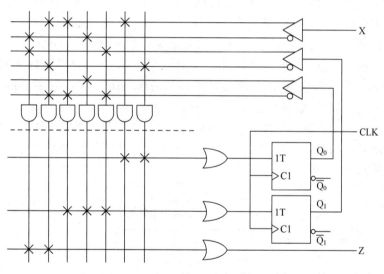

图 9-16 题 9-9 图

第 10 章 数/模和模/数转换电路

本章主要介绍数/模（D/A）和模/数（A/D）转换的基本概念、基本原理、常用电路结构和主要技术指标。数/模转换电路主要包括权电阻型和 R-$2R$ 倒 T 型电路，模/数转换电路则主要包括并行比较型、逐次逼近型和双积分型电路。

10.1 概述

自然界中的物理信号主要是模拟信号，如声音、图像、温度、压力和位移等，它们经传感器等换能器件变换为电信号进入电子系统后一般仍是模拟的，因此利用计算机等数字系统分析它们时，需要将模拟信号转换成数字信号，即模/数转换（Analog to Digital，A/D）。经过处理的数字信号若要再转换成模拟信号，则需要采用数/模转换（Digital to Analog，D/A）。因此，模拟信号和数字信号之间转换时需要接口电路——A/D 转换器和 D/A 转换器。

A/D 转换器是指能够实现模/数转换的电路，简称 ADC（Analog to Digital Converter）；D/A 转换器是指能够实现数/模转换的电路，简称 DAC（Digital to Analog Converter）。随着集成电路技术的发展，市场上单片集成的 DAC 和 ADC 芯片越来越多，性能指标也越来越先进，可以适应不同应用场合的需要。图 10-1 所示为计算机实时控制系统的原理框图，ADC 和 DAC 是其中的关键电路。

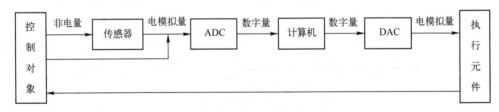

图 10-1 计算机实时控制系统的原理框图

10.2 数/模转换电路

10.2.1 基本原理

1. DAC 的原理框图和转换关系

DAC 的原理框图如图 10-2 所示。其中，D 为输入 n 位二进制数字量（$D_{n-1}D_{n-2}\cdots D_1D_0$），$U_A$ 为数/模转换后输出的模拟电压，U_{REF} 为实现数/模转换所必需的参考电压（也称为基准电压）。

理想情况下，DAC 的输出模拟电压 U_A 与输入数字量 D 成正

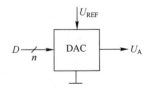

图 10-2 DAC 原理框图

比，可描述为

$$U_A = kDU_{REF} \tag{10.2-1}$$

式中，k 是电路比例系数，由转换电路决定。

当 D 为 n 位无符号二进制数时，式（10.2-1）可进一步写为

$$U_A = kU_{REF} \sum_{i=0}^{n-1} 2^i D_i \tag{10.2-2}$$

式（10.2-2）表明，DAC 的输出模拟电压信号与输入数字量在取值上成正比，而两者极性之间的关系则取决于比例系数的正负和参考电压的极性。另外必须注意，n 位二进制代码只有 2^n 种不同的组合，每个组合对应于一个模拟电压（或电流）值。所以，严格意义上DAC 的输出并非真正的模拟信号，而是时间连续、取值离散的信号，如图 10-3 所示。不过，

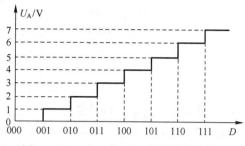

图 10-3 一个 3 位 DAC 的传输特性曲线

只要对 DAC 输出信号进行合适的低通滤波，滤除其高频分量，就可得到真正的模拟信号了。

例 10-1 已知某 8 位二进制 DAC，输入的数字量 D 为无符号二进制数。当 D = $(10000000)_2$ 时，输出模拟电压 $U_A = 3.2\,\text{V}$。求 $D = (10101000)_2$ 时的输出模拟电压 U_A。

解： 由式（10.2-2）可知，该 8 位 DAC 的输出模拟电压与输入数字量成正比。由于 $(10000000)_2 = 128$，$(10101000)_2 = 168$，因此，$3.2 : 128 = U_A : 168$，解得 $U_A = (3.2/128) \times 168\,\text{V} = 4.2\,\text{V}$。

2. DAC 的结构框图

DAC 有很多种，它们的大体结构是相似的，主要由数码寄存器、模拟开关、解码网络、求和电路、参考电压和逻辑控制电路构成，如图 10-4 所示。数码寄存器用于存储输入的数字信号，其并行输出的每一位数字量控制一个模拟开关，使解码网络将每一位数码"翻译"成相应大小的模拟量，并送给求和电路；求和电路将每一位数码所代表的模拟量相加，从而得到与数字量相对应的模拟量。

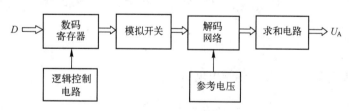

图 10-4 DAC 的结构框图

10.2.2 常用技术

1. 权电阻型 DAC

图 10-5 所示为一个 4 位权电阻型 DAC，它由权电阻解码网络、模拟开关、基准电压源和求和放大器 4 个部分构成。

（1）权电阻解码网络 该解码网络由 4 个电阻构成，它们的阻值分别与输入的 4 位二进制数一一对应，满足

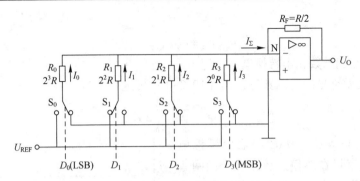

图 10-5　权电阻型 DAC

$$R_i = 2^{n-1-i} R \qquad (10.2\text{-}3)$$

式中，n 是输入二进制数的位数；R_i 是与二进制数 D_i 位相对应的电阻值；2^i 是 D_i 位的权值。

电阻 R_i 大小与该位二进制数的权值成反比，这也是权电阻网络名称的由来。

（2）模拟开关　每一个电阻都有一个单刀双掷的模拟开关与其串联，4 个模拟开关的状态分别由 4 位二进制数码控制。当 $D_i = 0$ 时，开关 S_i 打到右边，使电阻 R_i 接地；当 $D_i = 1$ 时，开关 S_i 打到左边，使电阻 R_i 接基准电压 U_{REF}。

（3）基准电压源 U_{REF}　它作为 A/D 转换的参考值，要求准确度高、稳定性好。

（4）求和放大器　它通常由运算放大器构成，并接成反相放大器的形式。

定性分析电路时，运算放大器看作理想的，即开环增益（电压放大倍数）为无穷大，输入电流为零（输入电阻无穷大）。理想运算放大器具有虚短、虚断特点，N 点为虚地，当 $D_i = 0$ 时，相应电阻 R_i 上没有电流；当 $D_i = 1$ 时，电阻 R_i 上有电流流过，大小为 $I_i = U_{REF}/R_i$。根据叠加定理，对于输入的二进制数 $(D_3 D_2 D_1 D_0)_2$，I_Σ 为

$$
\begin{aligned}
I_\Sigma &= D_3 I_3 + D_2 I_2 + D_1 I_1 + D_0 I_0 \\
&= D_3 \frac{U_{REF}}{R_3} + D_2 \frac{U_{REF}}{R_2} + D_1 \frac{U_{REF}}{R_1} + D_0 \frac{U_{REF}}{R_0} \\
&= D_3 \frac{U_{REF}}{2^{3-3}R} + D_2 \frac{U_{REF}}{2^{3-2}R} + D_1 \frac{U_{REF}}{2^{3-1}R} + D_0 \frac{U_{REF}}{2^{3-0}R} \\
&= \frac{U_{REF}}{2^3 R} \sum_{i=0}^{3} 2^i D_i \qquad (10.2\text{-}4)
\end{aligned}
$$

求和放大器的反馈电阻 $R_F = R/2$，则输出电压 U_O 为

$$U_O = -I_\Sigma R_{REF} = -\frac{U_{REF}}{2^4} \sum_{i=0}^{3} 2^i D_i \qquad (10.2\text{-}5)$$

推广到 n 位权电阻型 DAC，可得

$$U_O = -\frac{U_{REF}}{2^n} \sum_{i=0}^{n-1} 2^i D_i \qquad (10.2\text{-}6)$$

由式（10.2-5）和式（10.2-6）可以看出，权电阻型 DAC 的输出电压和输入数字量之间的关系与式（10.2-1）的描述完全一致，这里的比例常数 $k = -1/2^n$。

权电阻型 DAC 的优点是结构简单，所用解码电阻的个数等于 DAC 输入数字量的位数；它的缺点是解码电阻的取值范围太大，这个问题在输入数字量的位数较多时尤其显得突出，

例如当输入数字量的位数为 12 位时，最大电阻与最小电阻之间的比例高达 2048∶1，要在如此大范围内保证电阻的精度，对于集成 DAC 制造是十分困难的。

2. R-$2R$ 倒 T 型 DAC

图 10-6 所示为一个 4 位 R-$2R$ 倒 T 型 DAC，它也包括 4 个部分：R-$2R$ 电阻解码网络、单刀双掷模拟开关（S_0、S_1、S_2 和 S_3）、基准电压 U_{REF} 和求和放大器。

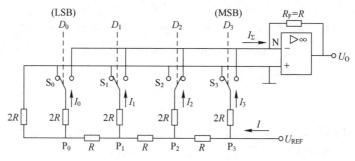

图 10-6　R-$2R$ 倒 T 型 DAC

4 个模拟开关由 4 位二进制数码分别控制，当 $D_i = 0$ 时，开关 S_i 打到左边，使与之相串联的 $2R$ 电阻接地；当 $D_i = 1$ 时，开关 S_i 打到右边，使 $2R$ 电阻接虚地。

R-$2R$ 电阻解码网络中只有 R 和 $2R$ 两种阻值的电阻，呈倒 T 型分布。不难看出：无论模拟开关的状态如何，从任何一个节点（P_0、P_1、P_2、P_3）向上或向左看去的等效电阻均为 $2R$。由此可以计算出基准电压源 U_{REF} 的输出电流 $I = U_{\mathrm{REF}}/R$，并且该电流每流到一个节点时就向上和向左产生 1/2 分流，则各支路的电流分别为：$I_0 = I/2^4$，$I_1 = I/2^3$，$I_2 = I/2^2$，$I_3 = I/2^1$。

根据叠加定理，对于输入的任意二进制数 $(D_3 D_2 D_1 D_0)_2$，流向求和放大器的电流 I_Σ 应为

$$
\begin{aligned}
I_\Sigma &= I_0 + I_1 + I_2 + I_3 \\
&= \frac{1}{2^4} \frac{U_{\mathrm{REF}}}{R} (2^0 D_0 + 2^1 D_1 + 2^2 D_2 + 2^3 D_3) \\
&= \frac{1}{2^4} \frac{U_{\mathrm{REF}}}{R} \sum_{i=0}^{3} 2^i D_i
\end{aligned} \tag{10.2-7}
$$

求和放大器的反馈电阻 $R_{\mathrm{F}} = R$，则输出电压 U_{O} 为

$$
U_{\mathrm{O}} = -I_\Sigma R_{\mathrm{REF}} = -\frac{U_{\mathrm{REF}}}{2^4} \sum_{i=0}^{3} 2^i D_i \tag{10.2-8}
$$

推广到 n 位 R-$2R$ 倒 T 型 DAC，可得

$$
U_{\mathrm{O}} = -\frac{U_{\mathrm{REF}}}{2^n} \sum_{i=0}^{n-1} 2^i D_i \tag{10.2-9}
$$

R-$2R$ 倒 T 型 DAC 的突出优点在于，无论输入信号如何变化，流过基准电压源、模拟开关以及各电阻支路的电流均保持恒定，电路中各节点的电压也保持不变，这有利于提高 DAC 的转换速度。另外，在 R-$2R$ 电阻解码网络中，虽然电阻的数量比权电阻解码网络增加了一倍，但只有两种阻值的电阻，这有利于保证电阻的精度。因此，R-$2R$ 倒 T 型 DAC 已经成为目前集成 DAC 中采用最多的类型。

10. 2. 3　主要参数

DAC 产品众多，性能各不相同，可以满足不同要求的应用场合。因此，要选择一款合适的 DAC，就必须了解 DAC 的性能指标。

1. 最小输出值 LSB（Least Significant Bit）和输出量程 FSR（Full Scale Range）

最小输出值 LSB 可分为最小输出电压 U_{LSB} 和最小输出电流 I_{LSB}，是指输入数字量只有最低有效位为 1 时，DAC 所输出的模拟电压（电流）的值。或者说就是输入数字量的最低有效位的状态发生变化时（由 0 变成 1，或由 1 变成 0），所引起的输出模拟电压（电流）的变化量。对于 n 位 DAC，最小输出电压 U_{LSB} 为

$$U_{LSB} = \frac{|U_{REF}|}{2^n} \qquad (10.2\text{-}10)$$

输出量程 FSR 的定义是：DAC 输出模拟电压（电流）的最大变化范围，可分别表示为电压输出量程 U_{FSR} 和电流输出量程 I_{FSR}。对于 n 位电压输出的 DAC，有

$$U_{FSR} = \frac{2^n - 1}{2^n} |U_{REF}| \qquad (10.2\text{-}11)$$

2. 转换精度

DAC 的转换精度通常用分辨率和转换误差两个指标来描述。

（1）分辨率　分辨率指 DAC 能够分辨的最小电压 U_{LSB} 与最大输出电压 U_{FSR} 之比，它是 DAC 在理论上所能达到的最高精度。n 位二进制 DAC 的分辨率 D_R 为

$$D_R = \frac{U_{LSB}}{U_{FSR}} = \frac{1}{2^n - 1} \qquad (10.2\text{-}12)$$

显然，DAC 的分辨率只与输入数字量位数有关，位数越多，分辨率越高。实际使用中，人们也将 U_{LSB} 称为 DAC 的分辨率，甚至直接用位数 n 来代表分辨率。

（2）转换误差　因为 DAC 的各个环节在参数和性能上与理论值之间不可避免地存在着差异，如参考电压 U_{REF} 的波动、运算放大器的零点漂移、模拟开关的导通内阻和导通压降、电阻解码网络中电阻阻值的偏差等，因此其在实际工作中并不能达到理论上的精度。转换误差就是用来描述 DAC 输出模拟信号的理论值和实际值之间差别的一个综合性指标。

3. 转换速度

DAC 的转换速度通常用建立时间或转换速率（转换频率）来描述。当 DAC 输入的数字量发生变化以后，输出的模拟量需要经过一段时间才能达到其所对应的数值，一般将这段时间称为建立时间。由于数字量的变化越大，DAC 所需要的建立时间就越长，所以在 DAC 产品的性能表中，建立时间通常是指从输入数字量由全 0 突变到全 1 或由全 1 突变到全 0 开始，到输出模拟量进入到规定的误差范围内所用的时间，误差范围一般取 ±LSB/2。建立时间的倒数即为转换速率（转换频率），也就是每秒钟 DAC 至少可以完成的转换次数。

10. 3　模/数转换电路

10. 3. 1　基本原理

A/D 转换器（ADC）用于将时间和取值都连续的模拟信号转换成时间和取值都离散的

数字信号，其原理框图如图 10-7 所示。

ADC 的传输特性可以描述为

$$D = k \frac{U_{\mathrm{I}}}{U_{\mathrm{REF}}} \tag{10.3-1}$$

式中，U_{I} 是输入模拟电压信号；D 是 n 位二进制输出数字信号（$D_{n-1}D_{n-2}\cdots D_1 D_0$）；$U_{\mathrm{REF}}$ 是实现模/数转换所必需的参考电压；k 是比例系数。

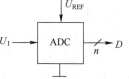

不难看出，与 DAC 一样，ADC 中的数字信号与模拟信号在大小上成正比，两者极性之间的关系则取决于比例系数的正负和参考电压的极性。

图 10-7　ADC 原理框图

（1）采样-保持　采样就是周期性地每隔一段固定的时间读取一次模拟信号的值，从而可以将在时间和取值上都连续的模拟信号在时间上离散化。保持是指在连续两次采样之间，将上一次采样结束时所得到的采样值用保持电路保持住，以便在这段时间内完成对采样值的量化和编码。

图 10-8a 所示为一种最简单的采样-保持电路，它由一个 N 沟道增强型 MOSFET、一个用于保持采样值的电容 C 和一个运算放大器 A 组成。u_{A} 为输入的模拟电压；u_{C} 是电容 C 上的电压；u_{S} 为采样-保持电路的输出信号；S 为采样脉冲信号，它的周期为 T_{S}，脉冲宽度为 τ。MOSFET 被用作一个受采样脉冲信号 S 控制的双向模拟开关。在脉冲存在的 τ 时间内，MOSFET 导通（开关闭合），电容 C 通过模拟开关放电或被 u_{A} 充电，充/放电的时间常数远小于 τ，电压 u_{C} 在时间 τ 内跟着电压 u_{A} 的变化，即 $u_{\mathrm{C}} = u_{\mathrm{A}}$；在采样脉冲的休止期（$T_{\mathrm{S}} - \tau$）内，MOSFET 截止（开关断开），因为电容 C 的漏电电阻、MOSFET 的截止阻抗和运算放大器的输入阻抗都很大，电容漏电可以忽略，这样电容 C 上的电压将近似保持采样脉冲结束前一瞬间 u_{A} 的电压值并一直到下一个采样脉冲到来时为止。因此，通常把采样脉冲的周期 T_{S} 称为采样周期，把采样脉冲的宽度 τ 称为采样时间。运算放大器 A 接成电压跟随器，即 $u_{\mathrm{S}} = u_{\mathrm{C}}$，在采样-保持电路和后续电路之间起缓冲作用。

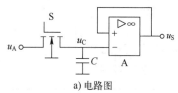

a) 电路图

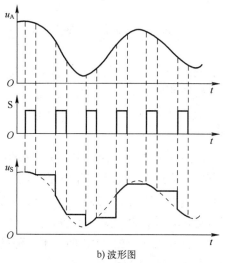

b) 波形图

图 10-8　采样-保持过程

由图 10-8 可以看出，经过采样后的信号与输入的模拟信号相比，波形发生了很大的变化。根据采样定理，为了保证能够从采样后的信号中不失真地恢复出原来的模拟信号，采样频率 f_{S} 至少为输入模拟信号中最高有效频率 $f_{\max}$ 的 2 倍，即

$$f_{\mathrm{S}} = \frac{1}{T_{\mathrm{S}}} \geqslant 2f_{\max} \tag{10.3-2}$$

（2）量化和编码　数字信号不仅在时间上是离散的，而且在取值上也不连续，即数字信号的取值必须为某一规定最小数量单位的整数倍。因此为了将模拟信号的采样值最终转换成数字信号，还必须对其进行量化和编码。

量化是指确定一组离散的电平值，按照某种近似方式将采样-保持电路输出的模拟电压采样值归并到其中的一个离散电平，实现模拟信号的取值离散化。量化所确定一组离散电平称为量化电平，其中取值最小但不是零的量化电平绝对值称为量化单位，记作 Δ；其他量化电平都是量化单位的整数倍，可以表示为 $N\Delta$（N 为整数）。

编码是指将量化电平 $N\Delta$ 中的 N 用二进制代码来表示，n 位编码可以表示 2^n 个量化电平。对于单极性的模拟信号，一般采用无符号的自然二进制码；对于双极性的模拟信号，一般采用二进制补码。经过编码后得到的二进制代码就是 ADC 输出的数字量。

由于采样值可能是模拟电压变化范围内的任意值，不可能恰好是量化单位的整数倍，因此对采样值量化时将不可避免地引入误差，这种误差称为量化误差，用 ε 表示。

量化主要按两种近似方式进行：只舍不入量化方式和有舍有入（四舍五入）量化方式。下面以采用自然二进制码的 3 位 ADC 为例来说明这两种量化方式，假设采样值的最大变化范围是 0~8 V，8 个量化电平为：0 V、1 V、2 V、3 V、4 V、5 V、6 V 和 7 V，量化单位 $\Delta =$ 1 V。只舍不入和四舍五入量化方式分别如图 10-9 和图 10-10 所示。

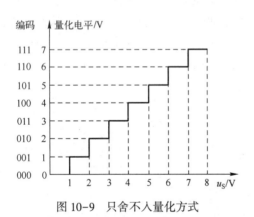

图 10-9　只舍不入量化方式

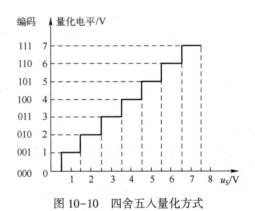

图 10-10　四舍五入量化方式

图 10-9 中，当模拟电压的采样值 u_S 介于两个量化电平之间时，采用取整的方法将其归并为较低的量化电平。例如，无论 $u_S = 5.9$ V $= 5.9\Delta$ 还是 $u_S = 5.1$ V $= 5.1\Delta$，都将其归并为 5Δ，输出的编码都为 101。由此可见，采用只舍不入量化方式，最大量化误差 $\varepsilon_{\max}$ 近似为一个量化单位 Δ。

图 10-10 中，当模拟电压的采样值 u_S 介于两个量化电平之间时，采用四舍五入的方式将其归并为最相近那个量化电平。例如，若 $u_S = 5.49$ V $= 5.49\Delta$，就将其归并为 5Δ，输出的编码 101；若 $u_S = 5.50$ V $= 5.50\Delta$，就将其归并为 6Δ，输出的编码为 110。可见，采用四舍五入量化方式，最大量化误差 $\varepsilon_{\max}$ 不会大于 $\Delta/2$，比只舍不入量化方式的最大量化误差小。所以，目前大多数的 ADC 都采用这种量化方式。

量化误差是 ADC 的固有误差，只能减小，不可能完全消除。减小量化误差的主要措施就是减小量化单位。但是当输入模拟电压的变化范围一定时，量化单位越小就意味着量化电平的个数越多，编码的位数越大，电路也就越复杂。

对不同类型的 ADC 而言，采样-保持电路的基本原理都是一样的，它们之间的差别主要表现在 ADC 的核心部分——量化和编码电路上。所以下面介绍各种 A/D 转换技术时，将主要介绍这部分电路。

实现 A/D 转换的方法很多，按照工作原理可以分成直接 A/D 转换和间接 A/D 转换两类。直接 A/D 转换是将模拟信号直接转换成数字信号，比较典型的有并行比较型 A/D 转换和逐次逼近型 A/D 转换。间接 A/D 转换是先将模拟信号转换成某一中间量（如时间、频率），然后再将这一中间量转换成数字量。比较典型的间接 A/D 转换有双积分型 A/D 转换和电压-频率转换型 A/D 转换。

10.3.2　常用技术

1. 并行比较型 ADC

并行比较型 ADC 是目前最快的 ADC，转换时间一般为纳秒级，但并行比较型 ADC 的位数每增加一位，元器件数目就增加一倍，难以达到很高的转换精度。

图 10-11 所示为采用自然二进制码的 3 位并行比较型 ADC 的原理图。它由电阻分压器、比较器 $A_1 \sim A_7$、寄存器和编码电路 4 部分构成。假定基准电压 $U_{REF} > 0$。

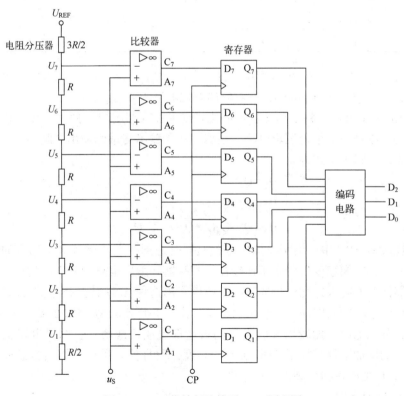

图 10-11　3 位并行比较型 ADC 原理图

输入模拟电压最大的变化范围是 $0 \sim U_{REF}$，则 8 个量化电平为：0、$U_{REF}/8$、$2U_{REF}/8$、$3U_{REF}/8$、$4U_{REF}/8$、$5U_{REF}/8$、$6U_{REF}/8$、$7U_{REF}/8$，量化单位 $\Delta = U_{REF}/8$。

基准电压 U_{REF} 经电阻分压器分压，产生 8 个离散的电压值，分别作为 8 个电压比较器的参考电压：$U_1 = U_{REF}/16$，$U_2 = 3U_{REF}/16$，$U_3 = 5U_{REF}/16$，$U_4 = 7U_{REF}/16$，$U_5 = 9U_{REF}/16$，$U_6 = 11U_{REF}/16$，$U_7 = 13U_{REF}/16$。由此可以看出，该 ADC 采用的是有舍有入的量化方式，在 $(0 \sim 15)U_{REF}/16$ 范围内的模拟电压的最大量化误差 $\varepsilon_{max} = \Delta/2 = U_{REF}/16$。

各电压比较器的参考电压由反相输入端输入，正相输入端为 ADC 输入模拟电压 u_S。当 u_S 大于某电压比较器的参考电压时，该电压比较器输出高电平，反之则输出低电平。输入模拟电压值与电压比较器输出结果之间的关系见表 10-1。

表 10-1　3 位并行 ADC 模拟电压和输出编码转换关系表

模拟输入电压	比较器输出							量 化 电 平	编码输出		
u_S	C_7	C_6	C_5	C_4	C_3	C_2	C_1		D_2	D_1	D_0
$0 \leqslant u_S < U_{REF}/16$	0	0	0	0	0	0	0	0	0	0	0
$U_{REF}/16 \leqslant u_S < 3U_{REF}/16$	0	0	0	0	0	0	1	$U_{REF}/8$	0	0	1
$3U_{REF}/16 \leqslant u_S < 5U_{REF}/16$	0	0	0	0	0	1	1	$2U_{REF}/8$	0	1	0
$5U_{REF}/16 \leqslant u_S < 7U_{REF}/16$	0	0	0	0	1	1	1	$3U_{REF}/8$	0	1	1
$7U_{REF}/16 \leqslant u_S < 9U_{REF}/16$	0	0	0	1	1	1	1	$4U_{REF}/8$	1	0	0
$9U_{REF}/16 \leqslant u_S < 11U_{REF}/16$	0	0	1	1	1	1	1	$5U_{REF}/8$	1	0	1
$11U_{REF}/16 \leqslant u_S < 13U_{REF}/16$	0	1	1	1	1	1	1	$6U_{REF}/8$	1	1	0
$13U_{REF}/16 \leqslant u_S < 15U_{REF}/16$	1	1	1	1	1	1	1	$7U_{REF}/8$	1	1	1

例如，若 u_S 在 $7U_{REF}/16 \sim 9U_{REF}/16$ 之间，且 $u_S < 9U_{REF}/16$，则 7 个比较器的输出分别为：$C_1 = C_2 = C_3 = C_4 = 1$、$C_5 = C_6 = C_7 = 0$，所对应的量化电平为 $4U_{REF}/8$。

在时钟 CP 的上升沿，将电压比较器的比较结果存入相应的 D 触发器中，供编码电路进行编码。编码电路是一个组合逻辑电路，根据比较器输出与编码输出之间的对应关系，可以求出编码电路的逻辑表达式为

$$D_2 = Q_4$$
$$D_1 = Q_6 + \overline{Q}_4 Q_2$$
$$D_0 = Q_7 + \overline{Q}_6 Q_5 + \overline{Q}_4 Q_3 + \overline{Q}_2 Q_1$$

在并行比较型 ADC 中，由于模拟电压 u_S 是同时送到各电压比较器与相应的参考电压进行比较的，所以其转换速度仅受限于比较器、寄存器和编码电路的延迟时间。另外，由于比较器和寄存器同时兼有采样和保持的功能，所以采用这种 A/D 转换技术的 ADC 可以省掉采样-保持电路，这是并行比较型 ADC 的另一个优点。并行比较型 ADC 的缺点是 ADC 的位数每增加一位，分压电阻、比较器和触发器的数量都要成倍地增长，编码电路也变得更加复杂，元器件量的增加不仅增加了 ADC 实现的难度，而且使各种误差因素也急剧增加，以至并行比较型 ADC 难以达到很高的转换精度。

2. 逐次逼近型 ADC

逐次逼近型 ADC 又称为逐位比较型 ADC，电路的原理图如图 10-12 所示，它主要由采样-保持电路、比较器、逻辑控制电路、逐次逼近寄存器、DAC 和数字输出电路六部分构成。

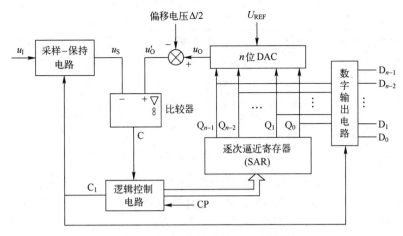

图 10-12　逐次逼近型 ADC 原理图

逐次逼近型 ADC 实现 A/D 转换的基本思想是"逐次逼近"（或称"逐位比较"），也就是由转换结果的最高位开始，从高位到低位依次确定每一位的数码是 0 还是 1。

在时钟 CP 的作用下，逻辑控制电路产生转换控制信号 C_1，其作用是当 $C_1 = 1$ 时，采样–保持电路采样，采样值为 u_S；ADC 停止转换，将上一次的转换结果经输出电路输出；当 $C_1 = 0$ 时，采样–保持电路停止采样，输出电路禁止输出，A/D 转换电路开始工作，将比较器 A 反相端输入的模拟电压采样值转换成数字信号。

逐次逼近型 ADC 的转换过程如下： 转换开始之前，先将逐次逼近寄存器（SAR）清零。在第一个 CP 作用下，将 SAR 的最高位置 1，寄存器输出为 100…00。这个数字量被 DAC 转换成相应的模拟电压 u_O，再经偏移 $\Delta/2$ 后得到 $u_O' = u_O - \Delta/2$，然后送至比较器的正相输入端与输入 ADC 的模拟电压的采样值 u_S 进行比较。如果 $u_O' > u_S$，则比较器的输出 $C = 1$，说明这个数字量大了，逻辑控制电路将 SAR 的最高位清零；如果 $u_O' < u_S$，则比较器的输出 $C = 0$，说明这个数字量小了，SAR 的最高位将保持 1 不变。这样就确定了转换结果的最高位是 0 还是 1。在第二个 CP 作用下，逻辑控制电路在前一次比较结果的基础上先将 SAR 的次高位置 1，然后根据 u_O' 和 u_S 的比较结果来确定 SAR 次高位的 1 是保留还是清除。在 CP 的作用下，按照同样的方法一直比较下去，直到确定了最低位是 0 还是 1 为止。这时 SAR 中的内容就是这次 A/D 转换的最终结果。

例 10-2　在图 10-12 中，若基准电压 $U_{REF} = -8\,V$，$n = 3$。当采样–保持电路的输出电压 $u_S = 4.9\,V$ 时，试列表说明逐次逼近型 ADC 的转换过程。

解： 由 $U_{REF} = -8\,V$、$n = 3$ 可求得量化单位为

$$\Delta = \frac{|U_{REF}|}{2^n} = 1\,V$$

偏移电压为 $\Delta/2 = 0.5\,V$。

当 $u_S = 4.9\,V$ 时，逐次逼近型 ADC 的 A/D 转换过程见表 10-2。

转换结果 $D_2 D_1 D_0 = 101$，对应的量化电平为 $5\,V$，量化误差 $\varepsilon = 0.1\,V$。如果不引入偏移电压，按照上述过程得到的 A/D 转换结果 $D_2 D_1 D_0 = 100$，对应的量化电平为 $4\,V$，量化误差 $\varepsilon = 0.9\,V$。可见，偏移电压的引入将只舍不入的量化方式变成了有舍有入的量化方式。

表 10-2 例 10-2 表

CP 节拍	SAR 的内容			DAC 输出	比较器输入		比较结果	比较器输出	逻辑操作
	Q_2	Q_1	Q_0	u_O	u_S	$u_O' = u_O - \Delta/2$		C	
1	1	0	0	4 V	4.9 V	3.5 V	$u_O' < u_S$	0	保留
2	1	1	0	6 V	4.9 V	5.5 V	$u_O' > u_S$	1	清除
3	1	0	1	5 V	4.9 V	4.5 V	$u_O' < u_S$	0	保留
4	1	0	1	5 V	采样				输出

与并行比较型 ADC 相比，逐次逼近型 ADC 的转换速度较慢，n 位逐次逼近型 ADC 完成一次的转换必须经过 $(n+2)$ 个时钟周期。当时钟脉冲的频率一定时，ADC 的位数越多，完成一次转换所需的时间越长，而时钟最高频率则主要受比较器、逐次逼近寄存器和 DAC 延迟时间的限制。但是，逐次逼近型 ADC 的电路结构相对比较简单，无论位数如何增加，都只用一个比较器，仅需要增加逐次逼近寄存器和 DAC 的位数，所以比较容易达到较高的精度。因此，逐次逼近型 A/D 转换技术广泛应用于高精度，且为中速以下的 ADC 中。

10.3.3 主要参数

ADC 的主要性能指标包括输入电压范围、转换精度和转换速度。

1. 输入电压范围

输入电压范围是指集成 ADC 允许的输入模拟电压的变化范围。例如单极性工作的芯片有 5 V、10 V 或 -5 V、-10 V 等，双极性工作的有以 0 V 为中心的 ±2.5 V、±5 V 和 ±10 V 等。输入电压范围与基准电压有关，一般要求最大输入电压 U_{max} 不超过 $(2^n - 1) |U_{REF}|/2^n$，有时也用 $U_{max} \approx |U_{REF}|$ 近似代替。

2. 转换精度

ADC 的转换精度也采用分辨率和转换误差两个指标来描述。

（1）分辨率 ADC 的分辨率又称为分解度，是指 ADC 对输入模拟信号的分辨能力，一般用输出数字量的位数 n 来表示。例如，n 位二进制 ADC 可以分辨 2^n 个不同等级的模拟电压值，这些模拟电压值之间的最小差别为一个量化单位 Δ。在不同的量化方式之下，最大量化误差 $\varepsilon_{max} \approx \Delta$ 或 $\Delta/2$。当输入模拟电压的变化范围一定时，位数 n 越大，最大量化误差越小，分辨率越高。分辨率描述的是 ADC 在理论上所能达到的最大精度。

（2）转换误差 转换误差是指 ADC 实际输出的数字量与理论上应该输出的数字量之间的最大差值，一般用最低有效位 LSB 的倍数表示。例如，转换误差小于 LSB/2，表示 ADC 实际值与理论值之间的差别最大不超过半个最低有效位。ADC 的转换误差是由其电路中各种元器件的非理想特性造成的，它是一个综合性指标。

必须指出的是，由于转换误差的存在，一味地增加输出数字量的位数并不一定能提高 ADC 的精度，必须根据转换误差小于或等于量化误差这一关系，合理地选择输出数字量的位数。

3. 转换速度

ADC 的转换速度用完成一次转换所用的时间来表示。是指从接收到转换控制信号起，到输出端得到稳定有效的数字信号为止所经历的时间。转换时间越短，说明 ADC 的转换速度越快。有时也用每秒钟能完成转换的最大次数——转换速率来描述 ADC 的转换速度。

除了以上的 3 个性能指标外，在选择 ADC 时还应考虑模拟信号的输入方式（单端输入或差分输入）、模拟输入通道的个数、输出数字量的特征，包括数字量的编码方式（自然二进制码、补码、偏移二进制码、BCD 码等）和数字量的输出方式（串行输出或并行输出，三态输出、缓冲输出或锁存输出），以及逻辑电平的类型（TTL 电平、CMOS 电平或 ECL 电平等）。还有工作环境要求，主要是指 ADC 的工作电压、参考电压、工作温度、功耗、封装以及可靠性等。

习题 10

10-1　简答题。

（1）请简述 A/D 转换的 4 个过程，并说明对于采样脉冲的频率有什么要求。

（2）常用的量化有哪两种方式？它们最大量化误差各是多少？

（3）DAC 和 ADC 的转换精度通常用什么描述？

10-2　在 4 位权电阻型 DAC 中，若 $U_{REF} = -5\,V$，则当输入数字量各位分别为 1 以及全为 1 时，输出的模拟电压分别为多少？

10-3　将 $R\text{-}2R$ 倒 T 型 DAC 扩展为 10 位，$U_{REF} = -10\,V$。为了保证由 U_{REF} 偏离标准值所引起的输出模拟电压误差小于 $0.5U_{LSB}$，试计算 U_{REF} 允许的最大变化量。

10-4　某 4 位逐次逼近型 ADC，参考电压 $U_{REF} = -16\,V$，输入模拟电压采样值为 9.8 V。

（1）求量化单位 Δ。

（2）列表说明逐次逼近的转换过程。

（3）若时钟频率为 10 kHz，则这次 A/D 转换用了多长时间？

（4）如果电路中不引入偏移电压，最后的结果是多少？

参 考 文 献

[1] 刘景夏. 电路分析基础 [M]. 北京：清华大学出版社，2012.
[2] 潘孟春，李季，唐莺，等. 电工与电路基础 [M]. 北京：电子工业出版社，2016.
[3] 贾永兴. 电路与信号分析 [M]. 北京：机械工业出版社，2020.
[4] 朱莹. 电子信息基础 [M]. 北京：机械工业出版社，2021.
[5] 于战科. 电工与电路基础 [M]. 北京：机械工业出版社，2020.
[6] 贾永兴. 电路与信号分析 [M]. 北京：电子工业出版社，2020.
[7] 闵锐，徐勇，孙峥，等. 电子线路基础 [M]. 3 版. 西安：西安电子科技大学出版社，2018.
[8] 闵锐. 模拟电子技术 [M]. 北京：机械工业出版社，2020.
[9] 黄颖. 模拟电子电路 [M]. 北京：电子工业出版社，2020.
[10] 华成英，童诗白. 模拟电子技术基础 [M]. 5 版. 北京：高等教育出版社，2017.
[11] BOYLESTAD R L, NASHELSKY L. 模拟电子技术：第 2 版 [M]. 李立华，李永华，许晓东，等译. 北京：电子工业出版社，2019.
[12] 吴元亮. 数字电子技术 [M]. 北京：机械工业出版社，2020.
[13] 韦克利. 数字设计原理与实践：第 5 版 [M]. 林生，葛红，金京林，等译. 北京：机械工业出版社，2019.
[14] 阎石. 数字电子技术基础 [M]. 6 版. 北京：清华大学出版社，2019.
[15] FLOYD T L. 数字电子技术：第 11 版 [M]. 余璆，熊洁，译. 北京：电子工业出版社，2019.
[16] 王毓银. 数字电路逻辑设计 [M]. 2 版. 北京：高等教育出版社，2015.